육아 궁금증 사전

THE BOTTOM LINE FOR BABY

육아 궁금증 사전

THE BOTTOM LINE FOR BABY

티나 페인 브라이슨 지음
허성심 옮김

한문화

영유아기 자녀를 둔 부모들의 삶이
조금 더 편안해지길 바라며

이 책이 어떻게 세상 밖으로 나오게 되었는지를 생각하면 두 가지 장면이 떠오른다. 첫 번째 장면은 첫 아이를 출산하고 몇 시간 정도 지났을 때 내 혈압을 재던 나이 지긋한 신생아 담당 간호사의 모습이다. 나는 초보 엄마들이 던지는 무수히 많은 질문으로 그녀를 괴롭혔다. "아기가 왜 젖을 잘 물지 않을까요?" "아기를 엄마 바로 옆에 재워도 괜찮을까요?" "아기에게 노리개 젖꼭지를 줘도 될까요?" 간호사는 마침내 손바닥을 들어 보이며 그만하라고 말했다. 그녀는 혈압계 눈금에서 시선을 떼지 않은 채 서부 텍사스 특유의 무뚝뚝한 억양으로 말했다. "산모님이 어떤 결정을 내리든 아기는 무사히 자랄 거예요."

그녀는 분명 나를 안심시키려는 좋은 의도로 한 말이겠지만, 내 안에서는 묘한 반발심이 솟구쳤다. 단순히 아이가 무사히 성장하는 것이 모든 부모의 목표는 아닐 것이다. 나는 아이가 자신의 삶을 사랑하고, 의미 있는 인간관계를 누리고, 세상에 꼭 필요한 사람이 되기를 바랐다. 그때부터 아이를 잘 키우는 것이 무엇인지에 대해 생각했고, 육아에 관해 연구했고, 그 길을 좇아 걷다 보니 마침내 이 책을 쓰기에 이르렀다.

두 번째 장면은 그로부터 몇 달이 지난 어느 날의 모습이다. 나는 남편과 함께 샌안토니오의 서점 육아서 코너에 앉아 있었다. 그때 무슨 문제로 그렇게 깊이 고민했는지는 잘 기억나지 않는다. 며칠째 수면 부족에 시달리면서도 바로 옆 유모차에서 잠자고 있는 아기를 위해 이 책 저 책을 살펴보던 중이었다. 그때 나는 수많은 책에 담긴 어마어마한 정보의 양에 압도되었고, 그 가운데 상당 부분이 서로 모순되어 있다는 점에 놀랐다.

주변 사람들로부터 들은 조언도 마찬가지였다. 가족과 친구들(아이가 있든 없든), 식당에서 우연히 만난 사람, 슈퍼마켓 직원 등을 포함해 내가 만나는 모든 사람은 내가 아이를 위해 무엇을, 어떻게 해야 하는지 조언하고 싶어 했다. 분명 좋은 의도로 하는 말이었지만 그들이 주는 정보 중 어떤 것은 시대에 맞지 않았고, 또 어떤 것은 쓸모없었다. 게다가 서로 어긋나고 맞지 않을 때도 많았다. 어떤 사람은 아기와 함께 자야 한다고 하고, 어떤 사람은 밤에 아이가 잠들 때까지 혼자 둬야 한다고 하고, 심지어 아이가 울어도 안아주지 말아야 한다는 사람도 있었다. 당장 아기의 수유 시간표를 짜라고 재촉하는 사람이 있는가 하면, 아기가 울면 무조건 수유를 해야 한다고 말하는 사람도 있었다. 폭풍처럼 휘몰아치는 정보 속에서 나는 마치 허공에 매달려 있는 것만 같았다.

20년이 지난 오늘, 나는 세 아들의 엄마이자 정신건강 및 아동 발달 전문가로 활동하고 있다. 지금까지 아이를 키우는 즐거움과 어려움에 관해 연구하고, 조사하고, 글을 쓰고, 부모들과 대화하며 경력을 쌓아 왔다. 인기 있는 육아 잡지와 온라인 자료는 물론이고 여러 분야의 학술지에 실린 논문과 육아와 아동 발달에 관한 책들도 수없이 읽었다. 최근에는 나의 좋은 동료이자 멘토인 대니얼 시겔Daniel Siegel 박사와 육아에 관한 책을 몇 권 공동 집필하기도 했다. 이 모든 과정은 아이가 생존하고 성장하는 것 그 이상을 위해 부모가 할 수 있는 일들을 찾아가는 여정이었다. 독서와 연구 그리고 부모들과의 대화를 통해 깨달은 것이 있다면, 아이를 키우면서 해야 할 가장 중요한 일은 믿을 만한 출처에서 최상의 정보를 수집하고, 아이의 개인적 특성을 고려하고, 그런 다음 부모로서의 직감과 가치관, 원칙에 귀를 기울이는 것이라는 점이다.

나는 이 책을 통해 당신이 육아에 대한 시끄러운 주장들로 가득 찬 바다를 잘 헤엄쳐나갈 수 있도록 돕고 싶다. 당신이 자녀를 위한 최선의 결정을 내릴 수 있도록 현재 직면한 문제에 대한 최신 정보를 확인할 수 있게 도울 것이다. 이 책에서 우리는 초보 부모들이 씨름하게 되는 모유 수유, 수면 습관, 예방 접종, 훈육 등 가장 흔하고, 대단히 중요하며, 논란이 될 정도로 혼란스러운 문제들을 함께 고민할 것이다. 그러기 위해 최신 과학 연구에 기반을 둔 신뢰할 수 있고 명확한 정보를 제공하고자 한다. 또한 당신이 자신에게 가장 중요한 것에 집중하고 가족을 위한 최선의 결정을 내릴 수 있도록 주제별로 문제점들을 이해하기 쉽게 설명하고, 당신이 내려야 하는 결정에 대해서도 조언할 것이다. 하지만 어떤 질문에 대해서라도 모두 답할 수 있는 만능열쇠 같은 정보는 찾기 어렵다. 따라서 양육자들이 각자 최선의 결정을 내릴 수 있도록 도와주는 정보를 제공하려 한다. 아이에 관해 어떤 결정을 할 때 전문가의 의견을 듣고 과학적 연구 결과를 고려하는 것이 큰 도움이 된다. 이 점이 이 책의 기본 원리이기도 하다.

궁극적으로 이것은 다른 사람이 아닌 '우리 아기', '우리 가족'에 관한 결정을 하는 문제이다. 나는 사람들이 전통과 문화에 따라 육아에 대한 다양한 생각과 접근방식을 가지고 있다는 사실을 인식하고 이 점을 세심하게 헤아리려 노력해왔다. 하지만 아이와 부모와 가족이라는 집합체는 각기 다르며, 가족에 관한 일에는 '정답'이 없다. 우리가 속한 문화나 가족 구성이 어떤 유형이든 간에 중요한 것은 믿을 만한 정보를 먼저 확보하는 것이다. 그렇게 된다면 우리는 부모로서의 본능과 아이가 지닌 독특하고 개별적인 요구에 주의를 기울이면서 가족의 전통과 부모의 가치관까지 고려할 수 있을 것이다. 이 모든 것들이 통합되었을 때 우리는 아기와 우리 자신 그리고 가족 모두에게 가장 타당한 결정을 할 수 있을 것이다.

이 책의 구성

이 책은 아기에 관한 질문에 초점을 맞추고 있다. 여기에서 아기는 '생후 12개월 이하의 아이'로 정의하겠다. 더 큰 아이에 관한 이야기도 가끔 하겠지만 주로 생후 1년 동안과 관련된 문제를 집중적으로 다룰 것이다.

이 책은 흔히 보는 육아 안내서가 아니다. 아기가 열이 날 때의 대처법, 아기 침대 고르는 법, 기저귀 발진 식별법 등 아이를 기르면서 맞닥뜨리는 문제의 해결책을 알고 싶다면 이미 좋은 책이 많다. 또한 이 책은 초보 부모들의 궁금증을 모두 모아 놓은 종합 질문 세트도 아니다. 그보다는 초보 부모들이 직면하는 중요한 문제들 중 주변 사람들뿐 아니라 전문가들 사이에서도 의견이 충돌하는 상반된 조언을 듣게 되는 것들을 총망라하려는 시도이다.

이 책은 엄마의 흡연부터 예방 접종, 카시트, 보행기에 이르기까지 다양한 주제를 다루고 있다. 주제별로 '상반된 의견', '과학이 말해주는 것', '꼭 기억해야 할 것' 이렇게 세 부분으로 구성되어 있다. '상반된 의견'에서는 주어진 주제와 관련된 서로 다른 관점이나 학설을 간략하고 객관적으로 요약한다. 예를 들어, 당신의 시어머니가 속싸개 예찬론자라면 속싸개의 좋은 점을 당신에게 알려 주려 할 것이다. 그러나 아기의 이모는 속싸개로 아기를 단단히 싸는 것이 영아돌연사증후군을 일으킬 수 있다는 기사를 읽었다고 말할지도 모른다. 두 사람의 의견은 적어도 그들 각자가 보기에는, 그리고 어쩌면 아기 엄마가 보기에도 일반적으로 옳은 말이다. 초보 부모는 바로 이런 식의 딜레마에 매우 자주 빠지게 될 것이다.

육아 문제에 반드시 두 가지 상반된 관점만 있는 것은 아니므로, 육아에 관한 복잡하고 어려운 주장을 TV의 찬반 토론처럼 지나치게 단순화하고 싶지는 않았다. 그러나 오랫동안 많은 부모와 상담하면서 이런 식으로 찬반 의견을 정한 후 거기서부터 애매한 영역을 파고드는 것이 유용한 방법이라는 것을 깨달았다. 그래서 상반된 의견 중 그 어떤 쪽도 지나치게 단순화된 '알맹이 없는 것'으로 만들지 않으려고 노력했다. 나의 목적은 아이를 키우는 동안 직면할 수 있는 실제 딜레마와 비슷한 상황에서 각각의 의견을 최대한 설득력 있게 제시하는 데 있다.

한 가지 주제에 대해 고려해야 하는 의견이 둘 이상이거나 문제가 너무 복잡해서 두 가지 입장으로만 나눌 수 없을 때는 주제를 세분했다. 아기의 보육 문제를 예로 들면 가정 밖에서 행해지는 보육을 하나의 주제로 다루고, 어린이집 보육과 육아 도우미 중에서 선택하는 문제는 별개의 주제로 다뤘다. 아기의 습관 들이기에 관해서도 수면 훈련, 아기 주도 이유식, 연장 모유 수유, 수시 수유 등을 나눴다. 독자들의 이해를 도울 목적으로 간소화했지만, 실제 데이터와 정보를 지나치게 간소화하지는 않았다.

'상반된 의견'을 소개한 후에는 '과학이 말해주는 것'이 나오는데, 주어진 주제에 대해 과학계에서 도출한 연구 결과를 핵심만 모아 요약한 것이다. 주제의 복잡함과 연구의 깊이에 따라 어떤 주제는 다른 주제에 비해 더 길게 다뤘다. 그러나 전반적으로 정확하면서도 간결한 정보를 제공하는 데 목표를 뒀다.

마지막으로 '꼭 기억해야 할 것'에서는 앞서 언급한 것을 요약하고 최종적인 메시지를 제시할 것이다. 어떤 주제의 '꼭 기억해야 할 것'은 과학적으로 분명히 밝혀진 내용을 담고 있을 것이다. 또 어떤 주제에 대해서는 과학적으로 아직 확실하게 밝히지 못했다는 내용을 담고 있을 것이다. 그런 경우 부모들은 자신의 직감과 가치관을 고려해서 결정해야 한다. 또 어떤 주제에 관해서는 연구 결과들이 모순되거나 과학적 근거가 빈약하여 유용한 정보를 제공해주지 못한다는 내용을 담고 있을 것이다. 나는 여러분에게 육아에 관한 과학적 지식을 습득하고, 그 지식을 자녀와 가족 그리고 자신을 위해 원하는 바에 맞춰 적용하라고 권할 것이다. 나 역시 우리 가족에 대해 그렇게 시도하고 있다.

몇몇 주제에 대해서는 나의 개인적 경험과 생각을 담은 '브라이슨 박사가 엄마들에게'를 추가로 넣었다. 미리 밝히자면, 나는 육아와 관련한 어떤 문제라도 결국 부모와 자녀와의 관계에서 그 본질적인 해답을 찾을 수 있다고 생각하는 사람이다. 육아처럼 복잡한 문제에 대해서 '하나의 답'이 있다고 말할 때는 항상 신중해야 하지만, 그래도 나는 아이에게 무엇보다 필요한 것은 헌신적인 양육자의 사랑과 관심이라고 굳게 믿고 있다. 부모의 사랑과 관심은 아이의 두뇌 발달을 촉진하고 아이가 어떤 사람으로 성장하게 될지를 결정한다. 안전과 수면, 영양을 제외한다면 항상 아이 옆에서 아이의 요구에 주의를 기울이고 아이가 보내는 신호에 동조하면서 적절한 반응을 보이는 양육자

만큼 중요한 것은 없다. 육아용품과 유아 놀이 프로그램이 육아는 더 편하고 재미있게 해줄지 모르지만, 아이에게 가장 중요한 것은 자신의 요구에 귀를 기울이고 그것에 맞춰 반응해주는 어른이 항상 곁에 있는 것이다.

과학에 대한 몇 마디

우리는 과학이 많은 정보를 제공해주고 다양한 질문에 대한 답을 제시해주는 역동적인 시대에 살고 있다. 분명 육아에도 적용되는 이야기이다. 이 책은 아이를 기르면서 직면하는 다양한 딜레마에 대해 되도록이면 가장 명확한 정보를 기반으로 결론을 제시한다는 기본 가정 아래 쓰였다. 그러나 현대 과학 지식에 관한 많은 연구가 여전히 진행 중이라는 사실을 기억해둘 필요가 있다. 과학이 아직 밝혀내지 못한 정보가 무수히 많을 것이다. 과학적 연구를 통해 얻은 결론들도 불완전한 증거를 토대로 하거나 제한적이고 결함 있는 연구에 기반을 둔 것일 수 있다. 심지어 모범적 관행을 따르는 좋은 연구라 할지라도 미래의 척도가 달라지면서 수정되거나 부족함이 입증될지도 모를 일이다.

더구나 육아와 관련해 우리가 일반적으로 논의하는 연구는 '인간'에게 초점을 맞추고 있으므로 대부분의 연구는 대체로 경계가 불분명한 범주를 기반으로 분석한 후 결론과 해석을 내놓는다. 비교적 쉬운 질문에 대한 간단한 대답도 항상 완벽한 그림을 제시하는 것은 아니다.

예를 들어, 한 연구자가 부모들에게 "아이의 TV 시청을 허용합니까?"라고 묻는다고 해보자. 아마 '예' 또는 '아니오'로 대답하거나 '절대 못 보게 한다'가 1이고 '항상 보게 놔둔다'가 5일 때 1부터 5까지 숫자 중 하나를 선택해야 할 것이다. 이런 응답 형식을 통해 상당히 많은 양의 정보를 수집할 수 있긴 하지만, "글쎄요, 아이가 그날 휴식이 필요한지 아닌지에 따라 달라요."라고 대답할 수 있는 여지를 허용하지 않는다. 설문 형식으로는 이런 세부적인 상황을 파악하기 어렵다.

그렇다면 과학은 믿을 수 없는 것이라는 말인가? 물론 아니다. 수십 년간의 지속적인 연구를 통해 얻은, 현재 우리가 가진 가장 완벽한 정보를 부정한 채 선입견과 편견을 기반으로 결정 내리는 것은 어리석은 일일 것이다. 우리는 믿을 수 있는 전문가가 쓰고, 동료 학자들이 심사하고, 권위 있는 학술지에 발표되고, 주요 보건기관에서 인정한 매우 훌륭한 연구 논문에서 지식을 얻고 그것을 기반으로 결정하기를 원한다. 때로는 우리가 이용할 수 있는 연구 자료 덕분에 확신에 찬 결론을 도출할 수도 있을 것이다. 또 어떨 때는 단지 안내 지침 정도만 제공하는 것에 그치는 불완전하거나 심지어 서로 어긋나는 증거를 고려해야 하는 상황에 놓일 것이다. 그럴 경우, 개인적 가치관과 가족 고유의 요구와 특성을 고려해서 최선의 판단을 해야 할 것이다.

어쩌면 우리는 현재 처한 상황과 가족의 요구 또는 아이의 기질에 적합하다는 이유로 연구 결과에 거스르는 결정을 해야 할지도 모른다. 집 안에서 반려동물을 기르면 아기에게 좋은 점이 많다는 글을 읽었다고 해보자. 그러나 큰아이가 개털 알레르기가 있다면 아기에게 좋은 선택일지라도 포기해야 할 것이다. 만약 아빠가 군인이어서 먼 곳으로 파견됐다면 엄마는 아기가 아빠와 주기적으로 교류할 수 있도록 스마트폰 사용에 관한 규칙을 느슨하게 적용할 것이다. 중요한 것은 과학의 안내를 받더라도 융통성 없이 지나치게 의존하지는 말아야 한다는 것이다.

　과학적 연구 결과를 신중하게 평가하는 것도 중요하다. 우선 연구 방법이 타당해야 한다. 즉, 적절한 실험 대상의 수가 유의미해야 하고, 척도와 용어가 명확하고, 발견한 패턴을 측정할 수 있는 충분한 기간이 확보되어야 한다. 그다음으로, 연구 결과를 분석할 때의 상관관계와 인과관계의 차이를 인식해야 한다. 예를 들어, 넓은 집에 사는 아이가 좁은 집에 사는 아이보다 읽기 수준이 높을 수도 있는데, 그렇다고 해서 집의 크기가 읽기 능력 향상의 원인이라는 의미는 아니다. 나는 이런 요인들을 고려하면서 기존 연구를 자세히 살피고 꼼꼼히 추려내고 요약했다. 최신 메타 분석 자료를 많이 참조했는데, 그 이유는 질적 기준에 못 미치는 연구를 배제하고 보다 견고한 연구 방법과 이론에 입각한 일관된 정의 그리고 유효한 수치를 사용한 연구를 모아 분석한 자료이기 때문이다. 메타 분석은 방법론적으로 타당한 연구를 종합해 더욱 신뢰할 수 있는 결론을 도출하기 위해 지금까지 축적된 적절하고 유효한 연구 자료를 요약·분석하는 연구 방법이다. 또한 미국 소아과학회, 질병통제예방센터, 세계보건기구 같은 권위 있는 전문기관의 의견을 우선하여 다뤘다. 이 같은 전문기관에서는 정책 강령을 제시하기 위해 명석하고 학식과 경험이 많은 전문가들을 고용해 최신 연구 동향을 철저히 검토하게 한다. 전문기관에서 내놓는 결론이나 권고사항은 여러분이나 내가 동의하느냐 동의하지 않느냐에 상관없이, 최근의 과학 연구 결과를 간략히 알 수 있는 매우 중요한 출처임은 틀림없다.

마지막으로, 나는 세계 각지의 동료 학자들에게 도움을 많이 받았다. 그들은 감사하게도 귀중한 시간을 들여 여기 제시된 연구 결과에 대한 의견을 내주었다. 이 책의 많은 정보를 정확하고 이해하기 쉽도록 다듬을 때 도움과 조언을 아끼지 않은 많은 학자와 소아과 의사, 아동 발달 및 다른 분야 전문가들에게 감사드리고 싶다.

엄밀히 말해 이 책은 주어진 주제에 대해 지금까지 수행된 모든 연구를 종합한 책은 아니다. 비록 내가 학문적 열정을 지닌 숙련된 연구자이지만 이 책을 쓰는 동안 계속 진화하는 연구 자료를 간결하게 요약하는 작업이 때때로 어렵게도 느껴졌다. 처음에는 여러분을 혼란스럽게 할 수 있는 증거를 포함해 사소한 세부 사항까지 책에 모두 담고 싶었다. 그러나 그런 생각이 들 때마다 '그건 이 책의 목적이 아니야.'라며 스스로 마음을 다잡았다. 그리고 다시 대부분의 부모들이 이해하기 쉬운 설득력 있고 유용한 책이 되기를 바라면서 종합적으로 검토하고 관련된 우수 논문들을 간결하게 요약하는 일에 초점을 맞췄다.

나는 서로 다른 전통과 문화, 사회·경제적 역사, 심지어 지리적 조건이 육아에 대한 다양한 생각과 관행에 영향을 미친다는 사실을 늘 인식하고 염두에 두려고 노력한다. 이 책이 다른 언어로 번역되어 세계 여러 국가에서 출판되기 때문에 특별히 말하고 싶은 것이 있다.

내가 미국에서만 생활하면서 아이들을 길렀다는 점이 나에게 영향을 미쳤고 동시에 한계로 작용한다는 것을 스스로 인식하고 있다는 의미이다.

이 책에 소개한 정보들은 독자 여러분이 찾으려 노력만 한다면 얼마든지 검색할 수 있고 확인할 수 있는 것들이 대부분이다. 그저 여러분을 위해 내가 대신 발품을 팔며 조사했을 뿐이다. 여기에 소개된 일부 자료는 신뢰할 만한 정보인지 확인하기 위해 인터넷을 검색하거나 다양한 자료를 뒤지다 보면 찾을 수 있는 것들이다. 물론 일부 데이터는 도서관이나 학술기관 데이터베이스에 접근해야 얻을 수 있는 것들이다. 그러나 궁극적으로 '육아 전문가'만 아는 '기밀'을 제공하는 것이 아니라는 뜻이다. 나는 의사가 아니며, 의학적인 조언을 하는 것도 아니다. 언제나 그렇듯 건강과 관련된 중요한 결정은 소아과 의사와 상담해야 한다. 나는 그저 어린 자녀를 둔 부모들의 삶이 조금이나마 더 편안하고 아기와 함께할 수 있는 시간을 더 많이 확보할 수 있기를 바라며, 아니면 제발 잠깐이라도 눈을 붙이거나 허기를 달래거나 화장실에 갈 수 있는 여유가 생기길 바라며 정보를 수집하고 정리하여 공유하려는 것이다.

마지막 다짐

이 책을 쓰면서 독자들이 여기에 제시된, 양육자가 해야 하는 일들의 목록을 보면서 지치지 않도록 그리고 자신의 육아 방법에 대해 죄책감을 느끼지 않도록 하려고 애썼다. 시중에는 "이런 사람이 되어야 해." 또는 "이것을 더 해야 해."라는 식으로 부모의 죄책감을 건드리거나 육아로부터 점점 뒷걸음치게 하는 책이 너무 많다. 누구도 완벽한 부모가 될 수는 없다. 그것은 어차피 불가능한 일이다.

이 책에서 제시하는 의견 중에는 실제로 상호배타적인 것들이 있다. 예를 들어, 여러분은 충분한 휴식을 취하면 우울증 위험이 감소하기 때문에 엄마에게는 충분히 휴식을 취하는 것이 최선이라는 것을 알 것이다. 하지만 적어도 아기가 신생아일 때는 밤중에도 두 시간마다 수유를 해야 한다는 것과 모유 수유를 하는 것이 이롭다는 사실도 알 것이다. 우리의 모든 선택은 의도한 결과만이 아니라 의도치 않은 결과도 낳는다. 밤에도 정해진 시간마다 모유 수유를 한다면 엄마는 수면 시간을 빼앗길 것이고, 그러면 아기를 돌볼 때 인내심이 떨어질 것이다. 아기는 모유 수유의 혜택을 보지만 엄마의 피로감은 점점 더 심해질 수 있다. 다른 선택은 밤에 수유하지 않는 것인데 그러면 엄마는 더 많이 쉴 수 있고 아이를 돌볼 때 인내심을 가질 수 있다. 이처럼 육아에 관해 우리가 내리는 결정들이 다차원적이고 거미줄처럼 서로 얽혀 있으며, 때로는 원하는 것을 모두 얻을 수는 없다는 것이다.

일반적으로 훌륭한 양육에는 유연성과 타협이 필요하다. 각자의 가정에서 어떤 것이 우선시되고 강조되는지, 어떤 것은 잠시 제쳐둬도 되는지 결정할 때 필요한 요소이다. 이 책을 통해 배변 훈련, 벌레 기피제, 프로바이오틱스, 손가락 빨기, 수면 훈련 등에 관한 정보를 얻을 수 있을 것이다. 그렇다면 그 모든 정보를 아이에게 적용해 모든 것을 완벽하게 만들 수 있을까? 당연히 그럴 수 없다. 아이를 기르는 과정에서 여전히 실수하게 될까? 물론 그럴 것이다. 우리의 궁극적인 목표는 우리가 부모로서 완벽할 수 없고 모든 것을 다 할 수 없음을 인정하면서 충분한 양의 중요한 정보를 다루고 이해하는 데 있다. 그 과정에서 아기가 신체적, 정서적으로 잘 자라도록 최선을 다해 양육해야 한다. 그러면 아기는 그저 생존하는 것이 아니라 잘 성장할 수 있다. 결국, 따지고 보면 훌륭한 양육은 영재를 길러내는 문제가 아니다. 졸업생 대표나 미인대회 우승자, 메이저리그 유격수를 만들어내는 이야기도 아니다. 우리가 스스로에게, 그리고 아이에게 모든 것에 최고가 되라고 압박한다면 오히려 예상치 못한 부정적인 결과를 초래할 수도 있다.

나는 탄탄하고 명확한 과학적 근거가 있을 때를 제외하면 어떤 상황을 해결할 수 있는 '한 가지 진정한 길'이 있다는 말을 절대 하지 않을 것이다. 사실 우리 모두에게는 좋은 부모가 될 수 있는 길이 있다. 그뿐만 아니라 '최선의 것'을 할 수 없을 때도 여전히 '최고의 부모'가 될 수 있다. 내 친구 중에는 육아에 관해 우리 부부와 완전히 다른 결정을 하는 친구들이 있다. 여러 가지 차이 중에서 어떤 것은 사소하고, 어떤 것은 상당히 크다. 그러나 오랜 시간에 걸쳐 내가 거듭 깨달은 것은 가정마다 서로 다른 관점으로 양육에 접근하더라도 결국 모두 행복하고 건강하고 의미 있는 삶을 살아갈 준비가 된 아이를 키울 수 있다는 것이다.

아이 인생에 영향을 미치는 다양한 양육자와 보육자들이 서로 소통하는 데 이 책이 도움이 되기를 바란다. 예를 들어, 육아 도우미나 아기의 할머니가 동네 놀이터 모래밭에는 흙과 세균이 있으니 아이를 그곳에서 놀게 하면 안 된다고 말하는 경우를 생각해보자. 그러면 여러분은 이 책에서 '아기가 세균에 노출되어도 괜찮을까?'를 보여주면서 흙에 노출되는 것이 면역력 향상에 도움이 된다는 연구 결과를 알려 줄 수 있다. 이런 방식의 정보 공유는 시어머니나 참견하기 좋아하는 이웃 사람에게 직접 말하는 것보다 더 효과적이고 갈등을 일으킬 소지도 적다. 또 다른 예로, 만약 유아어를 사용하지 말라고 조언하는 친구가 있다면 '유아어를 쓰는 것은 좋을까, 나쁠까?'를 찾아 과학에서는 어떻게 말하는지 확인해보자. 낡은 정보를 최신 정보로 바꾸고 잘못된 믿음과 가정을 바로잡는 도구로 이 책을 사용한다면 우리는 최신 과학의 지원을 받을 수 있고, 육아와 관련된 문제로 감정을 소모하는 일을 줄일 수 있다.

결국, 아는 것이 힘이다. 스스로 조사해서 알아내고 우리 자신을 믿자. 우리는 그 누구보다 아이에 대해 잘 알고 있다. 물론 개인적인 선입견은 당연히 조심해야 한다. 나는 여러분이 진심으로 그리고 진지하게 과학과 전문가들이 말하는 것에 귀를 기울이고 그들의 의견을 고려하리라는 전제에서 이야기하고 있다. 이 전제 조건이 충족된다면 여러분이 부모로서 지닌 본능이 아기의 요구에 어떻게 대응해야 할지 말해줄 것이다. 아이에게 가장 필요한 것은 완벽한 부모가 아니라(그런 부모가 존재하기라도 하면 모를까.) 수집할 수 있는 최상의 정보를 바탕으로 최선을 다해 아기의 요구를 신속하고 지속적으로 인지하고 그것에 반응하는 다정하고, 유연하고, 육아 지식이 있는 양육자이다. 이것이 우리가 꼭 기억해야 할 핵심이다.

차례

PART 1　수유와 이유식

PART 4　생활

양육과 교육

PART 1

수유와 이유식

모유 수유,
꼭 해야만 할까?

모유 수유가 여러 면에서 아기와 엄마 모두에게 이롭다는 것은 이미 많은 연구를 통해 입증되었다. 미국 소아과학회는 "모유 수유의 장·단기적, 의학적, 신경 발달학적 이점이 입증되었으므로 수유 문제는 단순히 생활방식의 선택이 아닌 공중보건의 차원에서 다뤄져야 한다."라고 말한다. 그러나 모유 수유의 여러 가지 이점에도 불구하고 모유 수유가 모든 사람에게 항상 적합한 선택은 아니다. 개인적 기호나 의학적인 문제, 생활 상황 등의 이유로 분유 수유 혹은 혼합 수유를 선택해야 하는 경우도 있다. 그렇다면 모유 수유와 관련해 우리가 알고 고려해야 할 것은 무엇일까? 과학은 모유 수유에 대해 어떻게 이야기할까?

이로운 점이 많다 VS 모유만 고집할 필요는 없다

이로운 점이 많다 | 모유 수유를 하면 따르는 중요한 이점들이 있다. 첫째, 모유 수유를 할 때의 맨살 접촉은 엄마와 아기의 유대관계를 강화한다. 둘째, 분유와 비교하면 비용이 적게 들고 어디서나 수유하기 편하다. 셋째, 엄마가 최근 섭취한 음식에 따라 모유의 맛이 다양해질 수 있으므로 아기가 자라서 고형 음식을 더 쉽게 받아들일 수 있다. 그러나 가장 큰 장점은 건강과 관련된 것이다. 모유는 면역력을 높이고 아기의 평생 건강을 증진한다. 엄마가 특정 암이나 당뇨 등의 병에 걸릴 확률도 줄어들고, 모유 수유를 하는 동안에는 열량을 많이 소모하기 때문에 임신 전 체중으로 돌아가는 데도 도움이 된다.

모유만 고집할 필요는 없다 | 모유 수유가 좋다는 것은 틀림없는 사실이지만 쉽게 실천할 수 있는 일이 아니며, 현실적으로 항상 가능한 것도 아니다. 모유 수유를 장려하는 사람들의 주장은 가끔 과장되어 있다. 모유가 아이의 인지 능력 향상에 상당히 이바지한다는 증거는 사실 크게 강력하지 않다. 게다가 모유에는 비타민 D 같은 일부 비타민류가 부족해서 영양 보충제를 따로 먹여야 하지만 분유에는 대부분의 영양분이 들어 있다. 그리고 일정한 간격으로 분유를 수유한다면 아기가 충분히 먹는지 쉽게 확인할 수 있다.

　또한 분유는 엄마 외에 다른 사람도 먹일 수 있다. 아기의 측면에서 보면 아빠, 할머니, 할아버지, 형제, 숙모, 이모, 삼촌, 육아 도우미 등 다양한 사람과 유대감을 형성할 수 있을 것이다. 또한 분유를 먹는 아기는 모유를 먹는 아기에 비해 한 번에 더 오래 잔다. 이 두 가지 이유 덕분에 엄마는 자신을 돌볼 수 있는 여유 시간을 확보할 수 있고, 정서적으로 더욱 안정된 상태에서 아이를 보살필 수 있다.

 ## 과학이 말해주는 것

모유 수유의 건강상 이점은 여러 연구를 통해 분명히 밝혀졌다. 그래서 미국 소아과학회에서는 출산 후 6개월까지 완전 모유 수유를 하고, 적어도 첫 돌까지는 모유를 먹이면서 고형식을 함께 먹이도록 권장하고 있다. 세계보건기구와 유니세프UNICEF는 한 단계 더 나아가 6개월 동안 완전 모유 수유를 하고 두 살이 될 때까지 그리고 가능하면 그 이후에도 모유 수유를 계속할 것을 권장하고 있다(자세한 것은 44쪽 '모유 수유, 언제까지 해야 할까?' 편 참조).

모유는 건강에 좋은 영양분을 골고루 포함하고 있고 아기의 면역력을 높여준다. 단백질과 젖당, 지방을 함유하고 있으며 분유보다 소화 흡수력이 좋아서 설사나 변비가 발생하는 일이 드물다. 게다가 중이염, 천식, 습진, 호흡기 감염 등 아기에게 발생할 수 있는 장·단기 질환의 위험도 낮춰준다. 놀라운 사실은 모유 수유가 고혈압, 제2형 당뇨병, 유방암, 자궁암의 위험을 낮춰주는 것을 포함해 여러 면에서 엄마에게도 이롭다는 것이다.

이런 장점에도 불구하고 고려해야 할 사항들도 있다. 예를 들어 모유는 신생아의 신체 발달에 중요한 주요 비타민과 미네랄을 함유하고 있지만, 튼튼한 뼈 형성에 필수적인 칼슘과 인 같은 영양소 흡수를 돕는 비타민 D를 충분히 함유하고 있지 않다는 점이다. 미국 소아과학회는 완전 모유 수유든 혼합 수유든 모유를 먹는 아기들에게는 처음부터 비타민 D를 별도로 보충해줄 것을 권장한다.

어떤 사람들은 모유 수유를 하지 않고 아기에게 분유를 먹이는 것을 죄악시할지 모르지만, 실제로 분유가 아기의 건강 증진에 도움이 되는 때가 있다는 것도 기억하자. 최근 연구에 따르면 엄마 젖이 나오기를 기다리다가 아기가 상당한 체중 감소를 겪는다면, 제한된 양의 분유를 일찍 먹이는 것이 아기의 생존을 위한 좋은 해결책이 될 수 있다고 한다. 그래야 아기가 병원에 계속 남아 있거나 퇴원했다 재입원하는 불상사를 막을 수 있다. 게다가 제한된 양의 분유 수유는 모유 수유를 할 때 방해가 되지 않는 것으로 나타났다.

엄마의 생활방식과 직장 문제 등이 아기에게 분유를 먹이기로 하는 결정에 큰 역할을 할 수도 있다. 어떤 엄마들은 온종일 아기에게 수유할 기회를 얻지 못한다. 직장이나 학교에 다닐 수도 있고, 꾸준한 모유 수유에 필요한 유축기를 임대하거나 구매하기 어려운 금전적 장벽이 있을 수도 있다.

드물지만 모유 수유가 바람직하지 않은 상황도 있다. 엄마가 에이즈나 에볼라 바이러스 같은 특정 바이러스에 감염되었거나 PCP와 코카인 같은 불법 마약을 사용하고 있는 경우다. 엄마가 복용하는 의약품

대부분은 아기의 건강에 거의 영향을 미치지 않지만 그래도 약을 먹게 되면 일시적으로 모유 수유를 중단해야 하는 경우도 있다(더 자세한 설명은 105쪽 '모유 수유 중 약을 먹어도 될까?' 편 참조). 아기에게 젖을 먹이는 것이 안전한지 확신이 서지 않을 때는 담당 의사와 상의하도록 하자. 개인적 상황에 맞춰 판단하는 데 도움이 될 것이다.

모유 수유를 하면 아이의 IQ 수치가 높아진다는 주장과 관련해서는 학계에서도 의견이 분분하다. 하지만 모유 수유를 한 아이들의 인지 능력이 그렇지 않은 경우보다 조금 향상되었음을 의미하는 증거가 보고되고 있는 것은 사실이다.

 꼭 기억해야 할 것

여러 의학 단체와 보건기구들은 신생아와 어린 아기에게 모유를 먹이는 것이 가장 바람직한 선택이라고 입을 모아 말한다. 모유 수유가 여러 면에서 이롭다는 것은 과학적으로도 밝혀졌다. 그러나 모유를 먹일지 분유를 먹일지 결정하는 것은 다분히 개인적이고 다면적인 문제이다. 가능하다면 담당 의사나 배우자와 상의해서 엄마의 여러 가지 상황에 맞는 최선의 선택을 내리는 것이 좋을 것이다.

수유에 관한 엄마의 결정에는 종종 강렬한 감정이 수반된다. 모유 수유를 하지 않는 엄마들은 죄책감을 느끼거나 다른 사람들에게 부끄럽다고 생각할지도 모른다. 그러므로 우리는 모유 수유를 하고 싶지만 여러 가지 이유로 포기해야만 하는 이들이 주변에 존재한다는 것을 생각해야 한다. 함몰 유두나 암 투병 같은 의학적인 어려움을 겪고 있을 수도 있고, 모유가 잘 나오지 않아서 어쩔 수 없이 밤낮으로 계속 젖을 먹이거나 젖을 짜느라 지치고 좌절하고 있을지도 모른다. 이처럼 모유 수유의 어려움은 다른 육아 문제와 겹쳐서 부모의 삶을 정신적, 육체적으로 완전히 갉아먹어 버릴 수도 있다. 이런 경우에는 오히려 모유 수유를 과감히 포기하고, 아기의 전반적인 요구를 잘 충족시켜주기 위해 노력하는 것이 나을 수 있다.

또한 모유 수유와 분유 수유, 꼭 둘 중 하나를 택해야 하는 것도 아니다. 많은 이들이 혼합 수유를 선택하기도 한다. 모유 양이 부족하거나 직장 문제, 다른 자녀를 돌봐야 하는 상황 등 여러 이유로 분유를 먹이지만, 아침 일찍 또는 밤에 모유 수유가 가능하면 아기에게 젖을 물리는 엄마들도 있다. 이와 같은 혼합 수유는 모유의 혜택을 아기에게 제공하면서 엄마가 모유 수유를 포기하지 않고 더 오래 유지할 수 있도록 도와주기 때문에 매우 효과적이다.

우리에게는 어떤 상황에 있든, 어떤 이유에서 어떤 결정을 내리든, 서로를 지지해야 할 의무가 있다. 불친절하고 냉정하고 비판적인 태도는 누구에게도 도움이 되지 않는다. 전 세계의 보건단체와 건강 전문가들이 모유 수유를 권장하는 이유는 수도 없이 많지만 모유 수유를 할지, 분유 수유를 할지 결정할 때는 많은 요소들을 고려해야 한다. 만일 개인적인 상황이나 기호 때문에 분유 수유를 선택하더라도 아이가 신체적, 정서적으로 잘 자라도록 양육하는 다른 방법은 많다.

첫 아이가 태어났을 때 모유 수유가 생각보다 어렵다는 것을 알고 좌절했다. 모유 수유는 그냥 '자연스럽게' 되는 것이라 생각했지만, 곧 내 머릿속은 혼란과 의문으로 가득해졌다. '내가 제대로 하고 있나?' '아기는 원래 이러는 걸까?' '먹는 양이 충분한 걸까?' 질문이 꼬리에 꼬리를 물었다.

당시 우리 가족은 텍사스 시골에 살고 있었고, 반경 120km 안에는 모유 수유 전문가가 전혀 없었다. 다행히 먼저 아기를 낳은 친구가 있어서 그녀에게 조언을 구했다. 그녀는 모유 수유는 정답이 정해진 것이 아니라, 그저 엄마와 아기가 함께 배워나가는 과정이라고 말했다. 그리고 2주일 더 시도해보고 그때 다시 상황을 점검해 보라고 조언했다. 그녀는 확신했고, 실제로 내 상황에 맞는 말이었다. 곧 우리는 문제를 해결하기 시작했다. 몇 주 사이에 아기와 나는 제 궤도를 찾았고, 어느새 나는 모유 수유를 즐기게 되었다.

반면, 모유 수유에 대한 과학적 연구 결과를 너무 맹신하다 보니 실수를 저지른 부분도 있다. 막내아들이 태어났을 때 젖이 잘 돌지 않자 분만실 간호사들은 내게 분유 수유를 권했다. 아기가 황달에 걸렸기 때문에 아기 몸속을 씻어내기 위해 수분을 충분히 보충해야 한다는 것이었다. 그러나 나는 간호사들의 권유를 거부했다. 지금도 그렇지만 그때도 나는 열렬한 모유 수유 지지자였다. 이미 두 아이를 모유로 키운 전력도 있었으므로, 곧 젖이 나올 거라 확신했다. 그러나 실제로는 그렇지 않았다. 결국, 우리는 다시 병원을 찾았고 아기를 며칠 간 입원시켜야 했다. 아기는 광선치료 상자 안에 누워있어야 했고, 나는 한동안 원하는 만큼 아기를 안을 수 없었다. 아기는 곧 괜찮아졌지만 만일 내가 조금 더 유연한 사고를 했더라면 그런 시련을 겪지 않았을 것이다.

우리 아이의 경우처럼 생후 초기의 제한적 분유 수유가 모유 수유를 방해하지 않는다는 연구 결과를 진즉에 알았다면 나도 좀 더 현명한 결정을 내릴 수 있었을 것이다. 그렇다고 모유 수유에 대한 나의 믿음대로 행동하지 말았어야 했다는 의미는 아니다. 좀 더 유연한 사고와 더 많은 정보가 필요했다는 말을 여러분에게 전하고 싶은 것이다.

모유 수유 중 음주,
괜찮을까?

많은 엄마가 질문하는 것 중 하나가 '모유 수유 중에 술을 마셔도 될까?'이다. 모유 수유 중의 음주에 대해서는 여러 의견이 있다. 절대 마시면 안 된다는 의견부터 육아에 지친 엄마의 스트레스 해소에 도움이 되는 긍정적인 면도 있다는 의견까지, 무엇이 맞는 걸까? 모유 수유 중의 알코올 섭취에 대해 과학적으로 증명된 것은 무엇일까?

 안 된다 VS 괜찮다

안 된다 │ 엄마가 술을 마시면 갓난아기도 모유를 통해 알코올을 섭취할 수 있으므로 수유 기간에는 절대 술을 마시지 말아야 한다.

괜찮다 │ 적당한 음주는 아기에게 해로운 영향을 미치지 않을 것이다. 모유 수유를 하는 엄마들은 일상생활에서 이미 많은 제한을 두고 있는데, 술 한 잔까지 무조건 멀리할 필요는 없다.

 ## 과학이 말해주는 것

이 문제에 관한 과학적 연구는 계속 진행되고 있으므로 음주 허용 여부를 지금 바로 명확하게 결정하기는 어렵다. 아기에게 발생할 수 있는 위험 요소를 완전히 제거하고 싶다면 가장 안전한 방법은 수유 기간 동안 술을 입에도 대지 않는 것이다. 그러나 모유 수유를 하는 엄마가 술을 마시면 아기에게 해롭다는 과학적 증거 또한 거의 없다. "조심하는 것이 후회하는 것보다 낫다."라는 말과 함께 적정량 이상의 술은 마시지 말라고 권고하는 보건기관과 전문가들이 많다.

한편 미국 보건복지부 산하의 질병통제예방센터는 적당한 양의 음주, 즉 하루에 표준 음주량 1잔 정도를 마시는 것은 아기에게 해롭지 않으며 술을 마신 후 2시간 정도 기다렸다가 수유하면 괜찮다고 발표했다. 미국 소아과학회는 "알코올 섭취를 최소화하고 횟수도 가끔으로 제한해야 한다."고 권고하면서, "위스키 같은 증류주는 60㎖, 포도주는 240㎖, 맥주는 2캔 이상 마시면 안 된다."고 명시한다.

엄마가 적정량 이상의 술을 마시면 아기의 성장 발달은 물론, 수면 패턴에도 부정적인 영향을 미칠 가능성이 있다. 과거에는 술을 마시면 모유 양이 늘어난다는 잘못된 믿음이 있었지만, 실제로 알코올 섭취가 사출 반사(아이가 엄마 젖꼭지를 빨면 그 자극으로 모유 생성 호르몬이 분비되어 젖이 나오는 과정 - 옮긴이)를 제한할 수 있다는 연구 결과가 보고되었다.

여기서 더 주목해야 할 점은 엄마가 젖을 짜서 버리더라도 알코올이 아기에게 흡수되는 것을 완전히 막지는 못한다는 것이다. 모유의 알코올 함량은 엄마의 혈중 알코올 함량에 따라 결정된다. 모유를 '짜서 버리는 방법'으로 아기의 알코올 섭취를 막을 수 있다는 것은 잘못된 생각이며, 알코올이 모유로 유입되는 것을 막을 수 있는 안전한 방법이라고도 할 수 없다. 엄마의 혈액 속에 알코올이 녹아 있는 한 모유에도 포함되어 있을 수 있다. 엄마가 적정량 이상의 술을 마시면 혈중 알코올 농도가 높아지므로, 이럴 때는 미리 저장해둔 모유나 분유를 먹이고 직접 수유는 나중에 다시 하는 것이 안전하다.

마지막으로, 지나친 음주는 집중력과 판단력을 해쳐서 엄마가 아이의 요구에 주의를 기울이지 못하거나, 아기를 돌볼 때 올바른 결정을 하지 못할 수 있다는 점도 잊지 말자.

 꼭 기억해야 할 것

놀라운 말처럼 들리겠지만, 모유 수유 기간 동안의 적당한 음주가 아기에게 해를 끼친다는 과학적 증거는 없다. 특히 충분한 예방조치를 취한다면 술을 마셔도 괜찮다. 미국 소아과학회와 질병예방통제센터는 음주 후 2시간 정도 지나서 모유 수유를 하도록 권고하고 있다. 이 권고사항을 잘 따르기만 한다면 알코올이 모유를 통해 아이에게 흡수되는 것을 걱정할 필요가 없다. 더욱 조심하고 싶다면 술을 마시기 전에 미리 젖을 짜서 저장했다가 수유 시간에 맞춰 먹이는 방법도 있다.

어떤 사람들은 약간의 위험도 감수하고 싶지 않은 마음에서 모유 수유를 하는 동안은 술을 전혀 입에 대지 않을 것이다. 반면, 친구들과의 모임에서 가끔 와인 한 잔을 마시거나, 맥주 한 잔으로 지친 하루를 마무리하고 싶은 사람들도 있을 것이다.

모유 수유 중
식단을 제한해야 할까?

세계 곳곳의 다양한 지역에는 고유의 문화와 전통에 따라 수유 기간 동안 섭취를 제한하는 특정 음식들이 있다. 닭고기부터 토마토와 찬 음식에 이르기까지 온갖 음식이 포함되는데, 이런 규제는 불필요한 식단 제한을 가져와 모유 수유에 걸림돌이 될 수 있다.

그렇다면 아기에게 정말 영향을 미치는 음식은 무엇이고, 모유 수유를 하는 엄마는 자신이 먹는 음식에 대해 얼마나 신경 써야 할까? 엄마가 좋아하는 값싸고 매운 음식이 모유를 먹는 아기에게 문제를 일으킬까? 커피나 포도주 한 잔을 책임감 있게, 그러나 좀 더 마음 편하게 즐길 수는 없는 걸까?

제한해야 한다 VS 제한할 필요 없다

제한해야 한다 | 엄마가 섭취하는 음식과 음료 일부가 모유로 들어가 아기에게 영향을 미칠 수 있다. 엄마가 유제품, 알코올, 생선, 카페인, 매운 음식 등을 먹었을 때 아기가 보채거나 배앓이를 할 수 있고, 알레르기 반응이 일어날 수도 있다.

제한할 필요 없다 | 엄마가 건강한 식단을 유지하는 한 모유 수유를 하는 동안 음식을 제한할 필요는 없다. 아기에게 이상 반응이 나타나지 않는다면 엄마는 생선, 매운 음식, 카페인 그리고 알코올을 포함해 좋아하는 것은 무엇이든 적당한 양을 먹고 마셔도 된다.

 과학이 말해주는 것

일반적으로 건강한 식습관을 가지고 있는 엄마들은 수유 기간에도 대체로 정상적인 식단을 유지할 수 있다. 엄마가 섭취한 음식 일부가 모유로 흡수될 수 있고 심지어 모유의 맛과 냄새에 영향을 미칠 수도 있지만, 적당히 섭취한 카페인이나 매운 음식, 초콜릿, 매우 신 음식, 알코올 등은 아기에게 거의 영향을 미치지 않을 것이다. 그러나 카페인을 적정량 이상 섭취하면 아기에게 지나친 자극을 줄 수 있고, 적정량 이상의 알코올을 마셨을 때는 아기에게 부정적인 영향을 미칠 수 있는 것은 사실이다(35쪽 '모유 수유 중 음주, 괜찮을까?' 편 참조). 조산아나 신생아의 몸은 섭취한 성분을 분해하는 속도가 느리므로 카페인이나 알코올을 섭취할 때 특히 주의해야 한다. 그러나 연구에 따르면, 영양가 높고 균형 잡힌 식사를 하고 있다면 엄마가 먹는 음식이 아이에게 부정적인 영향을 미칠 가능성에 대해 크게 걱정할 필요는 없다.

하지만 특정 음식에 대한 아기의 반응을 계속 주시할 필요는 있다. 예를 들어, 커피를 한 잔 더 마셨을 때 아기가 평소보다 더 보채는지 살피고, 우유 한 잔을 더 마셨을 때 아기에게 다른 증상이 나타나는지 잘 지켜봐야 한다. 어떤 아기들에게는 우유 단백질에 대한 알레르기 반응이 일어날 수 있는데, 엄마가 우유나 유제품을 끊으면 이런 증상이 상당히 완화될 수 있다. 모유를 먹는 아기들도 아토피성 피부염이 생길 수 있는데, 이때 엄마가 우유나 달걀을 철저히 제한하는 항원 회피 식사를 한다면 아토피성 피부염 개선에 효과를 볼 수 있다. 그러나 우유 알레르기를 제외하고는 엄마의 제한식이 아기의 알레르기 반응을 줄인다는 강력한 증거는 전혀 없다.

생선에 대해서도 잘 알아야 한다. 생선은 단백질, 비타민, 미네랄이 풍부해서 수유 기간 동안 엄마와 아기 모두에게 매우 좋은 음식이 될 수 있다. 그러나 어떤 물고기는 먹이를 통해 수은을 섭취해 수은 함량이 매우 높다. 임신 중일 때와 마찬가지로 수유 중일 때는 수은 섭취와 수은에 대한 노출을 피해야 한다. 수은은 모유를 통해 아이에게 전달되어 아기의 뇌와 신경계에 부정적인 영향을 미칠 수 있으므로 먼저 엄마가 섭취할 해산물의 양과 원산지를 잘 살펴야 한다. 다행히 우리 주변에는 영양가 높고 수은 함량이 낮은 생선이 많으므로 미리 조사해서 현명하게 선택한다면 생선 섭취에 따른 건강상의 이점을 충분히 누릴 수 있을 것이다. 일반적으로 크기가 작은 물고기일수록 수은 함량이 낮다. 먹이 사슬의 낮은 단계에 있으므로, 몸 안에 수은이 축적되기 전에 잡아먹히기 때문이다. 반면에 큰 물고기들은 작은 물고기를 많이 잡아먹고 더 오래 살기 때문에 몸속에 수은이 축적되기 쉽다.

엄마가 무엇을 먹느냐는 아기의 배앓이, 곧 영아 산통과도 관련이 있다. 몇 년에 걸친 다양한 연구들은 우유 섭취 제한과 같은 엄마의 식단 변화를 통해 영아 산통을 줄일 수 있다고 주장한다. 그러나 최근 실시한 메타 분석은 연구의 방법론적 편견과 단점을 지적하면서 영아 산통과 엄마의 식단 사이의 연관성을 보여주는 증거가 빈약하다는 결론을 내렸다.

 꼭 기억해야 할 것

엄마가 건강에 좋은 다양한 음식을 섭취하면 엄마와 아기 모두에게 가장 좋다. 모유 수유 중에 꼭 조심해야 하는 음식은 생각보다 많지 않다. 엄마가 좋아하는 매운 음식 가운데 일부는 오히려 모유에 약간의 맛을 더해줄 것이다. 수은 함량이 높을 수 있는 생선은 피하고, 만약 와인 한 잔을 마신다면 젖을 물리기 전에 몸 밖으로 배출될 수 있도록 대체로 2시간 정도의 시간 간격을 두도록 하자(35쪽 '모유 수유 중 음주, 괜찮을까?' 편 참조). 아기가 배앓이를 하거나 피부에 어떤 반응이 일어나거나 다른 불편한 기색을 보인다면, 특정 음식을 제한하는 것이 도움이 될 수 있으므로 반드시 담당 의사와 상담하자.

모유 수유,
언제까지 해야 할까?

모유 수유의 장점이 매우 많다는 것은 분명한 사실이다. 그렇다면 언제까지 모유 수유를 해야 할까? 미국을 비롯한 많은 서구권 국가에서는 돌 이후에도 모유 수유를 하는 것을 '수유 연장'이라고 여긴다. 그러나 세계적으로 살펴보면 유아들은 대체로 2~4세가 되어서야 젖을 뗀다. 언제까지 모유 수유를 하느냐는 단순히 개인적 선호의 문제일까? 아니면 과학적으로 따져봐야 할 문제일까?

 계속하면 좋다 VS 적당한 시기에 중단해야 한다

계속하면 좋다 | 엄마와 아기 모두에게 괜찮다면, 모유 수유를 계속

하는 것이 좋을 것이다. 모유 수유와 함께 다른 음식을 잘 보충한다고 가정한다면 생후 12개월 이후에도 모유 수유를 지속하는 것이 엄마와 아기 모두의 건강과 관계 형성에 좋다. 모유 수유를 오래 하면 아이의 면역력이 높아지고 엄마가 특정 질병에 걸릴 위험도 낮아질 수 있다. 게다가 엄마와 아기의 유대관계가 더욱 강화되고, 화내거나 칭얼대는 아이를 달래기에도 매우 효과적인 도구가 될 수 있다.

적당한 시기에 중단해야 한다 | 연장 모유 수유가 나쁘다는 것은 아니다. 단지 원하지 않은 결과를 낳을 수도 있다는 점을 이야기하고 싶다. 그중 하나가 공공장소에서 다 큰 아기에게 젖을 물릴 때 따라오는 다른 사람들의 반응이다. 게다가 모유 수유를 오래 하면 정말 젖을 떼야 할 시기가 되어도 젖떼기가 어려워질 수 있다. 심지어 아이가 부적절한 장소에서 다른 사람들이 보기에 민망하게 젖을 먹겠다고 떼를 쓸 수도 있다.

 ## 과학이 말해주는 것

모유 수유는 아이의 면역력을 강화하고, 엄마에게는 유방암과 난소암, 고혈압, 제2형 당뇨병, 류머티즘 관절염의 발병 위험을 감소시켜주는 등 많은 건강상의 장점이 있다고 연구를 통해 밝혀졌고, 여러 보건기관에서도 이 점을 인정했다. 하지만 연장 모유 수유에 관한 연구는 그에 비해 많이 진행되지 않았다. 아이가 돌이 지나도 모유에는 중요한 단백질과 지방, 비타민이 여전히 함유되어 있다는 연구 결과가 있다. 논의의 편의를 위해 여기서는 만 1~3세 사이의 아이에게 모유를 수유하는 것을 '연장 수유'라고 정의하겠다.

건강 측면의 장점 이외에도 모유 수유는 엄마와 아기 사이의 유대 관계 형성에 도움이 된다. 2017년에 발표된 한 종단 연구(특정 기간 몇 차례에 걸쳐 자료를 수집하고 분석하는 연구-옮긴이)에 따르면, 최대 3세까지 모유 수유를 한 엄마들은 영유아기가 지나도 자녀에 대해 뛰어난 '양육 민감도'를 보이고, 심지어 11세까지도 높은 양육 민감도를 보이는 것으로 나타났다. 이 연구는 연장 모유 수유가 확고한 애착 관계 및 강한 유대감과도 관련 있다는 것을 밝혀낸 것이다. 부모와의 강한 유대감은 독립심 형성 등 아이에게 긍정적인 영향을 미칠 것이다.

연장 모유 수유와 관련된 한 가지 단점은 치아 건강 문제이다. 연구자들 사이에서 약간의 논쟁이 있었지만, 모유 수유를 오래 하면 치아나 뼈가 썩거나 부서지는 치아우식증이 일찍 발생할 위험이 큰 것으로 보인다. 그래서 한 연구진은 "모유 수유는 아이의 건강에 이로우므로 되도록 어릴 때부터 치과 정기점진과 청결 관리 등 치아 관리를 위한 예방조치를 병행해야 한다."고 권고한다.

치아 건강상의 문제가 있음에도 불구하고 주요 보건기관들은 연장 모유 수유를 지지한다. 미국 소아과학회는 엄마와 아기가 서로 원한다면 1년 이상 모유 수유를 할 것을 권장한다. 세계보건기구와 유니세프는 최소 두 돌까지 모유 수유를 권장한다.

✎ 꼭 기억해야 할 것

정신과 의사이자 미국 연방정부 의무총감(U.S. Surgeon of General, 미국 연방정부 보건복지부 소속 공중보건서비스부대 총책임자로 공중보건의료 문제를 관장한다. –옮긴이)을 지낸 안토니아 노벨로Antonia Novello는 "두 돌까지 모유 수유를 계속하는 아기는 행운아다."라고 말했다. 연장 모유 수유에 관해 연구하는 많은 학자와 소아과 의사들은 아직 연구 자료가 부족하기는 하지만 노벨로의 말에 전적으로 동의한다. 만일 연장 수유를 할 수 있다면 엄마는 아기에게 많은 잠재적 혜택을 제공할 것이다.

하지만 연장 모유 수유가 누구에게나 가능한 일은 아니다. 신체 상태나 직장 생활 또는 다른 역학적 요소 때문에 그렇게 오랜 기간 수유를 할 수 없는 경우도 있다. 엄마가 수유를 중단하려고 준비하기 전에 스스로 젖을 떼는 아이들도 있다. 그러므로 아기가 두세 살이 될 때까지 수유할 수 없더라도 절망할 필요는 없다. 모유 수유를 중단하더라도 여전히 아이에게 필요한 영양을 공급할 수 있고, 아기와 친해지고 강한 유대감을 형성할 기회는 매우 많을 것이다.

기회가 있고 의향이 있다면 걸음마기에도 계속 모유 수유를 하는 것이 좋다. 하지만 이때는 아기에게 철분과 비타민 D 요구량을 공급하는 음식이나 영양제와 함께 과일, 채소, 곡물을 충분히 먹여야 한다. 걸어 다니는 아이에게 수유하는 것을 다른 사람들이 어떻게 생각할지 걱정된다면, 아이가 젖을 달라고 요구할 때 엄마가 어떤 원칙에 따라 수유할 것인지, 아이를 이해시키는 데 도움이 되는 규칙을 세워아이에게 잘 설명하도록 하자.

 브라이슨 박사가 엄마들에게

아이들이 태어나기 전에는 내가 돌 이후에도 모유 수유를 하리라고는 전혀 생각하지 못했다. 그러나 아이들이 돌이 되었을 때 생각을 바꿨다. 세 아이 모두 돌이 지나서도 여전히 또래에 비해 체구가 작아서 결국 점점 더 길게 모유 수유를 하게 되었다. 수유하느라 몸이 지칠 대로 지쳤기 때문에 그때가 그립지는 않다. 그렇다고 모유 수유를 오래 한 것을 후회하지도 않는다. 세 아이 모두에게 모유 수유를 했던 시간은 내 인생에서 정말 달콤하고 특별한 시간이었다. 가끔은 갑갑하고 자유롭지 못한 느낌이 들 때도 있었지만 몇 년의 시간은 생각보다 눈 깜짝할 사이에 지나갔다.

젖병을 사용하면
모유 수유에 방해가 될까?

모유 수유를 하는 엄마들은 가끔 젖병이나 노리개 젖꼭지를 사용해야 하거나 사용하고 싶을 때 아기의 수유 습관에 지장이 생길까 걱정한다. 엄마의 젖꼭지에서 젖병으로 바뀌면 정말 아기의 수유 습관도 바뀔까? 젖병이나 노리개 젖꼭지가 아기의 모유 섭취 욕구를 방해하거나 '유두 혼동(nipple confusion)'을 일으킬까?

 유두 혼동이 올 수 있다 VS 방해되지 않는다

유두 혼동이 올 수 있다 | 젖병과 노리개 젖꼭지 사용은 아기가 엄마 젖을 빠는 과정을 방해할 수 있다. 엄마 젖꼭지보다 젖병이 빨기 쉬우

므로, 일단 젖병으로 수유하기 시작하면 다시 모유를 먹이고 싶을 때 아기가 엄마 젖을 거부할지도 모른다.

방해되지 않는다 | 모유 수유가 일단 정착되면 아기는 엄마 젖과 젖병을 번갈아 빠는 것을 어려워하지 않을 것이다. 사실 모유 수유를 할 수 없는 경우도 생길 수 있으므로, 아기가 젖병에 익숙해지도록 하는 것도 좋은 생각이다. 또한 노리개 젖꼭지는 아기에게 심리적 안정감을 줄 수 있다.

 ## 과학이 말해주는 것

전문가와 학자들 사이에서는 '유두 혼동'이라는 것이 실제로 존재하는 지조차 의견이 분분하다. 최근에 발표된 한 논문에서는 '모유 수유에 관한 관심은 점점 더 높아지지만, 젖병 젖꼭지나 노리개 젖꼭지 같은 인공 젖꼭지가 모유 수유에 부정적인 영향을 미치는지 아닌지, 미친다면 그 영향은 어느 정도인지는 연구자, 의사, 부모 할 것 없이 누구에게나 여전히 불분명하게 남아 있다.'라고 한다.

그렇지만 우리는 몇 가지 결론을 도출할 수 있다. 2015년 한 연구진이 유두 혼동과 그것이 모유 수유의 '효능·성공·기간'에 미치는 영향을 연구한 논문 14편을 검토한 결과, 젖병을 사용하는 것이 유두 혼동과 관련 있다는 새로운 증거를 발견했다. 그러나 노리개 젖꼭지 사용과 관련된 유두 혼동을 뒷받침하는 증거는 거의 없었다. 다시 말해, 유두 혼동 현상이 존재하는 것은 맞지만, 주로 젖병을 사용했을 때 일어나고, 노리개 젖꼭지는 해당하지 않는다는 것이다.

모유 수유 전문가들은 대체로 이러한 결론을 받아들이고, 모유 수유를 하는 엄마들에게 생후 3~4주가 지난 후 젖병을 사용하라고 권고한다. 젖병을 빠는 것보다 엄마 젖꼭지를 빠는 것이 더 어렵기 때문에 모유 수유가 정착될 때까지 기다렸다가 더 쉬운 방법인 젖병 사용을 도입하는 것이 좋다는 뜻이다.

 꼭 기억해야 할 것

엄마의 젖꼭지는 모양과 크기가 모두 다르고, 아기들도 모두 다르다. 어떤 아기는 유두 혼동을 겪지 않고 인공 젖꼭지와 엄마의 젖꼭지를 번갈아 잘 빨 수 있고, 젖병이나 노리개 젖꼭지를 사용해도 모유 수유에 아무런 영향도 없을 수 있다. 그러나 모든 아기가 다 그런 것은 아니므로 모유 수유가 안정되고 아기가 전적으로 엄마 가슴을 통해 젖을 먹는 기술을 익힐 때까지 기다린 후에 젖병을 사용하는 것이 가장 바람직하다.

모유 수유를 하는 엄마는 자기 자신도 잘 돌볼 줄 알아야 한다. 엄마에게 잠과 휴식이 필요하거나, 유선염을 앓고 있거나, 아기 아빠나 다른 양육자가 젖병으로 분유를 먹이는 것이 더 합리적인 처지에 있다면 젖병 수유라는 대안을 고려해봄 직하다. 엄마의 수면 부족이 지속되면 우울증이나 질병 같은 유두 혼동보다 더 심각한 문제가 발생할 수 있다. 또한 맑은 정신으로 생활하거나 스스로 원하던 모습의 엄마가 되는 것을 방해할 수도 있다. 아기에게 이상적인 것을 하기 위해서 엄마의 육체적, 정신적 건강을 희생해서는 안 된다. 아기에게 가장 좋은 것은 무엇보다 몸과 마음이 모두 건강한 엄마가 옆에 있어 주는 것이다.

 ## 브라이슨 박사가 엄마들에게

첫째 아이가 태어났을 때 내가 이 문제에 대해 잘 알고 있었다면 정말 좋았을 것이다. 그랬다면 출산 몇 주 후 가족과 수유 부담을 나누는 문제를 좀 더 개방적으로 받아들였을 것이다. 또한 노리개 젖꼭지에 대해서도 더 개방적인 생각을 가졌을 것이다. 아기가 자꾸만 젖을 물고 있는 것이 너무 걱정되었던 나머지 어쩔 수 없이 노리개 젖꼭지에 의지하게 되었지만(노리개 젖꼭지는 아기 달래기에 정말 좋았다), 노리개 젖꼭지를 사용하는 내내 걱정이 많았다. 사실 그렇게까지 걱정하지 않아도 될 문제였는데 말이다. 둘째와 셋째가 태어나고부터는 이런 문제에 대해 걱정하지 않았다. 대체로 아무 문제가 없으리라는 것을 알고 있었기 때문이다. 그래서 젖병과 노리개 젖꼭지를 사용해야 하는 상황일 때는 망설이지 않고 잘 사용했다.

수시 수유와 **규칙적 수유**, 무엇이 좋을까?

아기들, 특히 신생아들은 온종일 배가 고픈 것처럼 보인다. 그래서 어떤 사람들은 아기가 원할 때마다 먹이는 수시 수유보다 2~4시간 간격으로 규칙적인 수유를 하라고 조언한다. 아기가 원할 때마다 수시로 먹여야 할까, 아니면 수유 간격을 정해 놓고 규칙적으로 먹이는 것이 좋을까?

 ## 수시 수유 VS 규칙적 수유

수시 수유 | 아기는 위가 작아서 조금씩 자주 먹어야 한다. 하지만 급성장하는 시기에는 '연속 다발 수유(cluster feeding)'가 필요하다. 그

러므로 아기가 배고플 때 보내는 신호를 잘 파악해서 수유해야 한다. 이것이 장기적으로 아기의 성장과 건강, 인지 발달 및 지능 발달 측면에서 도움이 된다.

규칙적 수유 | 물론 아기가 보내는 신호를 잘 따라야 하고, 아기가 원할 때마다 먹을 수 있게 해야 한다. 그러나 곧 일정한 수유 간격을 정하는 과정이 꼭 필요하다. 아기가 낮 동안 일정한 시간에 먹는 법을 배우면 엄마나 다른 가족들도 편할 뿐만 아니라 가족 모두 잠을 더 많이 잘 수 있다. 또한 수시로 먹이는 것과 관련하여 우려되는 점은 아이가 원할 때마다 먹게 할 경우 자칫 비만으로 이어질 수도 있다는 점이다.

 과학이 말해주는 것

수시 수유와 규칙 수유의 장단점에 대해서는 아직 더 많은 연구가 필요하겠지만 지금까지 진행된 연구들은 제한해서 먹이거나 규칙적으로 먹이는 것보다 수시로 먹이는 것에 찬성한다. 미국 소아과학회에서 발행한 건강한 아동 표준 체중에 관한 안내 전단에는 "엄마는 제공하세요. 결정은 아기가 합니다."라고 적혀 있다. 연구를 통해 입증된 이 접근 방법의 기본 논리는 젖이 얼마나 필요한지, 언제 필요한지를 아기가 말할 수 있게 해야 한다는 것이다. 양육자가 아기의 요구에 반응하지 않으면 아기는 계속 배고프거나 심지어는 탈수에 이를 수도 있다. 특히 성장 급등이 일어나는 시기에는 더욱 그렇다. 또한 아기가 주도하는 대로 엄마가 잘 따라준다면 결국 아기 스스로 적당한 양을 조절할 것이다.

이것은 아기가 적당한 양을 섭취하고 말고의 문제만은 아니다. 엄마와 아기 사이의 공생 관계의 문제이기도 하다. 엄마의 모유에 들어 있는 열량과 지방 함량이 모두 다르고, 아기들도 성장하는 과정에서 시기마다 필요한 에너지가 달라질 것이다. 규칙적인 수유는 이처럼 가변적인 역학 요소들을 제대로 고려하지 않는 방법이다. 반면에 수시 수유(지속적 수유, 신호가 있을 때마다 먹이기, 요구하면 먹이기 등으로도 부른다)는 엄마의 몸이 모유를 얼마나 생산해야 하는지 알고, 아기의 몸이 자기에게 필요한 것을 얻게 하는 피드백 순환 고리를 지원해준다.

수시 수유의 장점은 모유를 먹는 아기나 분유를 먹는 아기 모두에게 적용된다. 분유를 먹으면 열량을 더 많이 섭취하기 때문에 더 강력한 규칙적 수유가 필요하다는 주장은 과학적으로 입증되지 않았다. 분유를 먹든 모유를 먹든 아기들은 스스로 필요한 만큼 섭취량을 조절하는 것으로 나타났다.

수시 수유와 관련된 실제 결과들을 보면 장점이 무척 많다. 특히 조산아의 경우 수시 수유가 모유 수유 성공률을 높일 뿐 아니라, 성장과 건강 상태, 심리적 적응 향상에도 도움이 된다고 한다. 비만 가능성과 관련해 몇몇 연구 논문에서는 '수시로 먹이면 아기가 너무 많이 먹게 되어 체중 문제가 발생할 수 있다'는 주장을 반박한다. 대부분의 연구는 수시 수유와 비만 사이의 관련성이 전혀 없거나 제한적이고, 오히려 규칙적인 수유가 체중 문제로 이어질 가능성이 더 크다고 보고한다.

우리가 주목해야 할 다른 연구 결과는 수유 주기가 엄마의 건강과 아이의 인지 발달, 두 가지 측면에 미치는 영향을 조사한 것이다. 2013년에 발표된 한 장기 연구에 따르면 규칙적인 수유가 엄마의 높은 건강 수준과도 관련 있고, 아이의 낮은 인지 발달과 학업 성취와도 관련 있는 것으로 나타났다. 다시 말해, 규칙적인 수유를 한 부모들은 잠을 더 잘 수 있어서 건강과 자신감이 더 향상되었지만, 그 대가로 자녀들은 5~14세까지 받은 지능검사에서 비교적 낮은 점수를 받았다. 논문의 저자들은 "어쩌면 잠을 더 많이 자고 자신감이 높은 엄마일수록 아기의 규칙적인 수유 습관 들이기에 더 적극적이었을 것이고, 그래서 성공할 가능성이 더 컸을 것이다."라고 말하며 엄마의 건강 상태가 반드시 규칙적 수유의 결과라고 단정지을 수는 없지만 아이의 인지 능력은 수유 주기와 인과관계가 있을 수 있다고 강조했다.

 꼭 기억해야 할 것

규칙적 습관은 우리의 생활에 큰 도움이 된다. 그러나 숨 쉬며 살아있는 인간과 상호작용하는 문제라면, 규칙과 그 엄격함에 대해 매우 신중한 자세를 취할 필요가 있다. 특히 갓난아기에 대해서라면, 당연히 우리는 아기에게 필요한 것을 제공하기 위해 우리 자신의 개인적 욕구와 요구 중 많은 것을 옆으로 제쳐두어야 한다. 수유 주기 문제도 그런 경우에 해당된다. 물론 낮에 3시간마다 규칙적으로 수유하고 나서 저녁에 아이를 잘 재울 수 있다고 확신할 수 있다면 그야말로 좋다. 그러나 이런 경우에도 부모가 된다는 것은 자신의 욕구를 일정 부분 포기하고 대신 아이의 요구에 잘 반응하면서 아이에게 필요한 것을 적어도 생후 1년 동안, 필요할 때마다 제공한다는 것을 의미한다.

수유 주기를 이야기하다 보면 가끔 아이의 버릇이 나빠지지 않을까 걱정하는 목소리를 들을 수 있다. 하지만 우리는 아이가 성장할수록 요구와 욕구가 다르다는 것을 꼭 기억해야 한다. 아기가 요구하는 것을 제공한다고 아이의 버릇이 나빠지는 것이 아니다. 시간이 조금 지나면 우리는 아이가 자기 마음대로 하지 못했을 때 생기는 실망감을 처리할 수 있게 연습시켜주는 한계와 경계선, 규칙을 알려줄 것이다 (259쪽 '아이를 어떻게 훈육해야 할까?' 참조). 그러나 지금은 아기가 먹을 준비가 되었다고 신호를 보내면 일단 먹이도록 하자. 아이를 믿어도 된다.

아기가 성장하고 성숙해지면 적어도 아주 조금은 삶을 예측할 수 있게 만드는 규칙적 습관이 엄마와 아기의 몸에 밸 것이다. 그러나 당분간 수유에 관해서라면, 육아에 관한 다른 많은 것들과 마찬가지로, 시계를 따르기보다는 아기의 신호에 더 주의를 기울이자.

유축 수유,
해도 괜찮을까?

전체 여성 인구의 3분의 2가 직장 생활을 하는 미국 사회에서는 모유를 저장해두었다가 사용하는 유축 수유가 모유 수유의 중요한 일부가 되었다. 그렇다면 유축기로 짜서 먹이는 것과 비교했을 때 직접 수유의 장점은 무엇일까? 유축 수유가 편리하다지만 단점은 없는 걸까? 과학에서는 유축 수유에 대해 어떻게 말할까?

 유축 수유의 장점이 많다 VS 직접 수유가 가장 좋다

유축 수유의 장점이 많다 | 유축 수유는 엄마가 아기에게 직접 수유를 하지 못할 때 좋은 대안이 된다. 출근해야 하는 엄마들이나 공공장소

에서 직접 수유하는 것을 꺼리는 엄마들이 선택할 수 있는 좋은 방법이다. 게다가 휴식이 필요하거나 직접 젖을 물리는 것이 고통스러울 때, 아기와 떨어져야 하는 상황일 때 수유 부담에서 벗어날 수 있게 해준다. 유축기로 짜서 먹이면 수유 시간을 더 정확하게 조절할 수 있고, 낮 수유와 밤 수유를 다른 가족과 분담할 수도 있다. 만약 아기의 체중을 늘려야 할 경우, 직접 수유를 한 후에 유축기로 짜내면 아기에게 모유를 더 많이 공급할 수도 있다.

직접 수유가 가장 좋다 | 직접 수유를 하면 맨살 접촉을 통해 아기와 유대관계를 형성할 수 있고, 건강에도 이롭고, 아기가 보챌 때 더 효과적으로 달랠 수 있는 장점들이 있다. 유축기로 젖을 짜서 아기에게 먹인다는 것은 이러한 직접 수유의 혜택을 포기한다는 의미이다. 직접 수유를 하면 엄마의 모유 생산 시스템과 아기의 식욕 시스템이 더 효과적으로 맞춰지고, 아기의 요구에 맞게 모유의 생산과 공급량이 조절될 것이다.

 ## 과학이 말해주는 것

모유를 유축해 두는 것은 직접 수유를 할 수 없을 때 정말 좋은 대안이 된다. 직접 수유에 확실한 장점이 몇 가지 있다는 것은 사실이다. 우선, 직접 수유는 산후 회복을 촉진할 수 있다. 직접 수유를 하면 엄마의 몸에서 옥시토신oxytocin이라는 호르몬이 분비되는데, 이 호르몬은 자궁 수축을 일으켜 산후 출혈을 줄인다. 직접 수유는 엄마와 아기 사이의 놀라운 공생 관계와 관련해서 다른 혜택도 제공한다. 아기의 침이 엄마 유방에서 모유와 상호작용할 때 아기의 현재 발달 단계에 필요한 영양분과 항체가 무엇인지 알리는 신호가 엄마의 뇌로 전달된다. 그뿐 아니라 엄마의 유방은 아기에게 필요한 모유의 양을 평가한다. 아기가 더 많이 먹으면 모유를 더 많이 생산해야 한다는 신호로 받아들이므로 아기는 충분히 모유를 공급받을 수 있고, 엄마는 필요 이상의 모유를 생산하지 않는다.

유축기와 용기를 철저하게 관리하지 않으면 유축 과정에서 모유가 세균에 오염될 수도 있다. 유축기로 짜서 먹이는 모유는 직접 수유할 때와 거의 같은 영양분을 함유하고 있지만 장시간 보관하면 영양이 손실될 수 있다. 유축한 모유를 냉동 보관하는 이들이 많은데, 안내 지침을 잘 따르기만 한다면 더할 나위 없이 좋은 방법이다. 그러나 냉동하고 해동하고 데우는 과정에서 신선한 모유에 일반적으로 존재하는 단백질과 비타민이 손상될 우려가 있다는 보고가 있다.

우리가 고려해야 할 또 다른 요소는 모유 수유를 할 때 맨살 접촉을 통해 일어나는 아기와의 유대감 형성과 관련이 있다. 직접 수유를 하지 않더라도 분명 아기와 유대감을 느낄 기회는 많을 것이다. 하지만 직접 수유를 하는 동안 엄마와 아기가 느끼는 친밀감은 너무나 강력하다. 한 예로, 모유 수유를 하는 엄마들은 예방 접종 후 아기에게 젖을 물리는 것이 아기의 괴로움과 통증을 누그러뜨릴 수 있는 매우 좋은 방법이라고 말한다. 이러한 직접 수유의 통증 감소 효과는 과학적으로도 입증되었다.

 꼭 기억해야 할 것

아기가 직접 엄마 젖을 먹을 때 생기는 확실한 이점들이 있다. 그러니 할 수만 있다면 직접 수유를 하는 것이 가장 좋다. 직접 수유의 이점들을 놓치고 싶지 않지만, 직장 때문에 아이와 떨어져야 하는 엄마라면 저녁이나 아침 시간, 주말 또는 시간이 날 때마다 수유할 기회를 찾아보는 것이 좋을 것이다.

직접 수유의 이점을 알고 있다고 해서, 유축 수유를 통해 가끔 아니면 주기적으로 쉴 수 있는 기회를 누리지 말라는 의미는 아니다. 어쨌든 현실을 직시하자. 모유 수유가 비록 멋지고 아름다운 일이긴 하지만 때로는 엄마들의 에너지를 빼앗아가는 성가신 행위가 될 수도 있다. 누구에게나 휴식이 필요하다. 유축한 모유를 먹이는 것은 엄마가 잠깐이나마 휴식을 취할 수 있는 훌륭한 방법이다. 게다가 유축 수유는 다른 가족도 할 수 있으므로 형제나 할머니 할아버지, 특히 아빠가 아기를 껴안고 수유하면서 친밀한 유대감을 느낄 기회를 만들어보는 것도 좋다.

모유 수유는 할 수 있고 그리고 싶은 마음만 있다면 하는 것이 가장 좋다. 직접 수유든 유축 수유든 건강과 영양 면에서 다양한 이점을 제

공하기 때문이다. 그러나 비용, 편리함, 양육자의 생활방식 등 모든
요소가 직접 수유를 할지, 유축 수유를 할지 또는 혼합 수유를 할지
결정하는 데 영향을 미칠 것이다.

잠결 수유를
해도 될까?

'잠결 수유'란 아기와 양육자 모두 수면 시간을 최대한 확보하기 위해 전략적으로 시간을 선택해서 수유하는 것을 말한다. 기본 개념은 잠 자는 아기를 완전히 깨우지 않고 수유하는 것이다.

어떤 사람들은 잠자는 아기를 안아서 젖꼭지나 젖병을 물리는 것을 잠결 수유라고 하고, 또 어떤 사람들은 부모가 아기를 일부러 깨워서 수유하는 행위라고 하기도 하는데, 그렇게 하면 아기가 밤중에 깨지 않고 오래 잘 수 있다는 것이다. 하지만 아기에게 잠결 수유를 하는 엄마 중에는 아기가 졸릴 때만 젖을 찾고 깨어 있을 때는 잘 먹으려 하지 않는다고 고민하는 이들도 있다. 또한 많은 전문가가 수유와 수면을 분리하라고 조언한다. 잠결 수유는 정말 타당한 전략일까? 우리 아기에게 잠결 수유를 시도해봐도 될까?

도움이 된다 VS 꼭 필요한 것은 아니다

도움이 된다 | 잠결 수유는 아기가 밤중에 깨지 않고 잠을 자는 훈련을 하는 데 도움이 될 수 있다. 제대로만 한다면 아기의 수면 리듬을 방해하지 않을 것이고, 엄마나 아빠도 더 오랫동안 눈을 붙일 수 있을 것이다.

꼭 필요한 것은 아니다 | 잠결 수유가 모든 아기에게 효과가 있는 것은 아니다. 사실 아기가 다시 잠들기 더 어려울 수도 있다. 게다가 깊이 잠든 아기를 깨워서 젖이나 분유를 먹게 만드는 것 자체가 생각보다 쉬운 일은 아니다. 설령 잠결 수유가 도움이 된다고 하더라도, 잠결 수유를 하지 않아도 아이가 밤에 깨지 않고 잠잘 수 있을 때가 결국 올 텐데, 이것이 꼭 필요한 일일까?

 ## 과학이 말해주는 것

어린 아기들의 수면 훈련 방법을 다룬 연구들이 많지만, 잠결 수유를 중점적으로 다룬 연구는 아직 없다. 전반적인 수면 습관의 일부로서 잠결 수유에 관해 연구한 논문은 몇 편 있다. 그러나 수면 습관이 수면의 질을 높여준다는 결과가 나오더라도 그 연구에 속싸개 사용, 백색 소음, 노리개 젖꼭지 등 다른 변수도 있다면 잠결 수유가 수면 개선에 얼마나 도움이 되었는지 명확하게 밝히기는 쉽지 않다.

 꼭 기억해야 할 것

잠결 수유의 효과에 대해 독립적으로 다룬 연구가 없으므로, 우리는 과학적 조언에 기대지 않고 스스로 결정할 수밖에 없다. 아기에게 특별한 건강상의 문제가 없다면 잠결 수유의 기본 논리는 충분히 타당하다고 할 수 있다. 잠자리에 들기 전 아기가 '충분히 배를 채우도록' 도와준다면 부모도 수면 주기 초기 단계에 나타나는 논렘수면(뇌와 몸이 모두 잠들어 있는 깊은 수면 상태-옮긴이)을 할 수 있고, 충분한 휴식을 취할 가능성이 더욱 커질 것이다. 특히 수면을 돕는 다른 습관에 잠결 수유를 결합한다면, 엄마 아빠가 휴식할 수 있는 시간을 몇 시간 더 확보할 수 있는 전략이 될지도 모른다. 만일 잠결 수유가 효과가 없거나 아기의 수면을 방해한다고 판단되면 즉시 중단하고 다른 방법을 시도하면 된다.

흡연하면서
모유 수유를 해도 될까?

흡연이 엄마와 아기에게 해롭다는 사실은 이미 잘 알려져 있다. 그러나 엄마가 흡연을 포기할 수 없다면 어떻게 해야 할까? 그래도 여전히 모유 수유를 해야 할까? 흡연하는 엄마가 조심해야 할 것은 무엇일까?

 ## 수유하면 안 된다 VS 수유를 계속해야 한다

수유하면 안 된다 | 니코틴은 모유로 흡수되어 여러 문제를 일으키고 모유 수유를 방해할 뿐만 아니라 아기의 숙면도 방해한다. 엄마가 담배를 끊을 수 없다면 적어도 니코틴이 아기의 몸으로 유입되는 것은 방지해야 한다.

수유를 계속해야 한다 | 엄마가 흡연을 하더라도 수유를 계속해야 한다. 아기가 모유 수유로 얻는 이점은 흡연의 부정적인 영향을 어느 정도 상쇄시킬 수 있기 때문이다.

 ## 과학이 말해주는 것

모유 수유를 하면서 담배를 피우는 엄마의 비율이 7~16%에 이른다. 니코틴 노출이 아기에게 미치는 정확한 영향에 관한 연구는 많지 않다. 하지만 최근의 검토 논문들은 니코틴이 모유로 흡수되어 모유 수유 과정에 부정적인 영향을 미칠 수 있다는 분명한 경고를 전달한다. 그리고 모유를 통해 아기가 니코틴에 노출되면 수면 패턴 교란, 간 및 폐 손상, 때 이른 젖떼기와 모유 수유 기간 단축 등의 부정적 효과가 나타날 가능성이 있다. 특히 젖을 일찍 떼서 모유 수유 기간이 짧아지면 아기의 인지 발달에도 영향을 미칠 수 있다.

2차 또는 3차 흡연의 위험성도 신경 써야 한다. 공기 중에 내뿜어진 담배 연기를 마시게 되는 간접흡연은 나이에 상관없이 폐암과 심장 질환을 일으킬 수 있다는 연구 결과가 있다. 어린이가 담배 연기에 노출되면 중이염, 호흡 곤란, 세균성 수막염을 포함한 다양한 질병에 걸릴 위험이 더 큰 것으로 나타났다. 게다가 어린 아기의 간접흡연은 영아 산통과도 관련 있고, 영아돌연사증후군의 원인 중 하나라는 것이 입증되었다. 3차 흡연은 주변 물건에 배어 있는 담배 연기를 간접 흡입하는 것으로, 아기가 흡연 장소 가까이에 있는 가구나 옷을 만진다면 3차 흡연이 일어날 수 있다.

담배를 피우는 엄마가 모유 수유를 계속해도 되는지 묻는다면 비록 니코틴이 모유로 흡수된다고 해도 대답은 확실히 '네'다. 미국 소아과학회와 질병통제예방센터 그리고 많은 건강 전문가들은 엄마가 담배를 피우더라도 모유 수유는 여전히 거의 무제한적인 이점을 제공한다고 분명히 말한다. 실제로 많은 연구에 따르면, 모유 수유가 엄마의 흡연으로 생기는 부정적 결과를 어느 정도 상쇄시킬 수 있다고 한다.

 꼭 기억해야 할 것

엄마나 아기 모두의 건강을 위해 담배는 끊을 수만 있다면 틀림없이 끊어야 한다. 물론 어려운 일이다. 그러나 계속 노력하자. 최고의 방법은 담배를 줄이고, 그런 다음 또 줄이는 것이다. 만일 담배를 계속 피운다면 아기가 2차 흡연 및 3차 흡연에 노출되지 않도록 애써야 한다. 되도록 모유 수유를 마친 후에 담배를 피우고, 흡연 후 다음 수유까지 시간 간격을 최대한 넓히고, 집 밖이나 아기가 탈 수 있는 자동차 밖에서 담배를 피우는 것이다. 일부 전문가들은 아기의 3차 흡연 노출을 최소화하기 위해 담배를 피운 직후 옷을 갈아입으라고 권고한다. 담배를 피우든 안 피우든 어쨌든 모유 수유는 분명 계속해야 한다. 모유가 아기에게 제공하는 이점은 아무리 과장해도 지나치지 않는다.

전자담배를 피는 엄마가
모유 수유를 해도 될까?

일반 담배의 위험성에 대해서는 우리 모두 잘 알고 있다. 그런데 전자담배는 어떤가? 모유 수유를 하는 엄마가 전자담배를 피워도 될까? 이 경우에도 간접흡연이 문제가 될까?

 아기에게 위험하다 VS 일반 담배보다는 낫다

아기에게 위험하다 | 전자담배를 피울 때도 니코틴을 흡입하게 되는데, 그것이 모유로 전달된다. 전자담배가 일반 담배와 다를지라도 여전히 아기에게 심각하고 부정적인 영향을 미칠 수 있다.

일반 담배보다는 낫다 | 사실 전자담배가 아기에게 해로운지 아닌지 확실하게 말할 수 있을 만큼 충분히 밝혀진 것은 없다. 그러나 아기가 옆에 있을 때는 적어도 일반 담배를 피우는 것보다는 낫다. 전자담배를 피울 때 나오는 증기는 일반 담배 연기보다는 해롭지 않기 때문이다.

 ## 과학이 말해주는 것

전자담배는 최근에 등장했기 때문에 그 영향에 관한 연구가 아직 초기 단계에 있다. 내가 이 책을 집필하고 있을 때, 일반적으로 전자담배를 피웠을 때 발생할 수 있는 새로운 위험에 관한 소식이 막 발표되었다. 심각하고 기이한 폐 질환이 전자담배 사용과 연관 있다는 발표였다. 앞으로 몇 개월 또는 몇 년 동안 전자담배에 관한 더 많은 연구 결과가 나올 것이다.

전자담배가 최근에야 인기를 끌고 있지만, 사실 보건기관들은 공식적인 예비 견해를 이미 내놓은 상태다. 미국 소아과학회는 모유 수유 중에 전자담배를 피우는 것이 '위험'하다고 발표했고, 심지어 질병예방통제센터는 일반 담배와 전자담배의 구분 없이 흡연이 모유 수유에 미치는 영향을 지적하면서, "엄마가 모유 수유 중에 일반 담배나 전자담배를 피면 해로운 화학물질이 모유 섭취나 간접흡연을 통해 아기에게 전달될 수 있다."고 경고했다.

전자담배도 대부분 니코틴을 함유하고 있고, 니코틴이 모유로 흡수되어 모유 수유와 아기의 수면 패턴에 부정적인 영향을 미칠 수 있다. 그런데 더욱 문제가 되는 것은 전자담배에 대한 규제가 제대로 이뤄지지 않는다는 점이다. 전자담배의 니코틴 함량이 제품에 따라 크게 다를 수 있고, 미국 연방정부의 보고서에 기술되어 있듯이 심지어 제품 포장지의 성분 표시와 실제 함량이 일치하지 않을 때도 있다. 최근 호주에서 발표된 연구 결과에 따르면 무無니코틴이라고 판매되는 액상형 전자담배 10개 중 6개가 실제로는 니코틴을 함유하고 있었다. 다시 말하자면 실질적인 규제가 제대로 이뤄지고 있지 않기 때문에 우리가 전자담배를 피울 때 정확히 무엇을 흡입하고 있는지 알 수 없다는 것이다. 게다가 전자담배는 다른 유해 화학성분도 포함하고 있는데, 그런 화학성분이 발달 중인 어린아이에게 장단기적으로 어떤 영향을 미치는지에 관한 연구는 이제야 막 시작되었다.

전자담배가 아기에게 미칠 수 있는 다른 중요한 위험은 간접흡연 문제이다. 서로 다른 두 연구를 통해, 전자담배를 통한 니코틴 간접 노출이 일반 담배 연기에 노출되는 것과 비슷하다고 입증되었다. 또 다른 연구에 따르면, 전자담배 증기에서 나온 고농도 미립자가 30분 넘게 흡연 장소에 남아 있을 수도 있다고 한다.

이른바 '3차 흡연'도 잠재적으로 위험하다. 3차 흡연은 흡연이 일어난 방의 가구나 물건의 표면에 묻은 니코틴과 다른 화학성분이 흡연 효과를 일으키는 것을 말한다. 오염된 물건의 표면을 손으로 만지거나 거기에서 배출되는 유해 입자를 들이마시게 되면서 3차 흡연에 노출될 수 있다. 전자담배에 이와 같은 3차 흡연 효과가 있는지는 아직 과학적으로 정확히 밝혀지지 않았지만, 미국 연방정부 보고서는 아이들이 바닥을 기어 다니고 먼지가 일어날 수 있는 장소에서 놀면서 가끔 물건을 입에 가져가기도 하므로 "전자담배를 피우는 어른이 있는 가정의 아이들은 더욱 우려된다."라고 말했다.

마지막으로 다룰 질문은 엄마가 일반 담배이든 전자담배이든 담배를 피운다면 모유 수유를 중단해야 하는지에 관한 것이다. '흡연하면서 모유 수유를 해도 될까?' 편에서 다뤘듯이 미국 소아과학회와 질병통제예방센터를 포함한 보건기관과 전문가들은 모유 수유를 중단하지 않아도 된다는 데 모두 동의한다. 엄마가 흡연 중이라고 해도 모유 수유를 계속해야 한다는 것이다. 분명 담배는 아예 피우지 않는 것이 더 좋고, 그게 힘들다면 최소한 흡연 양을 줄이는 것이 좋을 것이다. 그러나 담배를 끊을 수 없더라도 모유 수유는 계속할 수 있다. 모유는 아기에게 가장 '이상적인 음식'이라는 문구가 여러 연구 논문에 등장하는 것을 보면 알 수 있듯이 모유가 주는 혜택은 대단하다. 그러므로 어떤 상황에서라도 모유 수유를 한다면 아기는 그 혜택을 모두 누릴 수 있을 것이다. 게다가 모유가 일반 담배나 전자담배의 영향을 어느 정도 상쇄시킨다는 증거도 나왔다. 2018년 미국 질병통제예방센터는 "모유 수유를 하는 엄마가 궐련이나 전자담배를 피우고 있다면 중단하기를 권장하지만 그렇게 하지 않더라도 어쨌든 모유 수유는 건강상 이점을 아주 많이 제공하며, 모유는 여전히 아기들이 꼭 먹어야 하는 권장 음식이다."라고 발표했다.

✏️ 꼭 기억해야 할 것

전자담배의 영향을 완전히 알 수 있으려면 훨씬 더 많은 연구가 필요하다. 하지만 지금까지 알고 있는 정보를 기반으로 두 가지 핵심 질문에 명확한 답을 제시할 수 있다. 첫째, 모유 수유를 하면서 동시에 전자담배를 피우는 것은 안전하지 않다. 둘째, 전자담배에 의한 간접흡연은 확실히 위험하다. 현재 전자담배를 피우고 있더라도 끊을 수 있다면 반드시 끊도록 하자. 나중에라도 다시 피우고 싶어진다면 담배를 집어 들기 전에 최근 건강과 관련한 어떤 새로운 정보가 등장했는지 먼저 확인해보자.

전자담배나 일반 담배를 피우는 습관을 버릴 수 없더라도 계속 모유 수유를 해서 아기에게 모유 수유의 많은 이점을 제공해야 한다. 모유는 엄마의 흡연 때문에 아기에게 생길 수 있는 부정적인 결과를 어느 정도 상쇄시킬 수 있다. 아기에게 젖을 물린 상태에서 일반 담배나 전자담배를 피우는 행동은 절대 삼가고, 아기가 가까이 있을 때도 흡연하지 말아야 한다. 또한 다음 수유 시간이 되기 전에 니코틴이 체내에서 분해될 수 있는 시간을 벌 수 있도록 수유를 마친 직후에 담배를 피우고, 집 안이나 차 안에서는 담배를 피지 말아야 한다. 가능하다면 흡연 후 아기를 안기 전에 옷을 갈아입어서 아기가 3차 흡연을 경험하지 않도록 하자. 무엇보다도 금연하기 위해 계속 노력하자. 물론 쉬운 일은 아니다. 하지만 담배를 끊은 사람들도 성공하기까지 여러 번 실패를 겪는다. 그러니 노력을 멈추지 말자.

아기 주도 이유식,
시도해보는 것이 좋을까?

아기 주도 이유식(baby-led weaning)이 요즘 큰 인기를 끌고 있다. 이 용어를 처음 들으면 젖 떼는 시기를 아기가 스스로 결정한다는 의미로 받아들일 수도 있다. 하지만 사실 이것은 아이가 6개월 정도 되었을 때 고형식(solid diet, 일정한 형태나 덩어리로 이루어진 음식)을 시작하기 위한 접근방식을 가리키는 말이다. 모유나 분유를 주요 영양 공급원으로 계속 먹이다가 고형식을 시작해야 할 때가 되면 유동식 단계를 건너뛰고 곧바로 핑거 푸드(손으로 집어 먹을 수 있는 음식)를 시작할 수 있다. 아기 주도 이유식이 처음 시작된 영국에서는 '이유식의 시작'이 미국에서처럼 수유를 중단한다는 의미라기보다 모유나 분유 이외의 음식을 추가로 먹인다는 의미로 여겨진다.

　아기 주도 이유식의 기본 개념은 일단 아기가 스스로 숟가락을 사용할 수 있고 부드러운 음식을 안전하게 씹을 수 있는 나이가 되면 직접 자신이 먹는 음식에 적극적으로 관여할 수 있게 허용하는 것이다. 즉, 대체로 숟가락으로 떠먹이는 단계를 건너뛰고 모유나 분유 또는 물을 섞은 시리얼, 집에서 직접 만들거나 병조림에 든 으깬 음식, 다른 가족이 식탁에서 먹는 음식을 잘게 자른 것 등을 핑거 푸드로 내놓아 아기가 주도적으로 식사를 하게 하는 것이다.

그렇다면 아기 주도 이유식이 아기의 건강과 영양 또는 전체 발달과 관련된 문제를 일으킬 가능성은 없을까? 아기 주도 이유식을 하면 좋을까, 아니면 최근 유행하는 이 방법을 조심해야 하는 이유가 있을까?

장점이 많다 VS 단점도 있다

장점이 많다 | 아기 주도 이유식을 통해 아기는 음식을 씹는 법을 배울 수 있다. 또한 아기의 손 사용 기술이 좋아지고, 손과 눈의 협응력이 발달되는 등 많은 장점이 있다. 또한 으깬 음식에서는 얻을 수 없는 다양한 맛과 질감을 경험할 수 있으므로 아기는 처음부터 편식하지 않고 새로운 음식도 잘 먹는 법을 배우게 된다. 일찍 다양한 음식에 노출되면 앞으로 일어날 수 있는 알레르기 반응도 줄일 수 있다.

다른 중요한 장점은 아이가 얼마나 먹을지 부모가 정하는 것이 아니라 아이 스스로 식욕에 따라 자신의 식사량을 조절하는 법을 배울 수 있다는 것이다. 그 결과, 성인이 되었을 때 비만과 같은 식습관 관련 문제에 시달릴 가능성이 줄어들 것이다.

단점도 있다 | 아기 주도 이유식은 일단 준비하기 번거롭고 시간이 많이 걸릴 수 있다. 게다가 아기가 필요한 영양을 충분히 섭취하고 있는지 알기 어렵다는 단점이 있다. 엄마가 아기에게 숟가락으로 떠먹일 때는 정확히 어떤 음식이 아기 입으로 들어가는지, 성장에 꼭 필요한 양인지 바로 알 수 있다. 그래서 아기가 건강한 체중을 유지할 수 있도록 도울 수 있다. 그러나 아기 주도 이유식을 할 경우, 아이가 음식을 먹는지 아니면 그냥 가지고 노는지 의문이 들 때가 많을 것이다. 그뿐만 아니라 아기 주도 이유식을 하는 동안 음식이 아기 목에 걸려 질식할 위험성이 크다는 문제점도 있다.

 ## 과학이 말해주는 것

아기 주도 이유식을 찬성하는 사람들의 주장을 뒷받침하는 증거가 여러 연구를 통해 보고되고 있지만, 이 연구들은 방법론적 한계를 드러내고 있다. 숟가락으로 떠먹이는 것과 아기 주도 방식을 비교한 신뢰할 만한 연구를 보면, 아기 주도 이유식의 장기적인 효과를 보여주는 뚜렷한 증거가 거의 발견되지 않았다. 한 연구는 아기 주도 이유식을 한 아이들이 2세가 되었을 때 과일과 채소를 더 선호한다고 보고했고, 또 다른 연구에서는 아기 주도 이유식을 한 아이들이 생후 12개월이 되었을 때 음식을 덜 가리고 더 즐겁게 먹는 것으로 나타났다. 하지만 그 외의 연구에서는 두 집단 사이의 두드러진 차이가 거의 나타나지 않았다.

아기 주도 이유식을 고려할 때, 많은 부모와 전문가들이 질식 가능성, 철분 섭취 부족, 성장 둔화 이렇게 세 가지 역학적 요인에 관한 우려를 표시한다. 이런 우려 때문에 최근에는 아기 주도 이유식을 변형한 '아기 주도 고형식'을 권장한다. 아기 주도 고형식은 기존의 아기 주도 이유식을 약간 수정해 아기의 철분 섭취량을 높이고 질식 위험이 낮은 음식으로 고형식을 시작하는 방법이다. 몇몇 초기 연구 결과, 아기 주도 고형식 방법이 성공적인 것으로 보이지만, 아직 그를 뒷받침할 과학적 증거는 충분히 나오지 않았다.

한 연구 조사에서는, 질식 위험을 최소화하는 방법을 안내받은 부모들이 변형된 아기 주도 이유식으로 고형식을 시작했더니 실제로 질식 위험이 감소했다고 한다. 즉, 전통적인 '떠먹이는 방법'으로 이유식을 한 아기들에 비해 아이 주도 고형식을 한 아이들의 질식 위험이 더 높지는 않다는 뜻이다. 그러나 이 연구를 수행한 연구자들은 "이유식을 시작하는 방법에 상관없이 아이들에게 질식 위험이 있는 음식을 제공하는 것은 여전히 우려할 만한 일임을 알릴 필요가 있다."고 밝혔다.

 **꼭 기억해야 할 것**

아기 주도 이유식으로 고형식을 시작하라고 권장하기에는 아직 과학적 근거가 충분하지 않기 때문에 질식 위험과 충분한 영양, 발육 상태를 중점적으로 고려해서 조심스럽게 진행하는 것이 좋다. 이 세 가지 요소는 무슨 일이 있어도 세심한 주의를 기울여야 하는 것들이다(79쪽 '고형식, 어떻게 시작하면 좋을까?' 편 참조).

아직은 아기 주도 이유식을 적극적으로 추천하거나 말리기에는 과학적 연구와 증거가 충분하지 않은 듯하다. 몇 년이 지난 후에는 더 많은 정보를 얻을 수 있을 것이다. 어쨌든 으깬 음식을 먹이는 단계를 건너뛰거나, 핑거 푸드를 더 많이 도입하는 절충적 방법을 시도하고 싶다면 가끔 아이를 유아용 높은 의자에 앉혀 두고 아이가 먹는 모습을 관찰하며 함께 식사하는 것이 가장 안전하고 재미있는 시도가 될 것이다. 또한 이 문제도 다른 문제들과 마찬가지로 담당 소아과 의사와 상의한 후 결정하면 좋을 것이다. 의사는 아기의 전반적 발달 상태를 바탕으로 아기가 고형식을 먹을 준비가 되었는지 판단하는 것을 도울 수 있기 때문이다.

고형식,
어떻게 시작하면 좋을까?

아기가 생후 6개월 정도 되면 고형식을 시작할 준비를 할 것이다. 누가 잡아주지 않아도 아이 스스로 머리를 고정하고 등을 곧게 세워 앉을 수 있다면, 아이는 음식을 잘 삼킬 수 있고 질식 위험도 피할 수 있다. 그렇다면 어떤 음식부터 시작해야 할까? 아기가 소화하기 쉬운 음식부터 먹여야 할까? 알레르기를 유발할 수 있는 음식을 먹여도 괜찮을까?

 단계를 잘 지킨다 VS 다양한 음식을 접하게 한다

단계를 잘 지킨다 | 아기가 소화하기 부드러운 음식부터 시작하여 단

계적으로 고형식을 시작해야 한다. 시리얼부터 시작해서 과일과 채소로 넘어가고 마지막으로 소화하기 어려운 단백질을 먹이는 것이다. 밀가루 음식, 달걀, 생선, 땅콩, 유제품과 같이 알레르기 항원이 있는 음식은 반드시 피하거나 적어도 나중으로 미뤄야 한다.

다양한 음식을 접하게 한다 │ 고형식을 시작해도 되는 나이가 되면 아기의 소화계는 다양한 음식을 소화할 수 있고, 아기의 몸에도 더 많은 영양성분이 필요하다. 꼭 시리얼부터 시작해야 한다거나 알레르기 유발 음식을 신경 써야 한다는 원칙은 없다.

 ## 과학이 말해주는 것

과거의 부모들은 대체로 소화하기 쉬운 음식과 알레르기 항원이 없는 음식으로 고형식을 시작하고 그런 다음 다른 '보충' 음식으로 확대하라는 조언을 들었을 것이다. 그러나 최근의 연구 결과와 보건기관의 조언에 따르면 음식의 순서를 크게 걱정할 필요가 없음을 알 수 있다. 미국 소아과학회는 첫 시작을 단일 곡물 시리얼로 선택해야 한다는 것을 뒷받침하는 의학적 증거가 없다고 말한다. 질식 위험에 대해 주의해야 한다는 점, 만일 알레르기에 대한 가족력이 있다면 특히 조심해야 한다는 점, 소아과 의사와 상의해야 한다는 점은 분명하다. 일반적으로 말해서 아기에게 유아용 시리얼, 과일과 채소, 곡물, 단백질,

요구르트, 치즈 등 다양한 음식을 순서에 상관없이 먹여도 괜찮다.

어떤 사람들은 과일보다 채소를 먼저 먹여야 한다고 말할 것이다. 아기에게 단맛이 있는 과일을 먼저 먹이면 그보다 심심한 채소를 먹이기 어려울 것이라는 이유에서다. 그러나 과일을 먼저 맛본 아이가 채소를 싫어하게 될 것이라는 증거는 없다. 게다가 아기가 처음 접하는 음식의 순서가 단맛에 대한 강한 욕구에 영향을 미치는 것 같지는 않다. 누구나 그렇듯이 아기들도 단맛에 대한 선호도를 타고난다.

고형식을 시작하는 최적의 시간에 관해서 말하자면, 생후 6개월이 지났다면 언제든 확신을 두고 시작할 수 있다. 그보다 일찍 시작하는 것에 대해서는 과학적 근거가 다소 불투명하다. 예를 들어, 한 연구는 생후 4개월 이전에 고형식을 시작하는 것은 아동 비만과 관련 있으므로 고형식을 너무 일찍 시작하지 말라고 경고한다. 그러나 다른 연구에서는 4개월부터 일찍 고형식을 시작한 아이들의 알레르기 질환 위험이 감소하고 새로운 음식을 가리지 않고 잘 먹는 등 뚜렷한 장점이 보고된다고 밝혔다. 지금으로서는 그에 대한 과학적 근거가 명확하지 않기 때문에 전문가들은 대부분 생후 6개월 동안은 완전 모유 수유를 권장한다. 어쨌든 미국 소아과학회는 '아기의 몸무게가 태어날 때의 두 배로 늘거나(보통 생후 4개월), 몸무게가 6kg을 넘으면 고형식을 먹을 준비가 된 것'이라고 말한다.

알레르기를 일으킬 수 있는 음식을 생후 6개월 이후에 먹이기 시작하는 문제에 대해서는 간단히 말해 걱정할 필요가 없다. '알레르기 유발 음식, 언제부터 먹여야 할까?' 편에서 더 자세히 이야기하겠지만,

땅콩이나 생선, 달걀과 같이 부모들이 꺼렸던 음식을 아기에게 먹여도 되고, 오히려 빨리 먹이는 것이 더 유익하다고만 말해 두겠다. 알레르기 항원이 있는 음식을 먹이는 것이 실제로 음식 알레르기를 예방하는 방법으로 보이니 말이다.

 꼭 기억해야 할 것

아기가 혼자서 앉을 수 있고 직접 음식을 입에 가져갈 수 있다면 고형 음식을 포함한 식단으로 확대해도 될 것이다. 질식 위험을 피하고 알레르기에 관한 가족력에 주의를 기울인다면 언제든 마음 편하게 여러 식품군에 속하는 다양한 음식을 먹일 수 있다.

아기에게 고형식을 시작한다는 것은 아기가 먹는 행위와 식사 시간에 대해 생각할 수 있는 밑바탕을 다져주는 일이다. 다시 말해, 사람이 왜 음식을 섭취해야 하는지 알려주고 아이 뇌 속에 연상의 선로를 깔아주는 것이다. 최근에 아기가 음식을 떨어뜨리면 뺨을 때리는 부모에 관해 들은 적이 있는데, 만일 그런 식으로 식사 시간이 온통 부모의 좌절과 분노, 체벌로 가득 차 있다면 아이는 먹는 행위나 식사 시간을 불쾌하고 피하고 싶은 것으로 연상할 것이다. 아기 머릿속에 가족과 함께 하는 식사와 음식에 대한 건전한 생각을 심어주고 싶다면 즐겁고 긍정적인 식사 환경을 만들고 있는지부터 생각해 보자.

꼭 유기농 식품을
먹여야 할까?

미국 농무부에 따르면 유기농으로 재배한 식품에 대한 소비자 수요는 미국 전체 식품 판매의 4%를 차지한다. 이 비율은 계속 상승하고 있고, 전통적인 식료품점 네 곳 중 세 곳이 유기농 제품을 판매하고 있다. 책임감 있는 부모라면 아기에게 꼭 유기농 식품을 먹여야 할까? 유기농 식품이 정말 아기의 건강에 더 좋고 안전할까?

 먹여야 한다 VS 먹일 필요 없다

먹여야 한다 | 아기에게 유기농 음식을 먹이면 더 나은 영양을 제공하면서 잠재적으로 해로운 농약, 항생제, 성장 호르몬 등에 대한 노출을

줄일 수 있다. 게다가 유기농 식품을 이용하면 환경에도 좋고 지역 농민과 지역 사회에도 도움이 될 것이다.

먹일 필요 없다 ┃ 비유기농 음식과 유기농 음식의 영양성분이 다른 것은 아니다. 게다가 정부에서 식품에 대한 잔류 화학물질 기준치를 안전한 범위로 설정해 놓고 있으므로 비유기농 식품이라 해도 건강 면에서 해로울 것이 없다. 오히려 건강과 관련해서 아기에게 유기농 음식을 먹이지 말아야 할 이유가 있다. 앞으로 아이가 자랐을 때 접하게 되는 대부분의 음식에는 화학물질이 들어 있는데, 아기 때 유기농 음식만 먹인다면 오히려 화학물질에 대한 노출과 내성이 제한되기 때문이다.

 과학이 말해주는 것

유기농 식품에 관한 정치적, 과학적 이해관계를 모두 무시한 채 연구 결과를 명확하게 이해하기란 여간 어려운 것이 아니다. 2012년 미국 소아과학회는 이른바 '유기농 농산물, 유제품, 육류 제품을 둘러싼 과학적 증거에 대한 대규모 분석'을 실시했다. 이 검토 보고서는 다소 직관에 어긋나는 것처럼 들릴 수 있는 두 가지 서로 다른 결론을 언급했다. 하나는 유기농 식단이 건강에 더 좋고 병에 걸릴 위험이 낮다거나 유기농법으로 재배한 식품이 일반 식품보다 비타민, 미네랄, 항산화제, 단백질, 지방질 등 영양분이 더 풍부하다는 증거가 존재하지 않는다는 것이다. 미국 소아과학회가 유기농 식품과 유기농 우유에 영양분이 더 많이 함유되어 있을 가능성을 부인한 것은 아니다. 단지 아직 과학적으로 입증되지 않았다고 말한다.

다른 하나는 유기농으로 재배한 채소가 일반 채소보다 잔류 농약 함량이 더 낮고, 유기농으로 기른 가축에서 얻은 고기가 항생제 내성이 있는 균에 오염되었을 확률이 더 낮다는 것이 연구를 통해 밝혀졌다는 사실이다. 연구 자료가 통계적으로 유의미한지 아닌지 그리고 이런 요인들이 실제로 건강에 차이를 일으키는지는 아직 결론이 나지 않았다. 유기농 식품의 진위를 인증하는 기관인 미국 농무부도 유기농 제품의 영양적 우수성이나 안전성에 대해 보증하고 있지 않는다. 2012년에 실시한 다른 연구에서는 유기농 식품의 오염 물질 함유량이 비유기농 식품에 비해 더 낮은 것으로 나타났지만, 유기농 식품이 질병을 예방한다는 확실한 증거는 발견하지 못했다고 밝혔다.

다시 말하자면 화학비료를 쓰는 관행농법으로 재배한 식품이 유기농법으로 재배한 식품보다 오염 물질을 더 많이 함유하고 있다는 것은 사실이지만, 유기농 식품을 먹었을 때 실제로 더 건강해진다는 과학적 증거가 존재하지 않는다는 것이 연구와 문헌 검토를 통해 밝혀진 사실이다.

2016년 381건의 연구 논문을 검토한 유럽 의회 보고서는 2012년 미국 소아과학회 보고서와 조금 다른 결론을 제시한다. 유럽 의회 보고서도 미국 소아과학회 보고서와 마찬가지로 유기농 식품의 건강상 이점에 관해 대부분 확실한 증거가 부족하다는 것을 확인했다. 하지만 가축을 기를 때 항생제를 사용하는 관행이 "박테리아가 항생제에 대한 내성이 생기게 돕는다."라고 결론 내렸다. 가축의 항생제에 대한 내성은 인간에게 전이될 수 있으므로 공공보건에 중대한 위협이 된다. 유럽 의회 보고서는 공식적으로 유기농 농장을 지지하고 있는데, 그 이유는 유기농 농장에서는 항생제 사용이 제한적이고 가축들이 자연 상태로 돌아다닐 수 있어서 질병에 대한 감염 위험이 낮고 결과적으로 '공중보건에 대한 상당한 잠재적 이점'을 제공하기 때문이다. 연구진은 농약을 사용해 재배한 음식을 임신 중에 섭취했을 때 아기의 지능지수에 영향을 미친다는 것을 포함해 농약과 관련된 몇몇 잠재적 위험도 지적한다. 연구진에 속한 한 학자는 "농약이 아이의 뇌에 미치는 영향에 관한 과학적 증거는 불완전하지만, 아이의 건강에 돌이킬 수 없는 큰 영향을 미칠 가능성이 있으므로 임신한 여성이나 수유 중인 여성 또는 임신을 계획하고 있는 여성은 예방조치로 유기농 식품을 선택하고 싶어 할 것이다."라고 말했다.

이 주제에 관해 자주 논의되는 또 다른 논쟁점은 유기농법이 환경에 미치는 영향이다. 한 연구는 관행적인 비유기농법과 대안적 농법을 비교하는 데 초점을 두고 실시했다. 대안적 농법은 화학비료와 농약의 사용 및 효과를 축소하고, 생물종 다양성을 증진하고, 작물에 대한 유기 관리를 더 충실히 이행하는 모든 농법을 포함한다. 연구 결과는 농약을 사용하는 관행농법이 토양, 수질 그리고 토종 야생동물에게 해로운 영향을 미칠 가능성이 있다는 점을 보여줬다. 반면에 유기농법은 생물 종의 다양성을 증진하고, 인간과 동식물 모두 농약에 노출될 위험을 줄이고, 수자원을 보호할 뿐만 아니라 에너지를 적게 사용하기 때문에 온실효과 가스도 적게 배출한다는 점을 보여줬다.

 ## 꼭 기억해야 할 것

신뢰할 만한 종단 연구가 없으므로, 유기농 식단이 지속적으로 유익한 효과를 낼지는 여전히 불분명하다. 그러나 어떤 사람들은 아프고 난 다음에 쓰는 '입증된 치료책'보다 사전에 쓸 수 있는 '약간의 예방책'이 낫다고 생각할 것이다. 특히 아기의 발달 중인 신체와 뇌에 관해서라면 더욱 주의를 기울여야 한다는 것이다. 그러나 그 약간의 예방책을 위해 계산대에서 돈을 더 지급해야 한다는 것도 생각해야 한다. 소비자들은 비슷한 일반 식품보다 유기농 식품을 사기 위해 10~40% 정도의 돈을 더 지불하는 것으로 추정된다. 유기농 제품을 파는 매장에 가기 위해 더 멀리 운전해야 한다면 이것 역시 전체 비용을 늘릴 것이다.

　유기농 제품이 영양적인 면에서 우수하다는 확실한 증거가 없어도, 합성 성장 호르몬이 들어 있지 않고 환경적으로 이롭다는 이유로 부모들은 아이 식단에 어느 정도의 유기농 음식을 넣고 싶어 할 것이다. 경제적 여유가 있는 가정이라면 유기농 식품에 여러 장점이 있다는 주장을 믿고 구매해볼 만하다. 하지만 비유기농 식품으로 균형 잡힌 식단을 구성한다면 아이에게 필요한 영양소를 모두 공급할 수 있다는 점도 기억하자.

PART 2

의학 정보

아기에게 **항생제**를
써도 괜찮을까?

항생제는 서구권 국가에서 아이들에게 가장 흔히 사용하는 약물 중 하나이다. 항생제가 효과가 있다는 것은 명백한 사실이지만, 부작용도 있다는 것이 과학적으로 증명되었다. 항생제를 아기에게 사용해도 괜찮을까?

 위험하다 VS 효과가 크다

위험하다 | 연구에 따르면 항생제는 여러 가지 건강 문제와 관련이 있는 것으로 나타났고, 특히 아이들에게 위험하다. 항생제는 박테리아를 죽이지만 바이러스를 치료하는 데는 아무런 효과가 없다. 게다가

아기들, 특히 3개월 미만 아기들의 경우 박테리아성 감염인지 바이러스성 감염인지를 구분하기는 매우 어렵다. 그래서 의사는 '혹시 모를 경우를 대비해' 항생제를 과다 처방할 때가 많을 것이다. 아이가 위험할 가능성이 있는 강력한 약을 근거 없이 다량 복용할 수도 있다는 의미이다.

효과가 크다 | 항생제에 어느 정도 위험이 따르는 것은 사실이다. 그러나 항생제를 사용하지 않으면 체내 염증이 점점 악화될 수 있다. 부모들은 다른 약품과 마찬가지로 항생제 사용에 대해서도 신중해야 하고, 항생제를 처방받을 때는 의사의 지시를 잘 따라야 한다. 그 점만 주의한다면 많은 상황에서 항생제는 꼭 필요하고, 위험을 감수하고라도 사용할 정도로 효과가 뛰어나다.

 과학이 말해주는 것

항생제는 박테리아 제거 능력이 탁월하고 패혈성 인두염이나 요도 감염, 습관성 및 중증 중이염 같은 질병에 걸린 아이들에게 흔히 발생하는 박테리아성 감염을 치료하는 데 효과적이다. 그러나 모든 약이 그렇듯 항생제도 문제를 일으킬 수 있다. 항생제를 복용한 아이 중 10%가 발진, 알레르기 반응, 메스꺼움, 설사, 복통 등의 부작용을 겪을 수 있다. 그뿐 아니라 항생제는 소아 비만, 대사 및 면역 질환, 천식, 장

질환과도 관련이 있고 인체 내 미생물 구성과 신진대사를 장기적으로 변화시켜 미생물 생태계와 면역력을 약화시킬 수 있다.

또한 항생제가 우리 일상에서 얼마나 자주 과다 처방되고 있는지를 생각하면 매우 염려스럽다. 미국 질병예방통제센터는 항생제 처방의 30%가 부적절하고 불필요한 처방일 것으로 추정한다. 가장 흔한 예는 박테리아가 아닌 바이러스성 감염을 치료할 때 항생제를 사용하는 것이다. 사실 바이러스성 감염에는 항생제의 효과를 기대할 수 없다. 흔한 감기 바이러스로 생긴 인후통 증상도 전혀 완화해주지 못한다. 그래서 아이들이 불필요한 항생제 치료를 받는다면 이유 없이 앞서 언급한 부작용을 겪을 위험이 있다.

게다가 항생제를 과다 처방하면 반복적인 노출로 항생제에 대한 내성이 생길 위험성이 커진다. 세계보건기구를 비롯한 세계의 여러 단체들은 항생제에 대한 내성이 생기는 것에 주의하라고 경고하면서, 항생제 남용이 '체내의 자연스러운 감염증 치료 능력을 손상시킬 수 있는 전 세계적인 건강 문제'라고 규정했다.

 꼭 기억해야 할 것

항생제는 질병과 맞서 생명을 구할 수 있는 소중한 도구이다. 어떤 감염은 치료하지 않고 그냥 두면 점차 악화되어 자칫 생명까지 위험해질 수 있다. 그러므로 아이의 회복을 위해 실제로 항생제가 꼭 필요함에도 불구하고 항생제를 완전히 차단하는 극단적인 선택을 할 때는 반드시 신중해야 할 필요가 있다.

반면 항생제를 과다 처방하는 사례가 자주 일어나고 있다는 것도 명심해야 한다. 항생제를 남용하면 약의 효능을 떨어뜨리고 심지어 아이의 면역체계, 소화기관, 신진대사에까지 장기적으로 해로운 영향을 끼칠 수 있다.

아이가 아플 때 의사에게 올바른 질문을 하고, 보다 건설적인 대화가 이루어질 수 있도록 하려면 항생제를 처방해야 하는 때가 언제인지 미리 공부해두자. 아이가 구체적으로 어떤 박테리아에 감염된 것인지, 전체적인 치료 계획은 무엇인지도 의사에게 꼭 확인하자. 항생제에 대한 소아과 의사의 생각이 부모와 비슷하고, 신뢰할 수 있는 사람이라면 가장 좋을 것이다. 또한, 부모와 의사가 서로 소통하고 협력해서 충분한 지식을 바탕으로 만족할 수 있는 결정을 내리는 것도 중요하다.

 브라이슨 박사가 엄마들에게

초보 엄마였을 때 나는 박테리아 감염과 바이러스의 차이에 대해 열심히 공부하고, 우리 아이의 증상이 무엇인지 알아내기 위해 많은 자료를 읽었다. 그러나 무엇보다 담당 소아과 의사의 말을 가장 많이 믿고 따랐다. 아기는 자동차가 아니다. 만일 자동차 정비공이 내 차의 배기 매니폴드 개스킷을(실제로 있는 부품인지 모르겠지만) 교체해야 한다고 말한다면 나로서는 그의 말이 맞는지 확인할 방법이 거의 없다. 마찬가지로 의사가, 아이가 세균에 감염되어 항생제가 필요하다고 말하면 나는 의사의 말을 신뢰할 수밖에 없다. 질문이야 할 수 있지만, 의사의 말을 믿고 따를지 아니면 부모의 노파심에 '귀동냥'으로 얻은 얕은 지식을 따를지는 결국 내가 결정하는 것이다.

그러니 아이가 이용할 소아과 병원을 선택할 때는 먼저 병원에 대한 정보를 잘 찾아보고 신뢰할 수 있는 곳을 찾는 것이 중요하다. 아픈 아기를 돌보다 보면 부모는 심리적으로, 육체적으로 쉽게 지치고 만다. 이럴 때 명확하게 판단하고 현명한 결정을 내리기 위해서는 믿을 수 있는 의사에게 의존해야 할 필요가 있다.

알레르기 유발 음식,
언제부터 먹여도 될까?

아기가 알레르기를 일으킬 수 있는 음식에 일찍 노출되는 것이 좋을까? 아니면 그런 음식은 되도록 나중에 먹는 것이 좋을까? 그동안 알레르기를 일으킨다고 알고 있었던 음식들은 무조건 피해야 할까?

 일찍 접하는 것이 좋다 VS 피하는 것이 좋다

일찍 접하는 것이 좋다 | 알레르기를 일으킬 수 있는 음식을 아이가 일찍(보통 4~6개월) 섭취하면 특정 음식에 대한 알레르기 가족력이 있더라도 그 음식에 대한 내성이 생길 수 있고, 앞으로 알레르기를 예방하는 데 도움이 될 것이다.

피하는 것이 좋다 | 알레르기 유발 가능성이 있는 음식은 되도록 섭취를 미루는 것이 알레르기 예방에 장기적으로 도움이 된다. 특히 음식 알레르기에 대한 가족력이 있는 고위험군 아기는 알레르기를 일으킬 수 있는 음식을 최대한 피하는 것이 좋다.

 ## 과학이 말해주는 것

땅콩, 생선, 달걀과 같이 알레르기를 일으킬 수 있는 음식을 아기가 생후 4~6개월 즈음부터 먹기 시작하면 알레르기를 예방하는 데 도움이 될 수 있고, 그런 음식을 나중에 먹을수록 오히려 음식 알레르기가 더 쉽게 생길 수 있다는 증거가 점점 명백해지고 있다. 2008년에 실시한 연구에서 만 1세 이전에 땅콩을 먹기 시작한 아이들이 땅콩에 일찍 노출되지 않은 아이들보다 땅콩 알레르기가 더 적게, 더 늦게 나타났다.

2010년에는 생후 4~6개월에 달걀을 먹기 시작한 아기들은 생후 12개월에 먹기 시작한 아이들보다 달걀 알레르기 발생률이 낮다는 분석 결과가 나왔다. 다른 연구들도 비슷한 결과를 내놓았다. 2019년의 한 메타 분석 연구에 따르면, 대략 4~6개월부터 달걀을 먹고 4~11개월부터 땅콩을 먹기 시작하면 달걀과 땅콩 알레르기가 생길 위험이 감소하는 것으로 나타났다.

이와 같은 연구 결과를 근거로 주요 보건기관에서는 알레르기 걱정 때문에 이유식을 생후 6개월 이후로 미뤄야 할 이유가 없다는 의견을 내놓았다. 미국 소아과학회는 이유식을 시작하려면 아기가 4~6개월이 될 때까지 기다려야 하지만, 알레르기 때문에 이유식 시작을 그 이후로 미룰 이유는 없다고 거듭 강조했다.

2013년 캐나다 소아과학회와 캐나다 알레르기 내과학회도 우유, 달걀, 땅콩, 생선 등 알레르기를 일으킬 수 있는 음식 섭취를 생후 6개월이후로 미뤘을 때 얻을 수 있는 좋은 점이 전혀 없다고 발표했다. 세계보건기구, 유럽 소아 소화기영양학회, 아시아 태평양 소아 알레르기 호흡기 면역학회 모두 어떤 형태로든 같은 의견을 내놓았다.

알레르기와 관련은 없지만 제한해야 하는 음식이 있다. 예를 들어, 우유는 보통 생후 1년 동안 섭취를 제한해야 좋다. 그 이유는 아기의 소화계가 우유(또는 염소유나 두유)에 들어 있는 높은 함량의 영양분을 처리하기 어렵기 때문이다. 꿀도 되도록 피하는 것이 좋다. 꿀이 직접적으로 알레르기를 일으키지는 않지만 '유아 보툴리눔 독소증(주로 농경지나 축사 부근의 토양에 분포하는 보툴리눔 균 때문에 심각한 신경 마비를 일으키는 질병-옮긴이)'과 관련 있기 때문이다. 미국 FDA와 질병통제예방센터는 12개월 미만의 아기에게 꿀을 먹이지 말라고 권고한다. 노리개 젖꼭지에 꿀을 묻혀 주는 것도 이에 포함된다.

✏️ 꼭 기억해야 할 것

과거에는 여러 보건기관에서 땅콩, 우유, 달걀 등 알레르기를 일으킬 수 있는 음식을 아이에게 되도록 늦게 먹이라고 조언했다. 그러나 최근 연구들은 그런 음식을 굳이 피하지 말라고 권장한다. 오히려 일찍 경험하는 것이 내성을 형성하는 데 도움이 될 수 있다는 것이다. 분명한 것은 땅콩 같은 고형 음식을 먹일 때는 질식의 위험도 고려해야 하고, 아기에게 혹시 알레르기 반응이 일어나지 않는지 주의 깊게 관찰해야 한다는 것이다.

아기의 식단에 다양한 음식을 포함하는 정확한 시기에 관해서는 의사와 상담하는 것이 좋다. 하지만 여러 연구 결과를 토대로 판단했을 때 알레르기 반응을 일으킬 수 있는 음식은 일반적으로 아이가 4~6개월이 되었을 때 먹이기 시작하는 것이 가장 좋다. 만일 부모가 알레르기 질환을 앓고 있거나 가족 중에 그런 사람이 있다면 믿을 만한 소아과 의사와 꼭 먼저 상의하길 바란다.

아기가 **세균**에 노출되어도 괜찮을까?

1989년 영국의 전염병학자 데이비드 스트래컨David Strachan은 20세기 들어 꽃가루 알레르기가 증가한 이유를 설명하기 위해 '위생가설(hygiene hypothesis)'이라 불리는 이론을 내놓았다. 그는 가족 규모의 축소와 높아진 청결 수준이 아이러니하게도 꽃가루 알레르기 발생률 증가를 유발한 요인이라고 지적했다. 위생가설의 기본 개념은 이렇다. 아이들이 전반적으로 흙을 만지며 노는 경우가 줄고 더 적은 수의 세균에 노출됨에 따라 면역체계가 발달하거나 강해지는 것이 아니라 오히려 점점 약해지고, 그 결과 알레르기와 같은 질병이 더 많이 발생한다는 것이다. 스트래컨의 이론에 따르면 현대사회는 너무 위생적이어서 오히려 문제가 발생하는 셈이다.

스트래컨이라는 학자를 알든 모르든 위생가설의 기본 개념에 대해 들어본 사람은 많을 것이다. 그렇다면 너무 깨끗하다는 것이 어느 정도로 깨끗한 것을 의미할까? 스트래컨 교수의 주장에 따라 아이를 세균에 노출하는 것이 나을까? 아니면 좀 더 세심한 보호가 안전한 대안일까?

면역체계가 발달한다 VS 조심해야 한다

면역체계가 발달한다 | 아기가 집 안에 흔히 존재하는 세균에 노출되면 강한 면역체계를 발달시키는 데 도움이 될 것이다. 주변 환경을 지나치게 살균하는 것은 힘과 회복력을 길러주기는커녕 아기의 면역체계 발달을 방해해 미성숙한 상태로 남게 하거나 너무 예민한 면역체계로 만들 수 있다.

조심해야 한다 | 어린 아기는 면역력이 약하기 때문에 세균에 노출되지 않도록 조심해야 한다는 것이 일반적인 상식이다. 부모들은 아기를 만지기 전에 비누나 손 세정제 또는 다른 항균 세제로 손을 자주 씻어야 한다. 집 안 물건에 세균이 달라붙지 않도록 신경 쓰고, 누구든 아기를 만지기 전에 반드시 손부터 씻게 하자. 또한 강아지나 고양이 같은 반려동물을 기르는 집이라면, 반려동물을 통해 아기에게 질병이 전염되지 않도록 주의를 기울여야 한다.

⬡ 과학이 말해주는 것

스트래컨 교수가 말했듯이 '박테리아와 인간의 면역체계 사이에는 공생 관계가 존재하고 아이들은 특정 미생물에 노출됨으로써 혜택을 얻을 수 있다'는 것이 더욱 분명해졌다. 물론 부모는 아기가 유해 세균에 감염되지 않도록 보호하고, 특히 쇼핑몰이나 병원, 비행기 같은 공공장소에서 아기가 무엇에 노출되는지 방심하지 말아야 한다. 하지만 세균 걱정과 청결 문제로부터 아기를 지나치게 보호하려 들면 오히려 아이의 건강에 해가 될 수 있다는 것도 분명한 사실로 보인다.

지나친 청결의 부정적 효과에 대한 인식이 점점 높아지고 있는 가운데, 그런 인식에 이바지한 가장 유명한 연구는 최근에 아미시Amish 공동체 아이들과 후터파(Hutterite) 공동체 아이들을 비교한 연구이다. 아미시 공동체는 미생물이 많을 것으로 추측되는 가족 농장에서 전통적인 농사법에 따라 농사지으며 생활하고, 후터파 공동체는 일반적인 수준보다 더 위생적인 환경에서 대규모로 산업화한 농사를 지으며 생활한다. 연구에 따르면 아미시 아이들이 후터파 아이들보다 천식이나 알레르기 질환에 걸릴 가능성이 훨씬 낮았다. 두 집단의 유전적 구성이 비슷한 데도 이런 결과가 나왔다.

위생가설을 뒷받침하는 다른 연구들도 있다. 예를 들어, 노리개 젖꼭지가 바닥에 떨어졌다면 물로 헹구는 것보다 부모가 입으로 빨았을 때 아이가 천식에 걸릴 위험이 줄어드는 것으로 보고되었다. 더럽게 들릴지 모르지만 신생아를 세균, 반려동물이나 설치류의 비듬, 바퀴 벌레 같은 항원에 노출시키면 천식과 알레르기 발병 위험을 낮출 수 있다. 심지어 아이가 손가락을 빨거나 손톱을 물어뜯는 버릇도 천식과 꽃가루 알레르기 위험을 낮추는 것과 연관이 있다.

 꼭 기억해야 할 것

인간이 세균에 대한 자연적인 방어 능력을 갖추고 태어나는 것은 사실이지만 아직 면역체계가 완전히 발달하지 않은 신생아를 아픈 사람에게 노출시키는 것은 무책임한 일일 것이다. 어떤 아동 질환은 어린 아기에게 치명적일 수 있으므로 아기가 예방 접종을 받기 전이라면 아직 예방 접종을 받지 않은 아이나 아픈 아이들을 가까이하지 않는 것이 좋다. 어린 아기들은 큰아이나 어른들처럼 감염을 잘 방어할 수 없으므로 생후 2개월이 안 된 아기가 고열이 난다면 반드시 의사의 진찰을 받아야 하며, 경우에 따라 정밀한 검사를 받아야 할 수도 있다. 그러므로 생후 2개월까지는 질병이 있는 사람이 방문할 경우를 대비해 집 안에 손 세정제와 마스크를 항상 준비해 놓고, 다른 아이가 아기에게 뽀뽀하려고 하면 이마에만 하게끔 하는 것이 현명한 예방책이다.

그렇지만 아기의 주변 환경을 지나치게 소독하는 것은 불필요한 일일 뿐만 아니라 아기가 성장하는 과정에서 얻게 될 건강상의 이점과 회복탄력성을 빼앗을 수도 있다. 어느 정도는 지저분한 환경 속에서 아기를 키운다고 생각하자. 반려견이 아기 얼굴에 묻은 사과 소스를 핥는 것처럼 당황스러운 순간이 오더라도 좀 더 편안한 마음으로 바라보자. 그런 경험이 오히려 아기의 면역력을 강화해 주리라는 것을 이제는 알게 되지 않았는가.

모유 수유 중
약을 먹어도 될까?

무유 수유 중의 음주, 음식 제한과 함께 엄마들이 가장 걱정하는 것 중 하나가 바로 모유 수유 중의 약물 복용 문제이다. 모유 수유를 하는 동안 엄마는 아파도 약을 먹지 말아야 할까? 혹시 약을 먹었다면 이것이 아기에게 나쁜 영향을 줄 수도 있을까?

 약 복용을 삼가자 VS 조심해서 복용한다

약 복용을 삼가자 | 모유 수유를 하는 엄마가 아플 때는 약을 먹는 대신 수유를 중단하거나, 아니면 약을 먹지 않은 채 병이 나을 때까지 견디는 것이 최선이다. 엄마가 복용한 약이 모유로 흡수될 것이고, 어

떤 약은 모유에 특히 더 잘 농축될 수 있다. 위험을 감수하는 것보다
는 최대한 조심하는 것이 낫다.

조심해서 복용한다 | 엄마는 당연히 자신이 어떤 약을 얼마나 오래 먹
는지에 대해 방심하지 말아야 한다. 그러나 일반적으로 엄마가 건강
을 위해 약을 먹었을 때 얻는 혜택은 엄마 젖을 먹는 아기에게 미치는
잠재적 위험보다 훨씬 크다. 담당 의사나 소아과 의사와 충분히 의논
하여 약을 처방받는다면 아기에게 문제가 될 것은 없다.

 ## 과학이 말해주는 것

미국 질병통제예방센터는 이 문제에 대해 명료하고 간단한 답을 내놓
았다. "많은 의약품이 모유로 전달되는 것은 사실이지만, 대부분은 모
유 공급이나 아기 건강에 전혀 또는 거의 영향을 미치지 않는다."는
것이다. 이 의견을 뒷받침하는 다양한 연구 논문과 보고서들이 있다.
그중 미국 소아과학회의 정책 제언문은 질병통제예방센터가 내놓은
입장의 근거로 쓰였다. 구체적인 예로, 모유 수유를 하는 엄마가 항우
울제를 먹었을 때 이 약물이 아기에게 미칠 잠재적 위험보다 모유 수
유의 혜택이 훨씬 크다는 주장이 제기되어 왔다.

전문가들은 어떤 약이든 복용하기 전에 반드시 효능과 위험성을 신
중하게 따져보고, 의사와 상의하는 것이 중요하다고 입을 모은다. 특

히 신생아나 조산아에 대해서는 각별한 주의가 필요하다. 일단 생후 6
개월이 되면 아기는 모유를 통해 혈류로 들어온 약 성분을 충분히 효
율적으로 처리할 수 있을 만큼 성장하기 때문에 어떤 유형의 약이든
위험이 낮아질 것이다.

하지만 마약과 마찬가지로 엄마가 복용하지 말아야 하는 특정 의약
품류가 있다. 코데인 같은 진통제나 특정 항우울제, 약물 중독 치료를
위한 약품 등이다. 게다가 어떤 약은 모유 분비에 영향을 미칠 수 있
는 것으로 나타났다. 이부프로펜과 아세트아미노펜은 일반적으로 진
통 효과가 좋은 약이지만 모유 수유 중에 복용하려면 의사나 약사와
반드시 상의해야 한다. 한약 복용에 대해서도 염려하는 이들이 많은
데, 한약 복용과 관련해서는 아직 확실하게 결론이 나지 않았다. 일부
한약은 연구를 통해 실제로 해로울 수 있다는 것이 입증되었지만, 대
부분의 한약에 대해서는 아직 연구가 채 이뤄지지 않고 있다.

 꼭 기억해야 할 것

엄마의 혈액 속으로 들어온 약 성분의 일부가 모유로 옮겨갈 수 있다
는 것은 사실이다. 그리고 엄마가 복용하는 어떤 약들은 모유를 먹는
아기에게 부정적인 영향을 미칠 수 있다는 것도 사실이다. 그러므로
엄마가 약을 먹어야 한다면 소아과 의사나 약사에게 확인받는 것이
가장 좋다. 하지만 엄마가 아프다고 해서 무조건 모유 수유를 중단할

필요는 없을 것이다. 되도록 몸속에 오래 남는 약품은 피하고, 수유 후 아기가 특별한 행동이나 증상을 보이지는 않는지 주의 깊게 살피자(특정 약품이 모유 수유를 하는 엄마와 아기에게 어떤 영향을 미치는지에 관한 최신 정보는 미국 국립보건원에서 제공하는, 약물과 모유 수유에 관한 온라인 데이터베이스 'LactMed'에서 확인할 수 있다). 담당 의사나 소아과 의사와 상담하면서 신중하게 대처한다면, 엄마는 안심하고 필요한 치료를 받을 수 있고 동시에 아기를 안전하게 보호할 수도 있을 것이다.

포경수술은
꼭 해야 할까?

포경수술은 음경 끝부분인 귀두를 덮고 있는 포피를 외과적으로 제거하는 수술로 남자 아기들이 선택적으로 시술받는다. 미국에서는 흔한 수술이지만, 다른 나라에서는 시행되는 경우가 훨씬 드물다. 전통이나 종교라는 비교적 명확한 이유가 있는 부모들에게는 포경수술이 큰 고민거리는 아닐 것이다. 그러나 대부분의 부모들은 포경수술에 대해 쉽게 결정 내리지 못할 것이다.

 꼭 필요한 것은 아니다 VS 해야 한다

꼭 필요한 것은 아니다 | 포경수술에는 위험이 뒤따른다. 갓 태어난

아기의 건강이나 신체적 완전성을 걸고, 긴급하지도 않은 수술을 한다는 것 자체가 말이 되지 않는다. 포경수술 때문에 아기는 자신의 의사와는 관계없는 통증을 느껴야 한다. 또한 음경이 세균에 감염되거나 손상될 수도 있고, 과다 출혈의 가능성도 있다.

통증과 손상 위험 외에 포경수술을 하지 말아야 하는 주된 이유는, 여성의 음핵 포피가 여성 신체의 정상적이고 건강한 부위인 것처럼 음경 포피 또한 남성 신체의 정상적이고 건강한 일부라는 데 있다. 아이의 생식기 일부를 제거하는 것은 상당히 극단적인 조치이다. 아이가 자랐을 때 스스로 수술을 받을지 말지 결정해도 될 것이다. 아기일 때 포경수술을 한다는 것은 아이의 신체에 관한 결정을 부모가 한다는 뜻이다. 아이가 충분히 성장했을 때 스스로 얻은 정보를 바탕으로 결정해도 늦지 않다.

해야 한다 | 남자 아기에게 포경수술을 하는 주된 이유는 건강과 관련이 있다. 포경수술은 생후 첫 1년 동안의 요도 감염 위험을 다소 낮춰주고, 이후 어른이 되었을 때 에이즈 같은 성적 접촉에 의한 감염 위험도 낮춰준다. 음경 종양뿐만 아니라 여성 배우자의 자궁경부암 위험도 감소시킨다. 더욱이 아기 때 포경수술을 받지 않은 아이가 어른이 되어서 스스로 수술을 받으려 한다면, 성장한 후에 받는 수술의 합병증 위험이 오히려 더 크다. 수술 후의 통증도 더 심하고 회복하는 시간도 더 오래 걸린다.

⬡ 과학이 말해주는 것

포경수술의 위험과 이점에 관해 연구자들의 의견이 분분하다. 먼저 위험에 관한 이야기부터 시작해보자. 첫째, 통증 문제가 있다. 과거에는 갓난아기가 어른들처럼 고통을 느끼지 않는다고 믿었지만, 아기들도 똑같이 고통을 느낀다는 사실이 명백히 밝혀졌다. 그러므로 포경수술에는 통증 완화를 위한 조치가 꼭 포함되어야 한다. 포경수술을 할 때는 일반적으로 부분 마취를 하는데, 수술 중과 수술 후에 음경 신경을 차단하고 국부마취제를 주입한다.

둘째, 모든 수술이 그렇듯 감염의 위험이 있다. 그러나 병원에서 제대로 수술하고, 상처가 아물 때까지 목욕을 시키지 않는 등 수술 후의 수칙을 잘 따른다면 위험을 최소화할 수 있다. 반면, 포경수술 후 남아 있는 포피 때문에 요도가 협착하여 소변보기가 어려워져 추가적인 수술이 필요할 수도 있다. 포경수술을 받은 아이들에게 외요도구 협착이 얼마나 자주 발생하는지 추정했을 때 아주 드문 경우부터(0.7%) 흔한 경우까지(20%) 사례는 매우 다양했다.

포경수술과 관련해 다루어야 할 생물학적 문제가 하나 더 있다. 포경수술을 반대하는 이들이 제기한 주장으로, 포경수술이 음경의 감각을 둔화시킬 수도 있다는 점이다. 성인이 되었을 때 성적 쾌감이 떨어질 수 있다는 의미다. 이 주장에 대해 의견이 분분하지만 지금으로서는 포경수술이 성적 기능이나 민감성 또는 성적 쾌감에 부정적인 영향을 미치는지 아닌지 확실한 결론을 내리기는 어렵다. 포경수술을 반대하는 사람들은 아직 충분히 연구되지 않아서 수술의 위험성을 알기 어렵다고 지적하지만, 포경수술과 관련된 주된 위험은 이렇게 세 가지로 정리할 수 있다.

이제 포경수술의 이점을 이야기해보자. 연구에 따르면, 포경수술을 한 남성들은 그렇지 않은 남성들에 비해 요도 감염률이 낮은 것으로 나타났다. 한 연구진은 아기가 성장해서 요로 감염증에 걸릴 확률이 포경수술을 한 아이들은 12명 중 1명 꼴이고, 포경수술을 하지 않은 아이들은 3명 중 1명 꼴이라고 보고했다. 하지만 최근 캐나다 비뇨기의학회는 포경수술이 요로 감염증 발병 감소와 관련 있다는 증거가 누구에게나 포경수술을 권장하는 근거로 쓰이기에는 불충분하다고 발표했다. 포경수술을 반대하는 사람들은 요로 감염증은 심각한 질병이 아니며 항생제로도 쉽게 치료할 수 있으므로 결정적인 요소로 생각해서는 안 된다고 주장한다. 한 연구에 따르면, 포경수술을 한 남성은 감염된 여성 파트너를 통한 에이즈 및 다른 성 매개 질병에 감염될 확률도 더 낮다는 것이 입증되었다. 그러나 이 연구는 아프리카에서만 실시했기 때문에 아프리카의 지리적·문화적 환경에서 벗어나 다른 지역에도 연구 결과를 적용할 수 있을지에 관한 의문이 제기되었다. 포경수술이 음경 종양 발병 확률을 줄여준다는 증거도 있다. 그러나 이것이 중요한 요소로 여겨질 정도로 음경 종양 발병 위험이 큰가에 대해서도 의견이 분분하다.

이런 쟁점들을 분석한 결과를 바탕으로 2012년 미국 소아과학회는 "포경수술의 위험보다 이점이 더 크다."는 의견을 공식적으로 발표했고, 질병통제예방센터도 그 의견을 지지하고 있다. 그러나 두 기관 모두 캐나다 소아과학회와 비뇨기의학회와 마찬가지로 포경수술을 권장하지는 않는다. 세계의 보건기관 중 일부는 미국 소아과학회의 입장에 반대하고 있고, 특히 주로 유럽 지역의 의사들로 구성된 한 의학단체는 그것을 미국 소아과학회 연구진의 문화적 편견이라고 말하며 미국 소아과학회를 비난하고 나섰다는 점도 주목할 만하다. 그뿐 아니라 미국 소아과학회가 2012년 발표문의 유효 기한을 5년으로 정해놓고 지금까지 재확인하지 않았다는 점 역시 고려해야 한다.

비록 이 책이 과학적 연구 결과에 초점을 두고 있지만, 포경수술을 둘러싼 논쟁의 핵심이 윤리적 관점에서 시작된다는 것도 간과할 수 없다. 2019년, 90명이 넘는 윤리학자들이 공동으로 포경수술과 관련된 성명을 발표했다. 이 글에서 한 학자는 "성별과 관계없이 모든 아이는 의학적으로 필요하지도 않은 성기 포피 절제로부터 보호받아야 할 권리가 있다."고 주장했다.

 꼭 기억해야 할 것

포경수술을 찬성하는 사람이나 반대하는 사람 모두 더는 이 문제로 논쟁을 벌일 필요가 없다고 말한다. 하지만 사실은 그렇지 않다. 많은 의료 전문가들, 특히 미국 이외 지역의 의료 관계자들은 어떤 건강상의 이점을 이유로 들더라도 포경수술을 정당화할 수 없다는 결론을 내렸다. 그러나 그 주장이 맞는지를 두고 전문가들의 의견이 여전히 팽팽하게 맞서고 있다. 아이에게 포경수술을 시키는 것이 불안하다면, 그런 의구심을 뒷받침할 만한 증거는 부족하지 않게 찾을 수 있다. 반면, 아이에게 포경수술을 시키기로 했다면 그런 결정을 지지하는 전문가들의 주장과 증거들도 마찬가지로 충분히 찾을 수 있다.

포경수술은 부모가 아이를 키우며(어쩌면 육아와 무관하게) 과학적 정보나 사실보다는 개인의 가치관, 신념, 전통, 정서, 선입견 그리고 문화적 의미를 고려해 결정하는 문제 중 하나일 것이다. 다시 말해 이미 특정한 견해가 있을 때 우리는 그런 입장을 뒷받침해주는 과학적 자료를 통해 스스로를 안심시키려는 경향이 있다. 내적으로 갈등하고 있지만, 아들이 '아빠처럼 되기'를 바라거나 '가족 전통을 따르고 싶은 마음'이 있다면 포경수술의 건강상 이점에 관한 자료와 주장이 더 설득력 있게 느껴지고, 위험이나 우려에 관한 주장은 그다지 중요하지 않게 생각될 가능성이 크다. 반면 같은 문제로 갈등하고 있지만, 아이의 건강한 신체 부위를 절제하고 불필요한 통증을 일으키는 것이 신경 쓰인다면 포경수술의 위험성에 대한 자료와 주장이 더 설득력 있게 느껴지고, 이로운 점에 대한 증거는 미약하다고 생각될 가능성이 크다.

여러분에게 과학을 기반으로 명확한 조언을 하고 싶지만, 포경수술에 관한 결정은 결국 각자에게 달려 있다. 의사와 상담해서 위험성과 이점을 잘 따져보고 문화와 종교, 가족 이력, 개인적 기호와 가치관, 윤리적 의미 및 인권 문제 등도 고려하자. 이 과정이 아이를 위한 최선의 결정으로 당신을 이끌어 줄 것이다.

아기의 **예방 접종,**
안심해도 될까?

최신 연구는 예방 접종에 대해서 어떻게 말하고 있을까? 질병통제예
방센터나 미국 소아과학회 같은 전문기관이 정해 놓은 예방 접종 지
침을 무조건 따라야 할까? 일부 백신이 부작용을 일으킬 수 있다는 주
장은 얼마나 심각하게 받아들여야 할까?

 잠재적으로 위험하다 VS 안전하다

잠재적으로 위험하다 | 백신은 자폐증 위험 증가를 포함해 위험한 부
작용을 일으킬 수 있는 유해 성분을 함유하고 있다. 사실, 수두나 홍
역, 풍진과 같은 일부 질병은 비교적 해롭지 않으며, 흔히 사용하는

가정용품이나 민간요법으로도 치료할 수 있다. 그런데 왜 잠재적으로 위험한 약을 아기에게 주사해야 하는가? 백신 접종에 의존하기보다 자연적으로 타고난 면역체계에 기대는 것이 훨씬 더 낫다.

안전하다 │ 백신은 생명을 위협하는 병을 근절하는 데 도움이 되어왔다. 주요 의학 단체와 의료기관들은 백신이 안전하다고 말한다. 그리고 FDA는 수년 동안 백신의 유해성과 잠재적 위험성을 살펴본 후에 백신 사용을 승인한다. 백신 접종의 부작용이 일어나는 경우는 매우 드물고, 몇몇 부작용에 비교할 수 없는 장점이 훨씬 더 많다는 점을 기억하자.

 ## 과학이 말해주는 것

먼저 백신이 안전하다고 말하는 의학기관들을 간추려 나열해보자. 세계보건기구, 미국 소아과학회, 미국 질병통제예방센터, 미국 가정의학회, UN 재단, 미국 식품의약처 FDA, 미국 의학협회, 미국 보건복지부, 캐나다 소아과학회, 미국 국립전염병재단 등이 있다.

사람들은 대체로 지금까지 나열한 기관들이 세계적으로 상당한 권위를 인정받는 기관이라는 것을 알고 있을 것이다. 하지만 이 기관들이라고 해서 항상 옳다는 법도 없고, 어떤 식으로든 돈이나 정치 또는 다른 힘에 조종될 가능성이 없는 것도 아니다. 그러나 아이에게 예방 접종을 하지 않기를 원하는 부모가 있다면 그들은 이런 권위 있는 보건기관들이 지지하는 의학적 흐름을 거스르는 결정을 해야 한다는 사실을 알아두자.

그렇다면 이들 기관이 예방 접종을 권고하는 근거는 무엇일까? 첫째는 백신을 통해 예방 가능한 질병의 수에 있을 것이다. 연구 자료의 세부 내용까지 자세히 들여다보지 않더라도 예방 접종과 관련해서, 특히 어린이 사망 예방이라는 측면에서 많은 이점을 증명해주는 다양한 수치를 확인할 수 있다.

예를 들면, 어린이 예방 접종으로 감염병을 예방하거나 사망을 피한 건수를 기록한 데이터가 있다. 미국 질병예방통제센터는 1994년부터 지금까지 예방 접종을 통해 대략 4억 1,900만 명의 어린이를 감염으로부터 보호했고, 2,689만 명의 입원과 936,000명의 사망을 막았다고 발표했다. 우리는 또한 백신 접종으로 살릴 수 있는데 그렇게 못한 사례가 얼마나 되는지도 확인할 수 있다. 유니세프UNICEF에 따르면 매년 453,000명의 어린이가 로타 바이러스로 사망하고 476,000명이 폐렴구균으로, 199,000명이 B형 헤모필루스 인플루엔자로, 195,000명이 백일해로, 118,000명이 홍역으로 그리고 60,000명이 파상풍으로 사망한다고 한다. 총 150만 명의 어린이가 예방 접종을 하면 막을 수 있는 질병 때문에 목숨을 잃은 것이다. 이는 예방 접종이 얼마나 중요한지 그리고 예방 접종을 하지 않았을 때 얼마나 심각한 대가를 치러야 하는지를 여실히 보여준다.

백신의 효과는 다음 세대에까지 미칠 수도 있다. 엄마가 MMR 백신(홍역·볼거리·풍진 혼합 백신)을 접종했을 경우 아기가 이 병에 걸릴 확률이 매우 감소하고, 결과적으로 질병에 의한 기형아 출산을 피할 수 있다. 게다가 백신의 도움으로 천연두 같은 일부 전염병은 더 이상 존재하지 않는다. 예방 접종이 지금뿐만 아니라 미래에도 질병으로부터 안전을 제공한다는 것이다.

그런데 백신은 실제로 안전할까? 권위 있는 과학 기구들은 백신 접종의 효능을 확실히 인정한다. 그렇다면 위험은 없을까? 구체적으로 우리 아이에게 어떤 위험이 있을까? 먼저 심각한 위험부터 이야기해 보면 백신이 자폐를 일으킬 수 있다는 주장이 있지만 이를 입증할 만한 증거는 없다. 사실, 수년 전 처음으로 이 주장을 제기한 연구 논문은 주장의 오류가 확실하게 드러난 후 결국 취소되었다.

부모들이 예방 접종에 대해 경계하는 이유가 자폐 위험 때문만은 아니다. 연구에 따르면 더 확실한 다른 위험들이 존재한다고 한다. 질병통제예방센터가 인정했듯이, 모든 백신에는 가장 흔히 나타나는 주사 부위의 가벼운 이상 반응부터 아주 드물게 과민 반응으로 나타나는 심한 알레르기 반응까지 다양한 부작용의 위험이 있다. 연구를 통해 신경질, 미열, 피로감, 통증 등 가벼운 증세에서부터 기절이나 고열에 의한 발작 같은 심각한 부작용까지 확인되었다.

그러나 기존 연구에 대한 과학 분석 보고서들은 모두 백신의 예방 효과가 높을 뿐만 아니라(미국 소아과학회는 대부분 어린이 백신의 예방 효과가 90~99%라고 주장한다.) 가장 걱정스러운 부작용이 발생하는 사례가 극히 드물다는 점에 주목하면서 예방 접종의 위험성을 전체 맥락에서 이해하고 있다. 아이가 예방 접종을 하지 않고 면역력이 손상 된다면 분명 다른 위협이 더 생겨날 수 있고, 최악의 경우 사망에 이를 수도 있다. 한 연구에 따르면, 예방 접종을 하지 않은 아동은 다른 문제로 소아과 치료를 받는 동안 후천적 발진성 질병이 갑자기 발생할 수 있다고 한다.

여러 백신을 한꺼번에 접종받을 수 없도록 예방 접종은 오랜 기간에 걸쳐 진행된다. 그래서 어떤 부모들은 예방 접종 일정을 바꾸거나 늦추면 안 되는지 질문하기도 한다. 접종 일정을 길게 잡았을 때 실용적인 측면에서의 단점은 고정된 표준 일정을 따를 때보다 아기가 주사를 더 많이 맞아야 하고, 소아과 병원을 더 자주 방문해야 한다는 것이다. 질병예방통제센터에서 권장하는 접종 일정을 따른다면 생후 15개월 동안 다섯 번 병원을 방문해서 최대 14가지 질병에 대한 백신을 접종 받게 될 것이다. 반면에 사람들이 가장 많이 이용하는 '지연된 접종 일정'을 따른다면 같은 기간 동안 병원을 아홉 번 방문하지만 겨우 8가지 질병에 대한 백신을 접종받을 것이고 홍역, 풍진, 수두, A형 간염, B형 간염에 대한 예방 접종은 여전히 남아 있을 것이다. 정확히 말해 대체 일정으로도 필수 접종을 모두 소화할 수는 있지만, 시간이 더 오래 걸리고 병원에 더 자주 방문해야 하는 문제가 있다. 게다가 자칫하면 아이 머릿속에 병원에 가는 것과 관련한 부정적 연상이 생겨날 수도 있다.

일각에서 지지하는 지연된 접종 일정을 반대하는 더 큰 이유는 그래도 된다는 과학적 근거가 없기 때문이다. 아직 변경된 접종 일정이 긍정적 효과를 낸다는 실질적 증거가 없다. 실제로 MMR 백신 접종을 15개월 이후로 미루는 것이 아기의 발작 위험을 높일지 모른다는 연구 결과가 있다. 표준 접종 일정은 충분한 연구를 기반으로 신중하게 조정해서 결정된 것이며, 현재 많은 보건기관과 전문기관에서 이를 지지하고 있다는 점을 기억하자.

 꼭 기억해야 할 것

지금까지 연구를 살펴봤을 때 결론은 분명하다. 의사의 지시에 따라 아이에게 예방 접종을 하는 것이 최선의 행동 방침이다. 예방 접종에 위험이 없다는 말이 아니다. 단지 어떤 위험이 있더라도 예방 접종이 주는 혜택이 훨씬 더 크기 때문에 어떤 결정을 내려야 하는지 분명하다는 의미이다.

질병통제예방센터에서 권장하는 예방 접종 일정에 대해서도 같은 원리가 적용된다. 접종을 미루거나 변경된 일정을 따르는 것은 접종을 아예 하지 않는 것보다는 낫다. 거의 대부분의 경우 예방 접종은 안전하다. 그리고 표준 일정에 따라 접종한다면, 아기는 성장함에 따라 점점 확장되는 세상을 안전하게 항해할 수 있게 해주는 평생의 방호복을 얻게 될 것이다.

만일 표준 접종 일정을 따르지 않고 접종일을 변경하거나 늦추고 싶다면 반드시 담당 소아과 의사와 상의해서 진행해야 한다. 만일 의사의 권고에도 불구하고 개인적인 가치관과 신념에 따라 예방 접종을 하지 않기로 했다면, 아기의 면역력을 키우는 가장 좋은 방법과 앞으로 접촉하게 될 사람들로부터 아기를 보호할 방법을 꼼꼼하게 공부하도록 하자. 더 많은 자료를 원한다면 세계보건기구와 질병통제예방센터에서 마련한, '예방 접종을 하지 않았을 때의 위험과 그런 선택을 한 부모들이 해야 할 일'에 관한 지침을 참조하자.

 ## 브라이슨 박사가 엄마들에게

아이들이 태어났을 때 남편과 나는 예방 접종에 관한 정보를 충분히 알지 못했다. 그래서 우리가 아는 선에서 최선을 다했다. 첫째 아이는 표준 접종 일정을 따랐지만 둘째와 셋째는 표준보다 지연된 접종 일정을 따랐고, 아이들 모두 필요한 접종을 마쳤다. 우리는 아이들이 한 번에 여러 개의 주사를 맞게 하지 않으려고 기간을 늘려서 접종시켰다. 병원을 더 자주 가야 했다는 의미이다. 그러나 천천히, 조심해서 접종하는 것이 더 좋다고 생각했다. 그때는 그렇게 하는 편이 마음 편했지만, 내가 지금처럼 다양한 과학적 연구 결과들을 알고 있었다면 소아과 의사가 권장하는 표준 접종 일정을 따랐을 것이다.

아기에게 **진정제**를
먹여도 될까?

아기와 함께 이동하기 위해 기차나 비행기 등을 장시간 이용해야 한다면, '아기가 시끄럽게 울지는 않을까?' '잠을 못 자고 칭얼대지는 않을까?' '다른 승객들을 불편하게 만들지는 않을까?' 하는 생각들로 불안해질 것이다. 이런 때 아기에게 수면 유도 효과가 있는 진정제를 먹이는 것은 좋은 생각일까? 평화로운 여행의 대가로 다른 위험이 따르지는 않을까?

 괜찮다 VS 부작용 가능성이 있다

괜찮다 | 처방전 없이 살 수 있는 베나드릴Benadryl 같은 항히스타민

제는 아기에게 해롭지 않을 뿐 아니라 낯선 환경을 무서워하거나 신경이 예민한 아기에게 진정 효과를 줄 수 있다.

부작용 가능성이 있다 ┃ 어떤 약이든 위험한 부작용이 생길 수 있다. 아기가 그런 부작용을 경험하기를 원하는 부모는 아무도 없을 것이다. 또한 항히스타민제는 어떤 아이에게는 졸음이 아닌 과다활동을 일으킬 수도 있다.

 ## 과학이 말해주는 것

베나드릴의 활성 성분은 일반적으로 알레르기 증상을 치료하는 데 사용하는 디펜히드라민(DPH)이다. 이 약이 아기를 재워야 하는 상황일 때 졸음을 일으키는 효과가 있는지에 관해 과학에서는 주의를 요구한다.

1976년 2~12세 아동들을 대상으로 한 연구에서 아이들은 DPH가 들어 있는 약을 먹은 후에 평소보다 더 빨리 잠들었고 중간에 깨는 횟수가 적었다. 그러나 그 이후로는 같은 연구 결과가 되풀이해 나오지 않았고, 연구진은 DPH가 수면의 질을 향상한다는 그 어떤 증거도 발견하지 못했다. 2006년 생후 6~15개월 아기들에게 초점을 두고 실시한 연구에서는 DPH가 수면을 돕지 않을뿐더러 "아이들에게는 가벼운 과다활동을 일으킬 수 있고, 그 때문에 일부 어른들에게서 볼 수 있는 수면 효과가 아이들에게는 나타나지 않을 수 있다."라는 결과가 나왔다. 과다활동은 때때로 베나드릴처럼 DPH를 함유한 약품의 '역설적 효과'라고도 하는데, 아기를 재우기 위해 먹이는 약의 부작용을 알리는 경고문에 자주 언급된다.

아기에게 진정제를 먹이는 것을 지지하는 과학적 증거가 없을 뿐 아니라 여러 보건단체와 정부 기관들도 이에 대해 경고한다. 미국 국립보건원과 미국 소아과학회, 세계보건기구 모두 항히스타민제와 다른 물질들이 초조와 불안을 일으키는 역설적 효과를 낼 수 있다고 지적하면서 아기에게 진정제를 먹이는 것을 반대한다.

또한 DPH를 함유한 약품은 메스꺼움, 두통, 변비, 어지러움 등의 DPH 관련 부작용을 일으킬 수 있다. 게다가 베나드릴의 복용 안내서에는 만 6세 미만의 어린이에게 투약하지 말 것을 권고하고, 어린이용 베나드릴도 만 2세 미만의 아이에게는 사용을 금지한다는 점을 볼 때 그보다 더 어린 아이들에게 이 약을 투여하는 것은 매우 위험할 수 있다. 한 연구는 항히스타민제 과다 복용과 응급실을 찾는 아기 사이에 연관성이 있다고 보고했다.

 꼭 기억해야 할 것

아기에게 진정제를 먹이면 졸음이 오게 하는 효과가 있다는 확실한 과학적 증거는 없다. 진정제의 잠재적 위험성과 부작용을 고려한다면 이 문제에 관해 결정하기는 쉬울 것이다. 졸음을 유발할 목적으로 아기에게 약을 먹이면 안 된다. 어린 여행 동반자의 건강과 안전을 걸기에는 복용 허용치와 부작용에 대해 알려지지 않은 것들이 너무 많다. 아기와 함께 비행기나 차를 타고 여행하는 경험이 앞으로 두고두고 기억할 소중한 추억이 될 수 있다. 물론 지금 당장은 정말 끔찍하고 힘들 수도 있지만 말이다.

약 대신 충분한 장난감과 책과 과자를 준비하자. 그리고 아기가 즐겁게 여행할 수 있도록 창의적인 놀이를 준비해보자. 예를 들어, 비행기에 비치된 구토 봉지로 멋진 인형을 만드는 것처럼 말이다. 노리개 젖꼭지를 사용하거나 젖병을 물리는 것도 아기를 안정시키고, 비행기 이착륙 시 귀가 먹먹해지는 증상을 완화하는 데 도움이 될 수 있다.

소음은 아기에게
어떤 영향을 미칠까?

아기의 귀에는 같은 소리도 어른보다 더 크게 들린다. 그렇다면 아기의 청력을 보호하기 위해 소음을 어떻게 관리해야 할까? 집 안의 소음이 아기의 청력은 물론 수면 문제와도 연관된다는 점을 생각하면 집안을 항상 조용하게 유지해야 할지, 아니면 아기가 여러 소리에 적응할 수 있도록 해야 할지 헷갈린다. 소음은 아기에게 어떤 영향을 미칠까? 소음과 관련해 주의해야 할 것은 무엇일까?

 소음은 아기에게 해롭다 VS 소음에 익숙해져야 한다

소음은 아기에게 해롭다 | 어른들은 듣기 싫은 소음을 들으면 귀를 막

거나 소리를 줄일 수 있다. 그러나 아기는 그러지 못한다. 아기는 불편하거나 해로운 소리를 차단하려면 부모에게 의존해야 한다. 일반적인 장난감 소리도 아기에게는 해로울 수 있는데, 다른 소리를 중화시키기 위해 환경 소음을 만들어 수면을 유도하는 장치인 백색 소음 기계도 마찬가지다. 아기에게는 소음을 내는 모든 장치가 잠재적으로 위험할 수 있다.

소음에 익숙해져야 한다 | 아기의 청력을 보호해야 하는 것은 맞지만 어느 정도의 소음은 있는 편이 좋다. 특히 다른 형제가 있거나 아기가 곧 어린이집에 다닐 예정이라면 더욱 그렇다. 어린이집에서는 다른 아이들에게 둘러싸인 채 시끄러운 소리 속에서 낮잠을 자야 한다. 만일 아기가 조용한 곳에서만 잠드는 것에 익숙하다면 아주 작은 소리에도 쉽게 깰 것이다. 다양한 환경에서 생활하는 것에 익숙해질 수 있도록 충분한 환경 소음을 제공해야 한다.

 과학이 말해주는 것

미국 언어청각협회(American Speech-Language-Hearing Association)에 따르면, 70dB 이하의 소리는 아기에게 안전하다. 어른들이 대화하는 소리는 일반적으로 대략 60dB이라고 한다. 85dB 이상의 소음에 지속적으로 노출되면 '감각신경난청'이라는 청력 이상이 발생할 수 있다. 미국 소아과학회에서는 병원 신생아실 소음 수준을 50dB로 제한할 것을 권고한다.

소리의 실제 크기 외에도 음원으로부터의 거리와 소음 노출 시간도 소리가 얼마나 해로운지에 영향을 미칠 수 있다. 그래서 소음의 3요소로 소리의 크기, 거리, 지속시간을 꼽는다.

연구에 따르면 시중에 판매되는 제품 중에는 지나치게 큰 소리를 내는 장난감이 많고, 아기들이 대개 장난감을 귀 가까이 안는 것을 좋아하기 때문에 이것은 특히 문제가 될 수 있다고 한다. 한 연구는 시중에 판매되는 생후 6개월 이상 아기용 장난감 90개를 조사했는데, 그 가운데 소리 세기가 평균 85dB 이상인 것이 88개였다. 심지어 30cm 가량 떨어져서 잡았는데도 이중 19개는 소음 크기가 여전히 85dB 이상이었다. 85dB의 소음은 어른도 8시간 이상 노출되면 위험할 수 있는 수준이라고 미국 국립직업안전위생연구소(National Institute for Occupational Safety and Health)는 발표했다.

심지어 수면 유도 기계의 소리도 아기에게는 너무 클 수 있다. 미국 소아과학회에서 실시한 연구에 따르면 14종의 유아 수면 기계를 조사한 결과, 14종 모두 권장되는 50dB 이상인 것으로 나타났다. 그중 3종은 85dB 이상이었다. 연구진은 안전 사용 설명서가 아예 없거나 충분히 설명되지 않은 채 이런 기계들이 시중에 판매된다고 지적하면서, 수면 기계를 사용할 때는 되도록 아기에게서 멀리 두고, 볼륨을 가장 낮게 설정하고, 사용 시간을 제한하라고 권고한다.

✎ 꼭 기억해야 할 것

아기의 외이도는 어른에 비해 작고, 두개골도 더 얇다. 그래서 같은 소음이라도 아기에게 더 큰 해를 끼칠 수 있고 소음으로 청력을 잃을 가능성도 더 크다. 아이가 극도로 큰 소음에 노출되거나 주변의 시끄러운 소리에 오랫동안 노출된다면 내이와 신경 세포가 손상될 수 있다. 그러므로 우리는 부모로서 그리고 보육자로서 아이에게 노출되는 소리의 크기와 거리, 지속시간을 제한해야 할 책임이 있다. 이것은 아이들에게 사주는 장난감이나 집 또는 차 안에서 틀어주는 음악에도 적용된다(특히 카시트를 보통 후방 스피커 바로 옆에 설치하므로 조심해야 한다). 극장에서 보는 영화, 아기방에 설치한 수면 유도 기계도 마찬가지다. 아기가 노출될 수 있는 환경 속 소음을 항상 확인해야 한다.

아기의 수면 습관 형성에 관해서라면 소음 관리도 각 가정의 환경과 생활방식에 맞춰야 한다. 늘 그렇듯 아이가 놓일 환경이 어떤지 뿐만 아니라 아이의 기질과 취향도 고려하자. 아기가 조용하지 않은 곳에서 잠드는 것에 익숙해질 필요가 있으므로, 다양한 소리가 집 안 환경의 일부가 되도록 하는 과정이 필요할지도 모른다. 그러나 그 전에 아기의 청력을 보호하고, 시시각각 변하는 아기의 욕구와 요구를 계속 주시해야 한다는 점을 꼭 기억하자.

아기에게 **프로바이오틱스**를 먹여도 될까?

칼슘, 비타민 D, 오메가3 등 아이들의 성장 및 발달을 위해 필요한 여러 가지 영양제 중에서 최근 큰 인기를 끌고 있는 것은 '프로바이오틱스'이다. 일부 식품과 건강보조식품에는 건강에 이로운 효과를 내는 것으로 알려진 생균이 자연적으로 포함되어 있거나 의도적으로 첨가되어 있다. 그 균을 가리켜 '프로바이오틱스probiotics'라 부른다. 건강 효과에 대한 기대 때문에 프로바이오틱스는 수십억 달러 규모의 세계적인 산업이 되었고 지금도 계속해서 성장하고 있다. 그렇다면 아기에게 프로바이오틱스를 먹여도 될까? 프로바이오틱스가 아기의 건강에 정말 도움이 될까?

도움이 된다 VS 신뢰하기 어렵다

도움이 된다 | 프로바이오틱스는 아이 몸속에 '유익한 균'을 보충해주고 신체가 제대로 기능하도록 돕는다. 프로바이오틱스는 많은 음식 속에 자연적으로 포함되어 있으며, 아기의 피부와 장, 두뇌와 관련된 이점을 제공한다.

신뢰하기 어렵다 | 돌이 안 된 아기에게 먹여도 될 만큼 우리가 프로바이오틱스에 대해 충분히 알고 있는가? 그렇지 않다고 생각한다. 물론 유익한 점이 있을 수 있다. 그러나 이와 반대로 해를 일으키거나 앞으로의 건강 문제로 이어질 잠재적 가능성도 있다.

 ## 과학이 말해주는 것

프로바이오틱스에 관한 연구들은 건강 개선이라는 측면에서 전반적으로 긍정적인 결과를 보여준다. 그러나 이 분야의 연구자들은 확실한 증거가 여전히 부족하다고 경고한다. 그 이유는 우선 '프로바이오틱스'라는 용어의 의미를 과학적으로 정확히 정의하기가 쉽지 않기 때문이다. 현재 건강과 치료에 도움을 줄 수 있는 살아 있는 균을 총칭해서 프로바이오틱스라고 부른다. 프로바이오틱스로 분류되는 균의 종류뿐만 아니라 프로바이오틱스를 함유한 제품의 종류와 제조 방식도 매우 다양하므로 신뢰할 수 있는 연구 결과를 얻기 어렵다. 게다가 그런 다양성이 제품의 관리 감독을 담당하는 정부 기관에도 문제가 된다. 제품에 따라 각기 다른 기관의 관리를 받아야 하고, 또 기관마다 제품 안정성과 효능을 입증하는 필수 요건이 다르기 때문이다.

미국 국립보건원은 2019년 문건을 통해 결과적으로 "미국 FDA는 어떤 프로바이오틱스 제품에 대해서도 특정 질환을 예방하거나 치료한다고 인정한 적이 없으며, 일부 전문가들은 프로바이오틱스 판매 및 사용의 성장 속도가 용도 및 효능에 관한 연구 속도를 앞질렀다고 경고한다."라고 설명했다.

프로바이오틱스를 아기에게 먹였을 때의 효능에 관해 과학계에서는 훨씬 더 회의적인 태도를 보인다. 몇몇 연구진은 프로바이오틱스가 아기의 건강 측면에서 부정적인 결과를 일으켰음을 나타내는 연구 결과를 발표했다. 심지어 한 연구에 따르면 영아기 동안의 프로바이오틱스 섭취는 장내 미생물 구성에 제한적인 영향을 미치지만, 나중에는 감염에 취약해지도록 만들 수 있다고 한다.

하지만 몇몇 다른 연구 조사는 프로바이오틱스의 섭취가 피부 질환과 영아 산통, 설사, 심지어 신경정신장애에 좋다는 긍정적인 결과도 보고했다. 그러나 이처럼 긍정적인 결과를 나타내는 연구 논문들도 거의 예외 없이 "그러나 이 연구는 예비적 연구이며, 추가 연구가 필요할 것이다."라는 문구를 포함한다. 더욱이 프로바이오틱스의 종류가 매우 많고, 나이와 생애 단계에 따라 아이에게 매우 다르게 작용하기 때문에 프로바이오틱스가 상품으로 출시되었을 때 실제로 얼마나 효과가 있을지는 확실히 증명하기 어렵다.

이런 불확실성 때문에 미국 소아과학회, 세계보건기구, 유럽 소아소화기영양학회 영양위원회를 포함한 여러 기관은 프로바이오틱스 제품이 아이들에게 먹여도 안전하고 효능이 있다고 결론 내리기 전에 더 많은 연구와 관리 감독이 필요하다고 한다.

 꼭 기억해야 할 것

몇 년 후에 우리는 프로바이오틱스가 장 건강을 개선하거나 습진을 예방하거나 다른 질병을 치료해 줄 것이라 확신하며 젖먹이에게도 프로바이오틱스를 먹일지 모른다. 아니면 정반대의 결정을 내릴지도 모른다. 지금 당장은 프로바이오틱스에 대해 확실히 알 수 없다는 것이 핵심이다. 관련 연구도 충분하지 않고, 상품으로 나오는 프로바이오틱스를 제대로 규제할 법적 장치도 없다. 그러므로 만일 프로바이오틱스에 대해 궁금한 것이 있거나 잠재적 이점을 알고 싶다면 여기서 이야기한 내용을 바탕으로 믿을 만한 소아과 의사와 상담하는 것이 가장 좋을 것이다. 만일 프로바이오틱스에 대해 궁금하거나 알고 싶은 것이 특별히 없다면, 관심 목록에서 프로바이오틱스 항목을 삭제해도 무방할 것이다.

아기의 귀를
뚫어도 될까?

귀 뚫기는 주로 종교적, 문화적, 가족적 의미가 있는 행위로서 수 세기 전부터 행해졌다. 이런 의미와는 상관없이 단지 미용적인 측면에서 아기의 귀를 뚫어주는 부모도 있다. 그런데 아기의 귀를 뚫어도 정말 괜찮은 걸까?

 괜찮다 VS 위험하다

괜찮다 | 시술할 때 충분히 주의하고, 시술 후 세심하게 상처를 관리할 수 있다면 가족의 전통이거나 문화적 의미가 있는 행위를 거부할 이유가 전혀 없다.

위험하다 | 귀를 뚫는 것은 아기에게 불필요한 통증을 경험하게 하는 일이다. 주사를 맞힐 때처럼 통증이 불가피한 때도 있지만 적어도 그 것은 의료적 목적에서 꼭 필요한 일이다. 하지만 귀 뚫기는 꼭 필요한 목적이 있어서가 아니다. 아기에게 의사 결정권이 없는 상태에서 부모가 아기 대신 통증을 유발하는 결정을 내린 것이다. 게다가 다른 무엇보다 자칫 합병증이 생길 위험도 있다.

 ## 과학이 말해주는 것

이 문제와 관련해 우리에게 도움이 되는 연구 논문이 많지는 않다. 논문들은 대체로 '귀 뚫기'만 중점적으로 다루는 것이 아니라 여러 형태의 '신체 변형' 전반을 다루었다. 그중 상당수가 주로 어린이와 청소년에게 초점을 맞춘다. 그러나 영아에 대해서는 여러 의료기관과 보건 당국에서 나온 안내 지침 외에 다른 자료가 많지 않다.

우리가 알고 있는 대략적인 사실은 귀를 뚫고 적절한 조처를 하지 않으면 여러 가지 합병증이 발생할 수 있다는 점이다. 합병증은 매우 다양하다. 그중에는 통증, 알레르기 반응, 미용상 보기 싫은 흉터, 심지어 간염과 에이즈 같은 심각한 감염도 포함된다. 아기들이라고 해서 이런 부작용을 피해갈 수 있는 것은 아니다. 아기들은 감염에 더욱 취약하므로 부모들은 이런 점을 고려해서 더욱 주의를 기울여야 한다. 또한 아기가 바닥에 떨어진 귀걸이를 발견했을 때 무심코 집어삼킬 수 있다는 점도 생각해야 한다.

　이런 위험성에도 불구하고 시술을 제대로 하고 상처를 잘 관리하기만 한다면 귀 뚫기는 안전하다. 많은 권위 있는 기관들에서 나온 권고 가운데 가장 명확한 것은 미국 소아과학회에서 발표한 것으로, 나이에 상관없이 '아무 때나 귀를 뚫어도 될 것'이라고 한다. 미국 소아과학회는 감염과 귀 뚫기에 관한 보도 자료를 통해 귀를 뚫는 과정과 시술 환경의 중요성도 강조한다. 귀 뚫는 시술과 시술 후 관리를 조심스럽고 세심하게 한다면 나이에 상관없이 누구에게나 별다른 위험은 없다. 그러나 일반적으로 아이가 시술 부위를 스스로 관리할 수 있을 만큼 충분히 성장했을 때까지 미루는 것이 가장 좋을 것이다.

 꼭 기억해야 할 것

만일 아기의 귀를 뚫는 것이 가족이나 문화적 전통이라면 굳이 하지 말아야 할 과학적 이유는 없다. 위생적인 환경에서 시술하고 시술 후 관리 방법을 안내해 줄 수 있는 전문가에게 맡기는 것이 중요하다. 미국 소아과학회에서는 의사나 간호사 또는 능숙한 기술자에게 시술을 맡기라고 권한다. 아기가 2차 예방 접종을 모두 마치고 담당 소아과 의사가 아기의 전반적인 건강 상태가 양호하다고 확인해줄 때까지 기다리는 것도 좋은 방법이다.

혹시 나도
산후 우울증일까?

자신이 산후 기분 장애, 특히 산후 우울증(postpartum depression)을 앓고 있는지 어떻게 알 수 있을까? 출산 이후 우울감을 느낀다면 바로 전문가의 도움을 받는 것이 나을까? 아니면 누구나 느낄 수 있는 감정이므로 너무 걱정하지 말고 마음을 편안히 갖는 것이 좋을까?

 ## 너무 걱정할 필요 없다 VS 전문가의 도움을 받자

너무 걱정할 필요 없다 | 출산한 지 얼마 안 된 여성들은 대개 수시로 우울감을 느낄 수 있다. 우울하다고 느끼는 것은 지극히 정상적인 과정이고, 산후 우울증까지 가는 경우는 생각보다 드물다. 그러니 미리

걱정할 필요가 없다. 지금 당장 해결하려고 애쓰지 말고 조금 더 인내심을 가지자.

전문가의 도움을 받자 | 대부분의 여성이 일종의 산후 우울 기분(post partum blues)을 경험한다는 것은 사실이지만 그것은 산후 우울증과는 다르다. 산후 우울증은 심신을 미약하게 만들고 산모뿐만 아니라 아기와의 관계에도 심각한 영향을 미칠 수 있다. 만약 약간의 증상이라도 나타나는 것 같다면 당장 도움을 구해야 한다. 전문가의 개입이 큰 도움이 될 수 있다.

 과학이 말해주는 것

전문가들은 산모의 60~80%가 감정 기복, 짜증, 불안감, 집중력 감퇴, 전반적 기분 저하 등의 증상을 보이는 '산후 우울감(baby blues)'을 경험한다고 추정한다. 이 증상은 출산 후 2주 정도까지 지속될 수 있다.

반면, 산후 우울증은 산후 우울감과 몇 가지 같은 징조와 증상을 보이기도 하지만 훨씬 심각하고 오랜 기간 지속된다. 일반적으로 증상이 2주 이상 지속된다면 단순한 우울감이라고는 할 수 없을 것이다. 산후 우울증을 겪게 되면 심신이 완전히 허약해질 수도 있다. 만일 우울감의 정도가 심하고 만성적으로 나타난다면 엄마와 아기 사이의 유대감 형성이 어려워지고 아기의 신체적·정신적·정서적 발달을 저해할 수도 있다. 극단적인 산후 우울증으로 자살과 영아 살해가 일어날 잠재적 위험도 있고, 물론 매우 드물기는 하지만 산모가 편집증, 망상, 환각 등의 산후 정신병을 앓기도 한다.

미국에서는 초산 산모 중 8~20%가 산후 우울증에 시달리는 것으로 추정된다. 산후 우울증이 굉장히 드문 질환은 아니라는 의미이다. 사실 우울증은 임신 출산과 관련해 가장 흔히 나타나는 합병증으로 여겨진다.

산후 우울감은 일반적으로 증상이 가볍고 기간도 짧으며 아기를 돌보는 일과 같은 기본적인 기능을 방해하지는 않는다. 그러나 산후 우울증은 일상생활을 매우 어렵게 만들 수도 있다. 인터넷으로 간단히 검색해보면 산후 우울증임을 나타내는 지표 증상을 쉽게 찾아볼 수 있다. 하지만 여기서는 특별히 유의해야 할 몇 가지 증상만 소개하겠다. 평소에 즐기던 활동에 대한 흥미가 감소하고, 아기와의 유대감 형성이 어렵고, 가족이나 친구를 피하게 되고, 아이를 돌보는 자신의 능력에 대해 의심이 들고, 자해하거나 아기에게 상해를 가하는 상상을 한다면 산후 우울증을 의심해야 한다.

다행인 것은 산후 우울증을 겪는 여성의 90%가 약물치료나 약물과 심리치료의 병행으로 치료될 수 있다는 점이다. 심지어 항우울제를 복용하더라도 모유 수유를 계속할 수 있다. 약물치료를 받는 여성 중에는 모유 수유를 중단하는 사람도 있지만, 그런 결정을 내리기 전에는 먼저 의사와 상의하는 것이 좋다. 우울증 약을 먹는 동안에도 약의 종류에 따라 모유 수유를 계속할 수 있기 때문이다. 모유 수유에 영향을 미치는 약물에 관한 정보는 미국 국립보건원의 약물과 모유 수유에 관한 온라인 데이터베이스 'LactMed'에서 얻을 수 있다.

한편, 어떤 학자들은 '아버지 산후 우울증'이라는 것이 있다고 한다. 처음으로 아버지가 된 남성들이 슬픈 감정, 피로감, 불안감, 수면 장애 등의 증상을 겪는 것을 가리킨다. 과거에 우울증을 앓았던 경험이 있거나 현재 경제적으로 힘들거나 대인관계에 문제를 겪고 있는 남성들에게 특히 잘 나타난다.

 ## 꼭 기억해야 할 것

산후 정기 검진 시 담당 산부인과 의사가 산후 우울증이나 다른 산후 기분 장애가 있는지 확인할 것이다. 그리고 많은 소아과 의사들도 아기 엄마의 증상을 잘 살필 것이다. 미국 소아과학회는 소아과 의사들에게 엄마의 정신건강 상태를 확인하도록 장려하고 있으며, 미국의 많은 주에서는 메디케이드Medicaid(미국의 저소득층 의료보험제도-옮긴이)로 산후 검사 비용을 처리하게 한다. 그러나 의사에게만 전적으로 의존할 수는 없다. 안타깝게도 산후 우울증에 관해 충분히 이야기해 주지 않는 의사들도 많다. 그러므로 출산 후 몇 주 동안 스스로 자신의 몸과 마음에 일어나는 변화에 주의를 기울이는 것이 중요하다.

만일 자신에게 산후 우울증 증상이 있다고 하더라도 많은 여성이 산후 우울증을 겪는다는 점을 기억하자. 그 또한 출산의 한 부분이다. 분명 유쾌한 경험은 아니지만 엄마로 살면서 겪는 인생의 일부일 뿐이다.

산후 우울증은 곧바로 대처하는 것이 매우 중요하다. 몸의 경고 신호를 알아차렸다면 곧바로 산부인과 의사나 주치의, 소아과 의사 또는 정신건강 전문가를 찾아가야 한다. 산후 우울증을 겪는 이들 중 대다수가 성공적으로 치료를 받고 정서적 건강을 완전히 회복해 자녀와 함께 잘 살아갈 수 있다. 그러므로 자신의 상태를 주변에 빨리 알리고 도움을 구할수록 더 빨리 상태가 좋아지기 시작하고, 아이와도 더욱 완전한 유대관계를 형성할 수 있으며, 부모로서의 새로운 역할을 충실히 수행할 수 있다.

혹시 자해하거나 아기에게 상해를 입히는 생각을 하고 있다면 즉시 도움을 구해야 한다. 남편이나 가족에게 도움을 요청하거나 지역 구급 전화번호로 전화해야 한다.

만약 이 책을 읽고 있는 여러분이 산후 우울증을 겪고 있을지도 모르는 누군가의 남편이라면, 여성 대부분이 자신이 우울하다는 것을 인지하지 못할 수도 있다는 점을 명심하자. 여러분의 아내는 괜찮다고 말할지도 모른다. 그러나 곁에서 지켜봤을 때 경고등에 불이 들어온 것 같다고 느껴진다면 상황이 나아지는지 기다려 보자는 식으로 접근해서는 절대 안 된다. 많은 여성들이 시간이 지날 때까지 자신이 산후 우울증이라는 것을 깨닫지 못하고, 힘겨운 일들을 겪고 나서야 더 일찍 도움을 받을 수 있었다면 좋았을 것이라고 후회한다.

PART 3

육아용품

베이비파우더는
안전할까?

활석 가루(탈크talc)를 함유한 베이비파우더의 부작용에 대한 논쟁과
소송이 오랜 기간 지속되고 있다. 베이비파우더의 주요 성분인 탈크
입자가 발암 의심 물질이라는 사실이 알려지면서 제품의 안전성에 대
한 우려가 커졌다. 우리 아기에게 베이비파우더를 사용해도 될까?

 ## 사용해도 된다 VS 위험하다

사용해도 된다 | 베이비파우더는 수분을 흡수하여 아기 피부가 기저
귀에 닿을 때 생기는 마찰을 줄여준다. 따라서 기저귀 발진을 방지하
기 위해 사용할 수 있는 매우 좋은 도구 중 하나이다. 그래서 수십 년

동안 많은 부모들이 베이비파우더를 사용해온 것이다.

위험하다 │ 베이비파우더가 오랫동안 사용되어 온 것은 사실이지만 최근 베이비파우더가 아기에게 위험하다는 사실이 알려졌다. 베이비파우더에 들어 있는 활석 가루가 아기의 호흡기로 들어가면 폐가 크게 손상될 수 있고, 심지어 암을 일으킬 수도 있다.

 ## 과학이 말해주는 것

미국 소아과학회에서는 어떤 종류의 베이비파우더도 사용하지 말라고 경고한다. 베이비파우더가 꼭 필요한 것도 아닐뿐더러 아기에게 매우 위험할 수도 있기 때문이다. 아기가 베이비파우더 속의 활석 가루 입자를 흡입한다면 심한 폐 손상과 호흡 장애가 일어날 수 있다. 호흡기 문제만 있는 것이 아니다. 미국 암학회는 베이비파우더가 생식기에 묻으면 활석 가루로 인해 난소암이 발생할 수 있다고 발표했다.

 ## 꼭 기억해야 할 것

사람들은 베이비파우더 하면 아마 달콤하고 은은한 아기 냄새와 기분 좋게 보송보송한 아기의 엉덩이를 떠올릴 것이다. 그러나 베이비파우더가 아기에게 위험할 수 있다는 점을 기억해야 한다. 물론 시중에는 활석 가루가 들어가지 않은 파우더도 있다. 하지만 옥수수 전분으로 만든 파우더라 할지라도 아기의 호흡기로 들어가 호흡 장애를 일으킬 수 있는 건 마찬가지다. 게다가 사실 베이비파우더가 꼭 필요한 것도 아니다. 기저귀 발진을 해결할 수 있는 더 안전하고 더 효과적인 방법들도 있기 때문이다. 아기의 기저귀가 젖었거나 더러워지면 바로바로 갈아주고, 향을 첨가하지 않은 천이나 젖은 천으로 아기 엉덩이를 부드럽게 닦아주고, 엉덩이를 말려주거나 마를 때까지 기다린 후에 새 기저귀를 채워주는 것이다. 그런데도 발진이 주기적으로 발생한다면 병원에서 연고를 처방받아 사용하는 것이 좋다. 이렇게 하면 굳이 파우더를 사용할 필요가 없다.

하지만 아기에게 이미 베이비파우더를 사용하고 있다고 해도, 죄책감을 느끼거나 너무 걱정할 필요는 없다. 이제라도 아기 엉덩이가 늘 보송보송하고 발진이 생기지 않도록 하는 더 안전한 방법을 알았으니 말이다.

자외선 차단제를
사용해도 될까?

야외 활동 시 아기의 피부가 햇볕에 손상되지 않도록 보호해야 한다
는 것은 모두 잘 아는 사실이다. 그렇다면 아기 피부를 보호하는 방법
으로 자외선 차단제를 사용해도 될까? 자외선 차단제의 이점보다 위
험성이 더 크지는 않을까?

 꼭 사용해야 한다 VS 사용하지 않는 것이 좋다

꼭 사용해야 한다 | 자외선 차단제는 아기에게 꼭 필요한 용품이다.
아기 피부는 어른보다 훨씬 예민하므로 그늘에 머무르게 하는 것이
가장 좋은 방법이지만, 일단 야외에 나가면 언제든 햇볕에 노출될 수

있으므로 자외선 차단제를 사용하는 것이 좋다.

사용하지 않는 것이 좋다 | 자외선 차단제 사용은 되도록 피하는 것이 좋다. 자외선 차단제에 함유된 화학성분이 피부 염증과 그 외 다른 의도치 않은 부작용을 일으킬 수 있다. 아기와의 외출 시에는 차라리 옷으로 완전히 가리고 되도록 그늘을 벗어나지 않게 하자.

 ## 과학이 말해주는 것

햇볕은 피부를 상하게 하고, 아주 심각한 경우 피부암 같은 문제를 유발할 수도 있다. 아기의 피부는 아직 충분히 발달하지 않았기 때문에 자외선 같은 위험 요소를 차단할 수 없고, 그래서 더욱 햇볕에 취약하다. 게다가 자외선에 노출되는 시기가 빠르면 빠를수록 피부 손상이 더 심할 수 있다. 그러므로 전문가들은 자외선으로부터 아기 피부를 보호하는 것이 매우 중요하다고 강조한다.

그렇다고 자외선 차단제가 정답인 것은 아니다. 적어도 생후 6개월 이전에는 자외선 차단제 사용을 피해야 한다. 아기들은 체질량이 낮으므로 화학물질이 피부로 흡수될 가능성이 어른에 비해 크고, 흡수된 화학물질을 물질대사를 통해 배출할 수 있는 능력이 아직 충분히 발달하지 않았다. 이것은 피부색이나 인종, 민족적 배경에 상관없이 모든 아기에게 적용된다. 이런 위험 때문에 미국 소아과학회와 질병통제예방센터, 미국 피부과학회 등 여러 기관에서는 적어도 6개월이 될 때까지는 아기에게 자외선 차단제를 사용하지 말라고 권고한다.

 ## 꼭 기억해야 할 것

아기와 함께 야외에 나갈 때 가장 우선시해야 할 일은 아기의 피부를 햇볕으로부터 보호하는 것이다. 챙이 있는 모자와 옷으로 피부를 최대한 가려주고, 되도록 그늘을 벗어나지 않는 것이 가장 이상적이다. 이 규칙은 영유아기뿐만 아니라 아동기에도 지켜야 하고, 특히 아이의 피부가 하얀 편이라면 더욱 명심해야 한다. 또한 아기가 어릴수록 햇볕에 피부가 더 많이 손상될 수 있다는 점도 기억하자.

　생후 6개월 미만의 아기는 그늘에 가만히 있게 하는 것이 어렵지 않을 것이다. 그러나 아이가 움직이고 기어 다니고 드디어 걷기 시작하면 아이를 그늘에 둘 수만은 없을 것이다. 그럴 때는 확실히 자외선 차단제를 사용해야 한다. 하지만 가능하다면 햇볕에 직접 노출되는 시간을 최소화하는 것이 가장 좋다. 자외선 차단제 중 어떤 제품이 아이의 피부 건강에 더 좋은지 조사하고, 소아과 의사와 상담해야 할 부작용이 일어나지는 않는지 항상 잘 살피자.

벌레 기피제,
아기에게 사용해도 될까?

벌레 기피제의 주요 성분은 '디트DEET'라는 화학물질이다. 디트는 벌레를 직접 죽이는 것은 아니지만 벌레가 우리 피부에 닿지 않도록 접근을 차단해서 벌레에 물리지 않게 해준다. 디트가 매우 효과적인 성분이라는 것은 이미 증명되었지만, 이 성분이 들어 있는 제품을 아기에게 사용하는 건 꺼림칙하다. 벌레 기피제, 아기에게 사용해도 괜찮을까?

💬 **사용해도 된다 VS 사용하면 안 된다**

사용해도 된다 | 요즘 판매되는 벌레 기피제는 안전성 확인을 위해 감

독기관의 테스트를 거치기 때문에 크게 걱정할 필요는 없다. 벌레 기피제는 당신의 아기가 병이나 염증을 일으킬 수 있는 벌레에 물리지 않도록 막아줄 것이다.

사용하면 안 된다 | 벌레 기피제는 민감한 아기 피부 속으로 흡수될 위험이 있는 화학물질을 기반으로 한다. 화학물질이 아기의 혈액 속으로 스며드는 위험을 감수하기보다 될 수 있으면 아기를 실내에 머물게 하는 것이 낫다.

 과학이 말해주는 것

디트는 화학에서 'N, N-디에틸-메타-톨루아미드(N, N-diethyl-meta-toluamide)'라고 불리는 물질인데, 지난 몇 년 동안 이 화학물질을 함유한 벌레 기피제에 관한 과학적 사실들이 확실히 밝혀졌다. 벌레 기피제 사용에 대한 설문조사에서 디트를 함유한 벌레 기피제를 사용하지 않는다고 응답한 미국인은 전체의 25%지만 이 문제는 더는 논란의 여지가 없다. 설명서대로만 사용한다면 안전하다는 것이 연구를 통해 분명히 밝혀졌기 때문이다. 많은 연구 결과들이 이를 뒷받침하고 있고, 심지어 일부 과학자들은 디트를 벌레 기피제의 최적 표준이라고 일컫는다.

디트가 소아 발작과 연관이 있다는 연구 결과가 있지만, 연구 논문을 자세히 검토해보면 디트를 사용하기 시작한 1950년대부터 벌레 기피제를 피부에 뿌렸을 때 발작이 보고된 사례는 단 10건뿐이고, 1992년 이후로는 보고된 사례가 없다. 논문의 저자들은 발작 증세가 3~5%의 아동들에게 발생한 것이기 때문에 "몇몇 사례는 우연히 일어났다고 해도 이상하지 않을 것"이라고 덧붙였다. 다시 말해 발작과 디트가 유의미한 상관관계가 있는 것은 아니라는 의미이다.

지난 20여 년 동안 과학계 내부의 의견은 대부분 디트가 어른이나 아이 모두에게 안전하다고 보는 입장으로 수렴되었다. 그러나 생후 2개월 미만의 신생아는 예외다. 여러 기관에서 갓난아이들에게는 벌레 기피제를 사용하지 말라고 경고한다. 그런 경고와는 별개로 설명서대로 안전하게 사용했을 때 디트의 무해성은 미국 질병통제예방센터, 소아과학회, 환경보호국, 미 보건복지부 독성물질질병등록국이 이미 인정했다.

 꼭 기억해야 할 것

아기가 생후 2개월 미만이라면 벌레 기피제는 아예 사용하지 않는 것이 좋다. 대신 필요하다면 외출 시 유모차 위로 옷이나 모기장을 장막처럼 씌우면 된다. 그러나 아이가 2개월 이상이 되면 사용 설명서와 주의 사항을 잘 따른다는 전제하에 디트 함유 제품을 사용해도 괜찮다.

아기 띠는
안전할까?

최근 수십 년 사이, 부모들이 포대기나 아기 띠 같은 일종의 아기 운반구運搬具를 이용해 아기를 안거나 업고 다니는 것이 당연한 일이 되었다. 아기 띠나 포대기를 사용하는 것은 전 세계 여러 문화권에서 이미 수백 년 동안 행해지고 있는 관습이지만, 어떤 사람들은 부모와 아기 사이의 관계뿐만 아니라 아기의 신체 건강에 미치는 영향에 대해 우려하기도 한다.

 좋은 점이 많다 VS 우려되는 점도 있다

좋은 점이 많다 | 아기 띠 사용은 아기와의 친밀감을 높일 수 있는 아

주 좋은 방법이다. 아기가 부모의 움직임에 맞춰 적응할 수 있게 하면서 부모는 아기의 요구를 놓치지 않고 적절히 대응할 수 있다. 따라서 아기의 스트레스 지수가 낮아지고 신경질적인 아이가 되는 것을 막아준다. 아기가 배고프거나 심심하거나 기저귀가 젖었다는 것을 부모에게 알리면 부모가 곧바로 대응할 수 있는 신속한 '피드백 순환 고리'는 아기와 부모 사이의 신뢰감을 높여줄 수 있다.

아기 띠 착용은 모유 수유에 수반되는 특별한 유대감을 얻을 수 없는 아빠나 할아버지, 할머니, 또는 다른 양육자에게도 매우 강력한 효과가 있다. 아기 띠를 매면 아기를 행복하게 해주면서 아기와 가까이 있을 수 있고, 또한 손이 자유로워서 다른 자녀를 돌보거나 집안일을 할 수 있다는 장점도 있다.

우려되는 점도 있다 | 꼭 아기를 안거나 업지 않더라도 아기와 가까워질 수 있는 방법은 많다. 항상 아기 띠로 안고 다니면 아기가 자연스럽게 기거나 걷는 기술을 배우려는 욕구를 막을 수 있다. 게다가 안기거나 업히는 데 익숙해진 아기는 혼자 서게 되었을 때 독립심이 떨어지고 부모에게서 잘 떨어지려 하지 않을 수도 있다. 또한 잘못된 자세로 아기 띠를 착용하면 아기의 엉덩이, 무릎, 척추, 목, 혈액 순환에 문제가 생길 수 있으며 부모는 심한 허리 통증을 느낄 수 있다. 그뿐만 아니라 아기의 몸이 너무 바짝 조여지거나 체온이 높아질 수 있고 심지어 숨이 막힐 수도 있다.

과학이 말해주는 것

아기를 자주 안아주거나 아이와 맨살 접촉을 하면 여러 면에서 긍정적이라는 것이 많은 연구를 통해 입증되었다. 아기 띠를 사용하는 것은 아기와 직접 피부를 맞대는 것은 아니지만 이른바 '안아주기 보충'을 하는 기회가 되는 것이 사실이다. 수유하기 위해 안거나 아기가 울면 달래주기 위해 안아주는 것 외에 추가로 아기를 안아줄 수 있다는 의미이다. 여러 연구 논문에서 엄마가 아기를 안고 앉아있을 때보다 안고 걸어 다닐 때 아기가 덜 울고 더 얌전해지고 심장박동이 느려진다고 주장하고 있다. 이와 같은 진정 효과의 이유로 연구자들은 엄마가 아이를 안고 걸어 다닐 때 일어나는 중추신경계, 운동계, 순환계 사이의 협응력을 지목하고 있다(이 연구들은 엄마와 아기의 상호작용을 살펴보고 결론을 도출했지만, 아빠나 다른 보호자에 대해서도 비슷한 결과가 나올 것으로 추정된다).

아기 띠를 사용해 아기를 안으면 직접적인 맨살 접촉은 없더라도 많은 이점이 따라온다는 보고가 있다. 먼저, 모유 수유율이 높아지고 아기의 복통 발생률은 줄어든다. 아기를 눕히는 것보다 아기 띠로 안아줄 때처럼 똑바로 세운 자세를 유지했을 때 위식도역류로 생기는 구토, 기침, 호흡 곤란이 상당히 완화되었다. 게다가 아기 띠를 착용하는 것은 엄마와 아기 사이의 유대감을 높여주고 아기의 신체 발달을 자극할 수 있는데, 특히 조산아의 경우 이런 효과가 두드러진다. 아기와 피부를 맞대는 경험은 엄마의 산후 우울증을 감소시킬 수 있는 잠재력도 가지고 있다. 특정 유형의 마사지 치료가 아기의 신체 발달을 촉진한다는 것은 이미 과학적으로 확인되었는데, 아기 띠로 아기를 안는 것에 비슷한 효과가 있는지는 아직 정확히 입증되지 않았지만, 아기 띠로 적당히 압박하는 것이 마사지 치료와 비슷한 효과가 있음을 시사하는 연구 결과도 있다. 특히 부모가 아기 띠로 아기를 안고 있으면서 아기의 손과 발, 팔과 머리 등을 만지면 효과가 더욱 커진다고 한다.

여러 장점에도 불구하고 아기 띠는 착용자에게 허리 통증을 일으킬 뿐만 아니라, 아기에게는 신체 정렬 이상, 혈액 순환 장애, 체온 상승 등의 문제를 일으킬 수 있다. 그러나 아기 띠 옹호자들은 몇 가지 주의사항만 잘 따른다면 이런 위험을 피할 수 있다고 말한다.

육아와 관련된 불필요한 걱정 중 하나가 아기를 자주 안아주거나 아기 띠로 지속적인 밀착감을 형성하면 아이가 부모에게서 잘 떨어지려 하지 않거나 의존적인 아이로 자랄 수 있다는 걱정이다(259쪽 '아이를 어떻게 훈육해야 할까?' 편 참조). 하지만 수십 년간 진행된 과학적 연구에 따르면 아기의 요구에 부모가 즉각적이고 적절한 대응만 한다면, 오히려 독립심 강하고 자립심 있는 아이로 자랄 수 있다고 한다.

 꼭 기억해야 할 것

올바르고 안전하게 착용하기만 한다면 아기 띠는 부모와 아기 모두에게 유익하다. 우선, 아기가 덜 울고 배앓이 걱정도 줄일 수 있다. 아기와 부모 간의 유대감이 높아지고 애착이 형성되어 인지 발달과 사회성 발달에도 도움이 된다. 아기는 정서적으로 안정감을 느낄 수 있고, 엄마는 손이 자유로워지므로 아기에게 안정과 행복을 주는 동시에 집안일을 하거나 다른 자녀를 돌볼 수 있다. 엄마의 산후 우울증과 불안감을 줄이는 데도 도움이 되고, 심지어 모유 수유를 더 원활히, 더 오래 할 수 있게 해준다.

이렇게 여러 장점을 나열했지만, 아기가 첫돌이 될 때까지 계속해서 아기 띠로 안아줘야 하는 것은 아니다. 아기 띠 착용이 부모에게는 불편하고 피곤한 일이 될 수 있다. 아기가 성장할수록 더욱 그럴 것이기 때문에 부모 스스로 판단해서 자신의 건강도 잘 돌봐야 한다. 작고 귀여운 발을 앞뒤로 흔들던 조그만 아기가 어느 순간 몸집이 커져 긴 다리로 세게 발길질하기 시작할 것이다. 그때가 되면 아기 띠 사용을 중단하기로 결심해야 할지도 모른다.

아기 띠나 포대기 같은 아기 운반구로 아기를 안거나 업고 다니는 것에 뚜렷한 장점이 있는 것은 사실이지만, 아기가 운반구에서 떨어지거나 다치거나 심지어 부모의 품 안에서 사망할 수 있는 위험성도 있다는 사실 또한 기억할 필요가 있다. 미국 소비자제품안전위원회에 따르면 2003년부터 2016년까지 미국에서 아기 운반구 착용과 관련된 안전사고로 17명의 아기가 사망했다. 그래서 전문가들은 '아기 운반구 착용 시 주의해야 할 우선 사항 다섯 가지'를 제안했고, 이것은 기억하기 쉽도록 머리글자를 따서 '틱스 규칙(TICKS rules)'이라 불리고 있다.

T (Tight)	단단히 매기
I (in View)	아기와 마주 보도록 착용해서 아기를 항상 시선 안에 두기
C (Close)	입맞춤할 수 있을 만큼 가까이 안기
K (Keep)	아기 턱이 엄마 가슴에서 떨어지도록 거리 유지하기
S (Support)	아기 등 받쳐주기

틱스 규칙에 덧붙여 또 한 가지, 아기를 안은 채 요리하거나 불 가까이 가지 말아야 한다는 것도 꼭 기억하자. 마지막으로, 아기 띠 사용에 대한 확신이 서지 않거나 조언이 필요할 때는 항상 담당 소아과 의사와 상담하도록 하자.

 ## 브라이슨 박사가 엄마들에게

나는 아기 띠로 아기를 안는 것을 무척 좋아했다. 손을 자유로이 쓸 수 있어 큰아이를 돌볼 때 실용적이었다. 그러나 무엇보다 아기가 태어난 후로 몇 달 동안 내 품에서 편안하고 안전하게 있는 것 같아 기분이 좋았다.

그러나 아기의 몸집이 점차 커지면서 완전히 기진맥진하게 되는 때가 많아졌다. 나는 키가 163cm밖에 되지 않지만 아빠의 키가 188cm이어서 그런지 아이들 모두 키가 크고 다리가 길었다. 아이들뿐만 아니라 나도 베이비본(스웨덴의 유아용품 브랜드 - 옮긴이) 아기 띠나 포대기로 아기를 안는 것을 좋아했지만 어느 순간 내 몸을 위해 사용을 중단해야 했다. 게다가 아기 띠를 착용했을 때 아기 다리가 엄마 무릎까지 내려온 모습이 남들에게는 분명 이상해 보이리라 생각했다. 그래서 그때부터는 유모차를 훨씬 더 자주 사용하기 시작했다.

아이마다의 개인차도 있다. 막내는 걷기 시작한 지 꽤 되었는데도 여전히 아기 띠로 안거나 유모차에 태우면 얌전히 있었다. 아니 오히려 좋아했다. 하지만 아기 띠나 포대기로 안겨있는 것이 갑갑해서 자꾸만 칭얼대거나 몸을 뒤트는 아이들도 있을 것이다.

카시트는
꼭 필요할까?

아이의 안전을 위해 차량에 설치하는 카시트. 이제는 선택이 아닌 필수가 된 육아용품이지만, 카시트의 안전성에 의심을 품는 사람들도 있다. 이것은 합리적인 의심일까? 또한 카시트를 사용할 때 우리가 정말 주의해야 할 점은 무엇일까?

 ## 꼭 사용해야 한다 VS 안전하지 않을 수도 있다

꼭 사용해야 한다 | 부모라면 누구나 아이의 안전을 위해 나이와 체격에 맞는 카시트를 올바르게 설치하고, 사용 수칙을 주의해서 따라야 한다.

안전하지 않을 수도 있다 | 카시트의 구매와 설치, 사용에 관한 안내 지침은 너무 까다롭고 복잡해서 이해하기 어렵고, 그대로 따라 하려면 시기에 따라 카시트를 교체하는 비용도 너무 많이 든다. 또한 사람들이 알고 있는 것만큼 카시트가 안전하지 않을 수도 있다.

 ## 과학이 말해주는 것

지난 15년 동안 카시트의 전반적인 필요성에 대한 논의가 이어져 왔지만, 생후 12개월 미만의 아기에 대해서 중점적으로 다뤄진 연구는 거의 없었다. 신생아는 몸무게 중 머리가 차지하는 비율이 크기 때문에 차의 움직임에 따라 몸이 앞으로 쉽게 쏠린다. 그래서 전문가들은 신생아 카시트의 경우 반드시 뒷자석에 뒤보기로 장착하라고 권고한다. 이런 주장을 반대할 만한 과학적 증거나 의견은 아직 없다. 아기를 무릎에 앉히거나 앞보기로 카시트에 앉히는 것은 위험천만한 행동이다. 반드시 뒤보기로 설치된 카시트에 앉혀야만 만약의 사고가 나더라도 아기의 생명을 구할 수 있다.

카시트의 안전성에 대해 의문을 품는 사람들이 있다. 차 안에 카시트를 장착했는데도 사고 시 부상을 당하거나 사망에 이른 사례도 많다는 것이 그들의 주장이다. 하지만 여러 연구에서 공통적으로 강조하고 있는 한 가지 중요한 사실은 카시트를 올바르게 설치해서 사용하는 부모가 많지 않다는 점이다. 최근 한 연구에서 신생아 병동을 나온 291명의 아기와 그 가족을 조사한 결과, 95%가 배치나 장착 면에서 카시트를 잘못 사용하고 있었다. 연구진이 그중 '심각하게 잘못된 사용'이라고 지적한 사례도 91%에 이르렀다. 다른 연구에서도 비슷한 결론이 도출되었고, 구체적인 비율은 다르지만, 아기 카시트를 사용하거나 설치하는 방법이 광범위한 문제가 되고 있다는 연구 결과를 뒷받침하고 있다.

카시트를 잘못 사용해 일어난 사고는 카시트의 장착 위치, 자동차에 단단히 고정하는 정도, 설치 각도, 아기를 카시트에 앉히는 방식, 카시트의 구조적 결함 여부 등과 관련해서 발생하고 있다.

 ## 꼭 기억해야 할 것

부모로서 가장 먼저 해야 할 일은 무엇보다 아이의 안전을 지키는 것이다. 아이를 차에 태울 때마다 카시트에 앉히는 것은 권고 사항이 아니라 부모의 법적 책임이다. 아기에게 최선의 안전을 보장해주기 위해 반드시 사용 수칙에 따라 카시트를 올바르게 설치하고 아기를 정확한 위치에 앉혀야 한다.

도움이 필요하다면 온라인에서 정보를 충분히 얻을 수 있고, 대부분의 카시트 브랜드에서는 카시트 이용 편의 및 장착률 증진을 위해 올바른 카시트 사용법을 홍보하고 있다. 카시트를 구입하면 우리가 가장 먼저 해야 할 일은 매뉴얼에 따라 장착 위치, 고정 정도, 설치 각도, 아기를 앉히는 방식 등을 정확하게 숙지하는 것이다. 이 점을 항상 기억하자.

 브라이슨 박사가 엄마들에게

나는 내가 아닌 다른 사람이 우리 아이를 카시트에 태울 때면 항상 까다로운 완벽주의자처럼 굴었다. 아이가 카시트에 이미 앉았는데도 내가 다시 뒷좌석으로 가서 확인하는 다소 불편한 순간들도 있었다. 그러나 사람들이 내가 너무 예민하게 군다고 생각한다 해도 상관없었다. 아이에게 일어날 수 있는 위험 가능성을 최대한 줄이기 위해서는 내 눈으로 직접 확인해야 더 안심이 되었기 때문이다. 남들이 지나치다고 생각하더라도 아기를 보호하는 데 도움이 되는 것이라면 무엇이든 최선을 다하는 것이 옳다.

보행기는
위험할까?

유아용 보행기가 유아 부상 사고를 일으키고 유아의 정신 및 신체 발달에 지장을 주기 때문에 제조 및 판매를 금지해야 한다는 주장이 나온다. 엄마들에게 인기 있는 육아용품이었던 보행기가 실제로 정말 그렇게 위험한 것일까?

💬 위험하다 VS 안전하게 사용할 수 있다

위험하다 | 미국 소아과학회에서 보행기 사용 전면 금지를 요구해온 이유가 있다. 보행기 사용 시 여러 위험이 발생할 수 있는데, 예를 들어 아기가 보행기를 탄 채로 계단에서 구르거나 무엇인가에 걸려 넘

어질 수 있고, 뜨거운 가스레인지나 식칼, 가정용 유독성 화학물질 등 보행기가 아니면 접근할 수 없는 물건을 만질 수도 있다. 보행기를 자주 타는 아기는 스스로 기지 않으려고 해서 그만큼 걸음마를 배우는 데 방해가 되고 신체 발달이 지연될 수 있다.

안전하게 사용할 수 있다 | 보행기는 자전거의 보조 바퀴와 같다. 중요한 목적을 향해 나아갈 때 훌륭한 중간 단계가 되어 준다. 예전에는 보행기가 위험했지만, 요즘은 출입문을 통과하지 못하도록 보행기 폭에 대한 규격이 정해졌고, 계단 아래로 구르는 것을 예방하기 위한 특별 감지 장치 등 안전조치가 마련되었다. 게다가 보행기 관련 안전사고가 계속 줄어든다고 보고되었다. 보호자가 적절히 감독하기만 한다면 걸음마를 배우는 데 도움이 되는 재미있는 경험을 마다할 이유가 없다.

 과학이 말해주는 것

보행기와 관련된 위험이 매우 크기 때문에 미국 소아과학회는 보행기에 대한 판매 금지를 요구했을 뿐만 아니라 부모들에게는 이미 가지고 있는 것도 버리라고 권고한다. 많은 연구 결과들이 한때 인기 있는 육아용품이었던 보행기가 여러 면에서 매우 위험하다는 주장을 뒷받침하고 있다. 최근 한 조사에 따르면, 1990년부터 2014년까지 보행기 안전사고로 치료를 받은 15개월 미만의 아기는 25만 명이었다. 대부분 머리와 목을 다쳤고, 보행기에 앉은 채로 계단에서 떨어져서 다친 경우가 압도적으로 많았다. 병원에 입원한 아이들 가운데 3분의 1 이상은 두개골 골절이었다.

조금 안심할 만한 소식은 2010년 미국 연방정부에서 보행기 제조에 관한 의무 안전 기준을 마련했고, 그 후로 몇 년 동안 안전사고 평균 건수가 23% 가까이 감소했다는 점이다. 이것이 조금 안심할 만한 소식밖에 안 되는 이유는 사고 건수가 더는 줄지 않았기 때문이다. 2018년 발표된 한 연구 논문의 저자들이 밝혔듯이, 보행기는 여전히 중요하고 예방 가능한 어린이 안전사고의 원인 중 하나이다.

보행기를 반대하는 사람들의 또 다른 주장은 발달 지연과 관련이 있다. 아기는 기어 다니면서 다양한 운동 기능을 발달시킬 충분한 시간을 가져야 하는데, 많은 시간을 보행기에서 보내는 아이는 그런 경험을 하지 못해 발달이 지연될 수 있다는 것이다. 이 주장을 뒷받침하는 연구에 대해 방법론적인 우려가 제기되었지만 보행기 사용으로 걷기에 필요한 운동 기술 발달이 지연될 수 있다는 것은 입증된 셈이다.

 꼭 기억해야 할 것

아기를 보행기에 태우는 것은 좋은 생각이 아니다. 매우 조심하고 경계를 늦추지 않는다고 해도 부모의 신경이 분산되거나 잠시 한눈을 파는 사이에 사고가 발생할 수 있다. 차라리 한 자리에서 재미있게 회전하거나 방방 뛰거나 벨을 누르면서 활동적으로 놀 수 있는 고정식 놀이기구 구매를 고려해보자. 그렇다고 그런 장치에 너무 의존하지는 말자. 아기가 많은 시간을 네 발로 기어 다니며 보내게 하자. 많이 기어 다니고, 재빨리 움직이고, 몸을 일으켜 세우고 그래서 마침내 걷는 법을 터득하게 하자.

 ## 브라이슨 박사가 엄마들에게

아이들이 아기였을 때 우리 집에는 보행기가 없었다. 대신 아이들이 레버를 잡아당기고 조작하고 방방 뛰고 앞뒤로 흔들며 놀 수 있는 고정식 놀이기구가 있었다. 아들 중 한 녀석은 '고속 회전'을 가장 좋아했다. 주기적으로 '비행접시'를 타고서 그냥 '회전'이라는 말로는 부족할 정도의 빠른 속도로 매우 격렬하게 원운동을 했다. 아이가 너무 빠르게 너무 많이 회전하는 것이 염려스러워 결국은 놀이기구 제조사에 전화까지 했다! 그쪽에서는 괜찮다면서 나를 안심시키려고 했다(하긴 제조사 입장에서 다른 무슨 말을 하겠는가?). 나는 유아용품 제조사들이 화가 난 부모들로부터 받는 전화 문의 중 아주 특이한 것은 따로 목록을 만들어 두는 것은 아닌가 생각했다. 만약 그런 목록이 있다면 내 이름도 거기에 올라가 있을지 모를 일이다.

젖병 속 환경호르몬,
괜찮을까?

환경호르몬은 우리가 사용하는 생활용품 곳곳에 존재한다. 아이를 키우는 부모들은 젖병과 빨대 컵, 장난감 등 아기가 사용하는 플라스틱 용품 속 환경호르몬인 비스페놀 A에 대해 우려한다. 비스페놀 A를 비롯해, 우리가 사용하는 제품 속 환경호르몬은 과연 괜찮은 걸까?

 ## 걱정하지 않아도 된다 VS 사용하지 말자

걱정하지 않아도 된다 │ 환경호르몬으로 알려진 비스페놀 A가 이제는 젖병, 컵, 분유통에 사용되지 않기 때문에 플라스틱 제품을 사용해도 걱정할 필요는 없다.

사용하지 말자 │ 유아용품에 비스페놀 A는 허용되지 않지만, 우리가 사용하는 다양한 플라스틱 제품에서 여전히 비스페놀 A를 포함한 여러 화학물질이 검출될 수 있으므로 플라스틱 제품은 가능하다면 사용하지 않는 것이 좋다.

 과학이 말해주는 것

비스페놀 A는 일부 음료 및 식품 용기를 만드는 데 사용된다. 비스페놀 A는 플라스틱을 견고하게 만들어주는 화학물질로, 통조림 내벽 코팅 재료로 쓰여 부식을 막고 박테리아가 음식을 오염시키지 못하도록 하는 장벽 역할을 한다. 그러나 용기에서 비스페놀 A가 빠져나와 음식이나 음료로 유입될 수 있으므로 오랫동안 안전성에 대한 우려가 제기되었다. 여러 부모 단체와 환경 단체에서는 비스페놀 A 노출이 내분비 기능 및 생식계통에 미치는 영향에 대한 우려를 표해왔다. 이들 단체가 비스페놀 A에 대한 경각심을 높인 결과, 2009년 젖병과 유아용 빨대 컵을 제조하는 회사들 대부분이 자발적으로 비스페놀 A 사용을 중단했다. 2012년 미국 소아과학회는 어린 자녀를 둔 부모들에게 비스페놀 A 함유 가능성이 있는 투명 플라스틱병 사용을 즉시 중단할 것을 공식적으로 권고했다. 같은 해, 미국 식품의약처 FDA는 비스페놀 A가 젖병과 유아용 컵 제조에 사용되는 것을 공식적으로 금지했다.

그러나 FDA는 이미 업계에서 행해지는 일을 공식적으로 체계화하고 소비 심리를 높이기 위해 내린 결정일 뿐, 실제로 안전상의 우려로 내린 결정이 아님을 강조했다. 다시 말해 식품에 유입될 수 있는 비스페놀 A 기반 소재를 젖병, 빨대 컵, 분유통 제조에 사용하는 것에 대한 공식 승인이 더는 필요하지 않는데, 이미 그런 용도의 사용이 영구적으로 전면 폐기되었기 때문이다. 사실 FDA는 2018년 문서에서 "대규모 연구를 통해 비스페놀 A의 안전성에 관한 수백 건의 연구 논문을 검토했으며, 현재 식품 용기와 포장재에 사용 승인된 비스페놀 A는 안전한 수준이다."라고 강조했다. 영국 식품기준청과 유럽 식품안전청도 "현재의 노출 수준으로는 비스페놀 A가 태아나 영유아, 청소년을 포함해 어떤 연령층의 소비자에게도 건강상 위협이 되지 않는다."고 발표했다.

하지만 다른 환경 단체들과 여러 관련 정부 기관들은 '안전한 최저 노출 수준'에 관해 여전히 의문을 제기하고 있다. 미국 환경보호국, 국립보건원, 질병통제예방센터, 미국 내분비학회, 유럽화학물질청 등은 보통 또는 심각한 수준의 우려를 표명하면서 비스페놀 A의 최저 노출 수준에 대한 추가 연구를 공식적으로 요구하고 있다. 미국 소아과학회는 "비스페놀 A가 놀랍게도 인체 내에서 에스트로젠처럼 작용하고, 사춘기 시작 시기를 변경시킬 가능성이 있고, 생식능력을 감소시키고 신체 지방은 늘리며, 신경계와 면역체계에 영향을 미칠 수 있다."는 것을 보여주는 증거들을 나열했다.

이 같은 우려 때문에 미국 소아과학회에서는 가능하면 플라스틱 대신 유리나 스테인리스강 같은 재질을 사용할 것을 권장하고 있다. 만약 플라스틱병을 사용할 생각이라면 석유가 아닌 식물이나 생물학적 원료로 만들었음을 의미하는 '생바탕' 또는 '그린웨어greenware' 표시가 있는 제품을 사용하고, 그런 표시가 없다면 되도록 재활용 코드 번호 3, 6, 7번 제품은 피하는 것이 좋다고 조언한다.

 ## 꼭 기억해야 할 것

2012년부터 유아용품의 비스페놀 A 사용이 금지되었기 때문에 그전에 만들어진 젖병이나 빨대 컵을 사용하고 있는 것이 아니라면 걱정할 필요는 없다. 그러나 과학적으로 어느 정도 수준의 비스페놀 A 노출이 '안전한' 것인지 아직 확실하지 않으므로, 가장 좋은 방법은 재활용 코드 3, 6, 7번 표시가 있는 모든 플라스틱 제품의 사용을 완전히 피하는 것이다. 이 표시가 있는 플라스틱 제품은 재활용이 되지 않는 변성 페트(pet, 음료수병 등의 제조에 쓰이는 합성수지 - 옮긴이)이거나 다른 화학물질이 포함된 것이기 때문이다. 지금으로서는 비스페놀 A에 어떤 위험이 있는지 확실하게 알 수 없다. 그러므로 확실하게 알 때까지는 지나치다 싶을 만큼 조심하는 것이 현명할 것이다.

일회용 기저귀와 천 기저귀 중 무엇을 선택할까?

미국에서는 대략 95%에 이르는 대다수의 부모가 가끔이라도 일회용 기저귀를 사용하고 있다고 한다. 그러나 최근 들어 점점 많은 이들이 천 기저귀를 대안으로 선택하고 있다. 일회용 기저귀와 천 기저귀 중 아기에게, 부모에게, 가족에게 그리고 환경에 최선인 것은 무엇일까?

 ## 천 기저귀 VS 일회용 기저귀

천 기저귀 | 천 기저귀의 사용은 환경을 보호하는 데 도움이 되고, 장기적으로 기저귀 구입 비용도 절감할 수 있다. 게다가 아기의 민감한 피부에는 천 기저귀가 더 좋다. 일회용 기저귀는 알레르기를 일으킬 수

있는 화학물질을 함유하고 있지만 천 기저귀에는 이런 성분이 없다.

일회용 기저귀 | 일회용 기저귀는 사용하기 편리하고 천 기저귀보다 위생적이다. 아기 엉덩이를 더 보송보송하게 유지하여 기저귀 발진이 생길 가능성도 줄어든다. 게다가 천 기저귀 세탁 배달 서비스를 이용하면 또 다른 자원을 이용하는 것이므로 천 기저귀가 꼭 환경보호에 이로운 것도 아니다.

 ## 과학이 말해주는 것

다양한 매체에서 기저귀의 환경적 영향과 다른 변인에 관한 수치를 강조하겠지만, 이 주제와 관련해 특별히 언급할 만한 실질적인 연구는 많지 않다. 아마 이것이 미국 소아과학회와 환경보호국에서 일회용 기저귀와 천 기저귀에 관한 논쟁에 중립적인 태도를 보이는 이유일 것이다.

일회용 기저귀가 환경에 부정적인 영향을 미친다는 것은 부인할 수 없는 사실이다. 기저귀를 만드는 데 들어가는 플라스틱 성분과 젤 성분을 생산하는 과정에서 별도로 처리해야 하는 폐기물이 함께 생산된다. 염료, 상자, 배송을 포함한 포장 및 마케팅 과정과 그 밖에 따르는 모든 환경 비용을 생각해보라. 게다가 일회용 기저귀의 주요 성분인 폴리프로필렌은 재생 불가능한 자원인 석유에서 만들어진 일종의 플라스틱으로, 매립지에 묻더라도 생분해되지 않는다. 또한 기저귀에 묻은 오물은 지하수로 흘러 들어갈 수 있다.

그렇다 하더라도 천 기저귀가 환경적으로 확실한 대안도 아니다. 환경적 영향을 고려했을 때 확실히 선호되는 것은 맞지만 일회용 기저귀와 천 기저귀의 차이는 기대하는 것처럼 그렇게 크지 않다. 일반적으로 천 기저귀는 면으로 만드는데, 면을 재배하려면 화학비료와 살충제를 매우 많이 사용하게 된다는 점을 생각해야 한다. 또한 천 기저귀의 생산 비용 외에도 가정에서 천 기저귀를 세탁하고 건조하는 데 많은 에너지를 소비해야 한다.

최근에는 천 기저귀를 대체할 수 있는 친환경 기저귀들이 새로 등장하고 있다. 겉 커버는 재사용할 수 있는 천으로 되어 있고 안감은 하수시설로 흘려보내도 안전한 생분해 가능한 소재로 만들어진 절충형 기저귀도 그중 하나이다. 기저귀 제조 회사들은 유독성 성분을 줄인 무염소 기저귀를 내놓고 있고, 무농약 유기농 면으로 만든 천 기저귀도 판매한다. 하지만 가격이 비싼 편이라 선택 가능성이 큰 대안은 아니다.

기저귀를 선택할 때는 기저귀 발진도 고려해야 한다. 일회용 기저귀는 아기 엉덩이를 더 보송보송하게 유지하므로 기저귀 발진을 막는데 효과적이라고 할 수 있다. 그러나 일회용 기저귀이든 천 기저귀이든 자주 갈아주기만 한다면 대체로 발진을 예방할 수 있다. 한 연구 논문은 일회용 기저귀에 색을 입히기 위해 사용되는 염료 성분이 일부 어린이들에게 알레르기 반응을 일으켰다고 보고했다. 그러나 이 논문의 저자 중 한 명은 '대다수의 어린이는 색깔 있는 기저귀를 착용해도 아무런 문제가 없을 것'이라고 밝혔다.

 꼭 기억해야 할 것

일회용 기저귀와 천 기저귀 중 하나를 선택하는 문제는 부모의 개인적 선호에 달렸다. 둘 다 각각의 장점이 있고, 안타까운 일이지만 어느 쪽도 특별히 더 친환경적이라고 말할 수 없다. 플라스틱 성분으로 만들어진 기저귀로 쓰레기 매립지를 포화 상태로 만들 걱정 없이 일회용의 편리함을 누리면서 경제적 여유도 있는 부모라면, 천 기저귀 커버에 변기로 내려보낼 수 있는 생분해성 라이너를 덧대어 사용하는 것을 시도해봄 직하다. 하지만 어떤 경우라도 기억해야 할 점은 기저귀 발진을 막기 위해, 또한 아기가 불편함을 느끼지 않게 하기 위해 천이든 일회용이든 기저귀를 자주 갈아줘야 한다는 것이다.

 브라이슨 박사가 엄마들에게

일회용 기저귀와 천 기저귀 두 가지를 두고 고민했을 때, 우리 부부에게는 일회용 기저귀가 더 저렴하고 편리하게 느껴졌다. 더 솔직히 말하자면 셋째 아이가 태어났을 때쯤엔 무조건 가장 쉽고 편한 것을 선택하고 싶었고, 그것이 바로 일회용 기저귀였다. 아이들과 개를 돌보느라 너무 바빠 샤워할 시간도 부족했던 때라서 나의 개인적인 물 절약 실천이 일회용 기저귀 사용에 뒤따르는 환경적 대가를 정당화해줄 수 있을 것만 같았다.

공식적으로 말하기 부끄럽지만, 기저귀에 얽힌 추억 하나를 여러분에게 털어놓겠다. 첫째 아들을 임신했을 무렵 꽤 평이 좋은 기저귀 쓰레기통인 '다이퍼 지니Diaper Genie'를 선물받았다. 기저귀를 가는 장소 옆에 두고 더러워진 기저귀를 담아두었다가 나중에 한꺼번에 통을 비우도록 만들어진 장치다. 그러나 몇 번 써보고 나서 우리는 결국 다이퍼 지니를 반품하기로 했다.

아이가 태어난 지 3주 정도 되어 수면 부족과 피로감에 시달렸던 때였다. 남편과 나는 아이의 첫 나들이를 위해 큰맘을 먹고 근처 월마트로 갔다. 내가 잠깐이나마 집 밖에 나와 즐거워하며 아들을 안고 있는 동안, 남편은 고객서비스 데스크로 가서 다이퍼 지니를 담은 상자를 반품했다. 집으로 돌아와 수유를 하기 위해 앉았을 때 갑자기 중요한 의문이 머릿속을 스쳐 지나갔다. 나는 옆방에 있는 남편을 향해 소리쳤다. "여보, 다이퍼 지니를 상자에 넣기 전에 통을 비운 거 맞지?"

침묵이 흘렀다. 그리고 곧 웃음이 터졌다. 당황한 웃음이 계속 흘러나왔다. 우리가 반품한 다이퍼 지니가 마트 선반에 다시 진열되고, 누군가 출산 축하 선물로 그것을 구매하고, 예비 엄마가 가족과 친구들 앞에서 상자를 열고, 그 안에 들어 있는 더러운 기저귀를 발견하는 것을 상상하면 지금도 너무 미안하고 민망하다.

노리개 젖꼭지,
아기에게 도움이 될까?

아기에게 노리개 젖꼭지를 사용할 때의 장단점은 무엇일까? 처음부터 아기에게 노리개 젖꼭지를 주지 않는 것이 현명할까? 노리개 젖꼭지를 이미 사용하고 있다면 언제쯤 사용을 중단하는 것이 좋을까?

 도움이 된다 VS 사용하지 않는 것이 좋다

도움이 된다 ┃ 생후 몇 주 동안 아기들은 본능적으로 무엇이든 입에 넣고 빤다. 이런 행위는 아기 스스로 감정을 조절하는 데 도움이 되고 화가 났을 때는 진정 효과도 있다. 노리개 젖꼭지는 아기의 수면을 돕고 영아돌연사증후군의 위험을 줄여주기도 한다. 게다가 손가락을 빠는 버릇이 생기지 않도록 도와준다. 혹시 아기에게 노리개 젖꼭지에 집착하는 버릇이 생기더라도 손가락을 빠는 것보다는 훨씬 고치기 쉬울 것이다.

사용하지 않는 것이 좋다 | 노리개 젖꼭지의 사용은 정말 신중하게 생각해야 한다. 모유 수유를 할 때 유두 혼동을 일으킬 수 있을 뿐만 아니라 중이염과 치열 변형, 말이 늦는 문제가 생길 위험도 커질 수 있다. 또한 아기가 노리개 젖꼭지에 지나치게 의존한 나머지 부모는 아기의 배고픈 신호를 놓칠 수도 있다. 게다가 아기가 노리개 젖꼭지를 물고 자다가 입에서 젖꼭지가 떨어지면 깨어서 한바탕 울거나 수면을 방해받을 수 있다.

 과학이 말해주는 것

연구에 따르면 아기가 무언가를 입으로 빠는 행위는 여러 가지 이점을 제공한다. 미국 소아과학회는 노리개 젖꼭지가 간단한 수술을 받은 신생아나 아기의 통증을 진정시키는 방법의 하나라고 명시했다. 또 다른 연구는 미숙아에게 '비영양성 빨기'를 유도하면 튜브 수유에서 젖병 수유로 더 빨리 넘어가고 더 빨리 퇴원할 수 있다고 보고했다.

게다가 노리개 젖꼭지가 모유 수유를 방해한다고 입증하는 신뢰할 만한 연구 결과도 없는 것으로 보인다. 개월 수를 모두 채우고 건강하게 태어난 아기의 노리개 젖꼭지 사용에 관한 여러 연구에 따르면, 노리개 젖꼭지는 모유 수유의 지속성에 아무런 영향도 미치지 않는다. 그러나 이 연구에서 한 가지 간과한 것은 노리개 젖꼭지의 사용 시기이다. 미국 소아과학회는 노리개 젖꼭지를 너무 일찍 사용하면 성공적인 모유 수유 정착을 방해할 수 있으므로 생후 4주 전에는 사용하지 말라고 권고한다.

노리개 젖꼭지의 가장 큰 장점은 영아돌연사증후군을 예방할 수 있다는 것이다. 여러 연구를 통해 노리개 젖꼭지 사용과 영아돌연사증후군 예방의 관련성이 큰 것으로 확인되었다. 그래서 미국 소아과학회는 "아기가 태어난 지 대략 3~4주가 지나 모유 수유가 잘 정착된 이후에는 아기를 재우기 전에 노리개 젖꼭지를 물리라."고 권한다.

이런 장점에도 불구하고 노리개 젖꼭지 사용에는 심각한 문제점도 따라올 수 있다. 연구에 따르면 노리개 젖꼭지의 사용이 중이염을 일으킬지도 모른다고 한다. 그러나 영아돌연사증후군 위험이 가장 큰 생후 6개월 미만의 아기들은 중이염 발생 빈도가 낮다. 게다가 한 연구진은 노리개 젖꼭지를 빠는 것만 아니라 손가락만 빨거나 노리개 젖꼭지와 손가락을 둘 다 빠는 것까지 포함해 모든 빠는 행위가 귓병 및 다른 질환과 관련이 있음을 증명했다. 미국 소아과학회는 노리개 젖꼭지를 비교적 일찍 떼라고 권고하며, 6개월 아기에게 노리개 젖꼭지를 물리더라도 잠들 때까지로 제한하기를 장려한다. 반면에 미국 치과의사협회와 소아 치과학회는 4세 이후부터 노리개 젖꼭지 사용을 제한하라는 훨씬 더 관대한 견해를 내놓았다.

그 밖에도 노리개 젖꼭지와 관련된 부정적인 영향은 매우 많다. 보통 2~3년 정도 사용하는 것은 치아에 장기적인 문제를 일으키지 않는다. 그러나 그보다 오래 사용할 경우 치아 부정교합이 생길 위험이 있다. 만 3세 이후에도 노리개 젖꼭지를 계속 사용하면 5년 후에 더 심각한 부정적 변화가 생길 수 있다.

노리개 젖꼭지가 언어 발달에 영향을 미치는지는 과학적으로 확실한 상관관계가 검증되지 않았다. 연구자들은 상관관계가 있을 것이라는 가정을 세웠는데, 그것을 입증하는 가장 근접한 연구는 입안에 노리개 젖꼭지가 있으면 옹알이와 소리 흉내 내기를 방해해서 말하기 학습이 지연될 수 있고, 입으로 의사소통하는 것에 대해 아기의 관심이 떨어질 수 있음을 암시하는 것이다.

언급할 가치가 있는 또 다른 흥미로운 점은 정서 발달과 관련된 부정적 영향이 잠재한다는 것이다. 노리개 젖꼭지를 만 3세 이후까지 장기간 사용한 남자아이는 '표정 흉내 내기' 능력이 떨어질 수 있다고 보고되었다(여자아이에게는 그런 보고가 없다). 입안에 들어 있는 노리개 젖꼭지가 주변 사람의 표정을 흉내 내는 것을 방해할 수 있고, 이런 탓에 표정으로 전달되는 미묘한 의미의 차이를 이해하는 능력이 발달하지 못한다는 것이다. 그러므로 노리개 젖꼭지를 장기간 사용하면 정서적 지능이 낮아지고 다른 사람의 입장을 수용하는 능력이 떨어질 수 있다. 관련 연구를 보면 아이가 노리개 젖꼭지를 사용하고 있을 때 어른들이 아이의 감정을 판단하고 공감하는 정확도도 떨어지는 것으로 나타났다. 이런 결과가 여자아이에게는 나타나지 않은 이유에 대해서는 여러 이론이 있다. 그중 주목할 만한 이론은 어른들이 여자아이에게는 기분과 감정에 대해 더 자주 이야기하고 감정 표현을 많이 하기 때문에 여자아이들이 감정 이해력을 키우는 연습을 남자아이들보다 더 많이 한다는 것이다.

 ## 꼭 기억해야 할 것

특별한 상황을 제외하면 노리개 젖꼭지 사용을 금지해야 할 확실한 이유는 없다. 특히 생후 3~4주부터 6개월이 될 때까지는 노리개 젖꼭지가 아이에게 유익할 수 있다. 일부 전문가들은 6~10개월부터 노리개 젖꼭지의 위험성이 이점보다 많아지기 시작하고, 2~3세가 되면 위험이 더욱 두드러지게 증가한다고 경고한다.

아기의 노리개 젖꼭지 무는 습관을 고치기로 마음먹었다면 속싸개로 감싸기, 흔들기, 부드러운 음악 들려주기, 마사지하기 등 아기에게 정서적 안정감을 줄 수 있는 다른 방법을 시도해보자. 그러나 만약 노리개 젖꼭지를 물리면 아기를 달랠 수 있지만 다른 것은 전혀 도움이 되지 않는다면, 일단 아기에게 노리개 젖꼭지를 건네주자. 습관 고치기보다 더 중요한 것은 아기를 잘 달래주는 것이기 때문이다.

아기가 노리개 젖꼭지에 애착을 보이고 그것이 감정을 조절하는 데 효과가 있는 도구라고 판단된다면 잠잘 때만 사용하거나 차 안에서 가끔 사용하도록 제한하는 것부터 시작해서 시간을 두고 차츰 젖꼭지를 뗄 계획을 세우도록 하자. 그런 다음 아이를 달래는 효과가 있는 다른 물건으로 대체하면서 노리개 젖꼭지를 빠는 습관을 없애도록 하자.

 브라이슨 박사가 엄마들에게

우리 집 아이들 중 한 녀석은 노리개 젖꼭지 수집가 대열에 합류해도 될 만큼 대단한 노리개 젖꼭지 전문가였다. 두 살이 되고 노리개 젖꼭지를 졸업해야 할 때가 다가왔을 때 우리는 '쪽쪽이'를 침대에 도로 던지는 게임을 시작했다. 우리가 "쪽쪽이, 넌 거기 남아 있어!"라고 말하면, 다음 잠잘 시간이 될 때까지 노리개 젖꼭지는 침대에 그대로 있곤 했다. 그러다 드디어 케이크를 준비하고 촛불도 켜서 '쪽쪽이 안녕 파티'를 열게 되었다. 우리는 '생일 축하' 노래에 '쪽쪽이 안녕'이라는 가사를 집어넣어 노래를 불렀다. 그런 후 '쪽쪽이가 필요한 아기들에게 물려줄 수 있게' 아들에게 노리개 젖꼭지를 모두 상자에 담게 했다(물론 아이가 사용했던 노리개 젖꼭지를 실제로 누군가에게 주지는 않았다).

아이는 며칠 동안 울면서 쪽쪽이를 도로 달라고 졸랐다. 그러나 우리 부부는 '쪽쪽이 작별 파티 이야기'와 '쪽쪽이가 하나도 없는 이제 막 태어난 아기를 돕는 이야기'를 들려주고 또 들려줬다. 일주일이 채 지나지 않아 아이에게 쪽쪽이는 먼 옛날의 기억이 되었다. 노리개 젖꼭지와 이별하는 것이 그렇게 고통스럽지 않으리라는 것을 진작 알았더라면, 아마 좀 더 일찍 시도했을 것이다.

애착 이불
좋을까, 나쁠까?

아이들마다 모두 다르겠지만, 특정 사물에 대해 유난히 애착을 보이는 아기들이 있다. 어릴 때부터 덮었던 이불이나 침대 옆에 놓아주던 토끼 인형이 애착의 대상이 될 수도 있다. 아기가 애착 이불이나 동물 인형 같은 물건을 안고 자게 둬도 괜찮을까?

💬 정서적 안정감을 줄 수 있다 VS 잠잘 때는 치워두자

정서적 안정감을 줄 수 있다 | 잠들기 위해 특정한 방식의 도움이 필요한 아기들도 있다. 아기의 마음을 진정시키고 안정감을 줄 수 있는 부드럽고 안전한 물건을 제공한다면 크게 문제가 될 것은 없다.

잠잘 때는 치워두자 | 아기 침대 안에 꼭 필요한 침구 외에 애착 이불이나 푹신한 인형 등의 물건을 두는 것은 위험할 수 있다. 아기가 숨이 막히거나 눌릴 수 있고, 영아돌연사증후군과 관련된 우려할 만한 일이 생길 수도 있다. 잠잘 때는 그런 물건들을 되도록 멀리 치워두자.

 과학이 말해주는 것

미국 소아과학회에 따르면 12개월 미만 아기의 침대는 '아무것도 깔지 않은 공간'이어야 하고 부드러운 침구류나 쿠션, 담요, 장난감 등 그 어떤 것도 함께 있어서는 안 된다. 동물 인형에서 떨어져 나온 단추가 아기 목으로 들어가 숨이 막힐 위험이 있으며, 종류에 상관없이 담요와 부드러운 이불은 잠자는 아기의 호흡을 방해할 가능성이 있다.

 꼭 기억해야 할 것

적으면 적을수록 좋다는 말은 이 경우에도 적용된다. 처음 1년 동안은 아기 침대에 최소한의 것만 갖춘 상태를 유지해야 한다. 세상에 둘도 없을 것 같은 아주 예쁜 쿠션이나 공룡 인형을 발견했더라도 첫돌이 지날 때까지는 아기의 잠자리에 함께 두지 않는 것이 좋다. 그때까지는 단순하고 안전한 수면 환경을 유지하도록 하자.

속싸개는
도움이 될까?

아기의 몸을 속싸개나 얇은 천으로 감싸는 관습은 수 세기 동안 이어져 왔다. 요즘도 수면의 질과 안정감을 높인다는 이유에서 속싸개를 선호하는 부모들이 많다. 하지만 속싸개로 아기의 몸을 감싸는 것이 안전하지 않을 수 있고, 심지어 아기를 질식이나 영아돌연사증후군 또는 다른 형태의 예상치 못한 영아 급사에 이르게 할 수 있다는 우려도 있다. 과학에서는 속싸개 사용에 대해 어떻게 말할까?

💬 도움이 된다 VS 위험이 더 많다

도움이 된다 │ 속싸개는 아기가 흥분하거나 화가 났을 때 진정시켜주는 역할을 하고, 엄마 자궁 속에서 느꼈던 안전감과 아늑함을 재현함으로써 수면을 돕는다. 속싸개를 사용한 아기들은 잘 사용하지 않은 아기들에 비해 잠자는 중간에 깨거나 우는 횟수가 적다.

위험이 더 많다 | 속싸개를 사용했을 때의 잠재적 혜택보다는 위험이 더 많다. 영아돌연사증후군의 위험만 있는 것이 아니다. 속싸개로 싸면 열이 많이 날 수 있고 아기의 신체 발달에 영향을 미쳐 심지어는 엉덩이 발달 장애인 고관절 이형성증(dysplasia)이 발생할 수 있다.

 ## 과학이 말해주는 것

결정적인 연구 결과는 아직 없지만, 과학은 대체로 양육자가 주의를 기울여 속싸개를 제대로 사용한다면 속싸개 사용으로 생기는 위험을 최소화할 수 있다고 말한다. 그래도 여전히 몇 가지 위험은 존재한다. 예를 들어, 속싸개로 엉덩이를 단단히 싸는 것이 실제로 엉덩이 고관절 이형성증을 일으키거나 이미 엉덩이 발달 장애 전조가 있는 아기의 상태를 악화시키는지는 명확하게 밝혀지지 않았지만, 고관절 이형성증 발병 소지와 관련이 있어 보인다. 하지만 엉덩이 부분을 느슨하게 감싼다면 이런 문제를 방지할 수 있다.

속싸개와 영아돌연사증후군의 연관성에 관해 이야기해보자. 2016년 메타 분석과 2017년 통합적 문헌 검토는 결정적인 연구가 제한적이기는 하지만 속싸개와 영아돌연사증후군 사이에 확실한 연관성이 없다고 보고한다. 그러나 열이 나게 할 수 있는 두꺼운 천이나 담요로 싸거나, 반듯이 눕히지 않고 옆으로 눕히거나 엎어놓는 등 안전하지 않은 속싸개 사용법은 확실히 영아돌연사증후군과 연관이 있다. 연구에 따르면 속싸개로 싼 아기들의 '수면 효율성'이 더 높은 것으로 나타났고, 이는 속싸개 옹호자들의 주장에 힘을 실어준다. 속싸개로 싼 아기들은 자다가 갑작스러운 경련을 일으키는 무의식적 반사 반응인 '수면 놀람증'으로 깰 확률이 낮다. 속싸개는 아기가 지나친 자극을 받았을 때 진정시키는 효과가 있고 우는 횟수를 줄이는 데도 도움이 된다는 것이 입증되었다.

 꼭 기억해야 할 것

속싸개의 사용도 전적으로 부모가 결정해야 하는 문제 중 하나이다. 속싸개의 장단점을 충분히 이해했다면 안전하고 효과적인 속싸개 사용을 위한 지침을 반드시 읽어보자. 이 지침에는 속싸개로 싼 후 반듯하게 눕히기, 열이 나는지 지켜보기, 저절로 풀리지 않도록 단단히 싸되 발과 다리는 자유롭게 움직일 수 있게 하기, 아기가 혼자 뒤집기를 시작하면 곧바로 사용 중단하기 등이 포함되어 있을 것이다. 간단히 온라인 검색을 해보면 '해야 할 것'과 '하지 말아야 할 것'에 관한 구체적 자료를 얻을 수 있을 것이다.

아기 옷과 이불,
꼭 유기농 제품을 써야 할까?

'녹색 운동(green movement)'이 육아의 세계까지 확장되어 부모들은 아기에게 유기농 음식을 먹이는 것은 물론이고, 유기농 의류를 입히고 유기농 제품으로 아기방을 꾸미고 있다. 아기를 보호하기 위해서는 꼭 유기농 제품을 써야 할까?

 써야 한다 VS 쓸 필요 없다

써야 한다 | 유기농 의류와 침구류에는 아기 피부에 닿거나 아기가 들이마실 수 있는 화학물질이 포함되어 있지 않다. 그 말은 아이에게 피부 발진이나 건강 문제가 일어날 가능성이 줄어든다는 의미이다. 게

다가 유기농으로 재배된 제품은 환경에도 더 좋다.

쓸 필요 없다 | 유기농 의류와 침구류를 사용하면 건강에 좋다는 증거는 어디에도 없다. 일반 제품보다 더 비싸고, 구하기도 어렵고, 색깔 선택의 폭도 좁은 유기농 제품을 굳이 쓰려고 애쓸 이유가 없다.

 ## 과학이 말해주는 것

화학비료를 쓰는 관행농법으로 재배한 섬유로 만든 의류나 침구류의 잔류 화학물질로부터 아기의 피부와 폐를 보호하는 데 관심을 보이는 세계적 흐름은 이해할 만하다. 전 세계적으로 환경에 대한 전반적인 인식이 높아지고 있고, 지하수와 야생동물에게 해로울 수 있는 농약과 농법을 사용하지 않은 제품을 구매한다는 신념이 제품을 고르는 하나의 기준이 되기도 한다.

관행농법으로 재배된 섬유가 아기 피부와 전체적인 건강 상태에 영향을 미치는지 아닌지를 말하자면 사실 아직은 아무런 과학적 연구 결과가 없다. 유기농 제품을 사용하는 것이 건강에 이롭다는 과학적 증거도, 관행농법으로 재배된 제품이 어떤 식으로든 안전하지 않다는 것을 뒷받침하는 연구도 아직은 발표되지 않았다.

꼭 기억해야 할 것

개인적 신념이나 환경적 이유에서 아기 침구나 잠옷을 고를 때 유기농 제품을 선택할 수 있다. 하지만 관행농법으로 재배한 제품을 사용하면 아기 건강에 해로울 수 있다고 말하는 연구 결과를 찾는다면 아마 하나도 발견하지 못할 것이다. 그렇다고 유기농 면으로 만든 옷이나 침구류를 구입할 이유가 전혀 없다는 말은 아니다. 그저 과학적으로 이유를 찾지 못했을 뿐이다(어쩌면 과학적으로도 유기농 제품을 사야 할 이유가 없을지도 모른다). 더욱이 만일 아이가 알레르기에 취약하거나 화학물질에 노출되었을 때 피부염이 잘 생긴다면 또는 유기농 제품을 사용했을 때 좀 더 마음이 놓인다면, 아마 우리는 잠재적으로 해로운 화학물질의 위험을 피하는 선택을 할 것이다. 개인적으로 좀 더 중요하다고 생각하고 추가 비용을 감당할 여유가 있다면 유기농 제품을 사용하는 것도 좋다. 하지만 지금까지 알게 된 정보에 미루어 봤을 때는 이미 많은 사람이 사용하고 있고, 주변의 어느 곳에서나 살 수 있는 일반 제품들을 사용하는 것에 대해 걱정해야 할 실질적인 이유는 전혀 없다.

이앓이 완화 목걸이,
효과가 있을까?

이가 나기 시작한 아기의 통증 완화용 호박 목걸이가 지난 몇 년 동안 부모들 사이에서 인기를 끌었다. 호박 목걸이 착용을 제안하는 사람들은 이 목걸이에서 석신산(Succinic acid)이라는 물질이 방출되어 아기의 피부로 흡수되고, 그것이 아기의 이앓이를 완화해준다고 주장한다. 호박 목걸이가 실제로도 효과가 있을까? 우리 아기에게 한번 사용해 봐도 괜찮을까?

 효과가 없다 VS 효과가 있다

효과가 없다 | 단순히 호박 목걸이가 피부에 닿는 것만으로 이앓이를

완화해줄 것이라는 주장은 유사 과학에 지나지 않는다. 이앓이에 도움이 되는 다른 좋은 방법들을 찾아보자.

효과가 있다 │ 미친 소리처럼 들릴 수도 있겠지만 호박 목걸이를 사용해 본 부모들은 아기의 이가 나기 시작할 때 통증을 덜 느끼고 울지 않고 가만히 있는 시간이 더 길었다고 말한다.

 과학이 말해주는 것

호박 목걸이의 사용 문제는 따져볼 것이 그다지 많지 않은 주제이다. 한 마디로 사용하지 않는 것이 좋다.

첫 번째 이유는 실제로 목걸이의 효능이 과학적으로 입증되지 않았기 때문이다. 호박 목걸이 착용을 제안하는 사람들이 목걸이의 진통 효과를 뒷받침하기 위해 내세운 과학적 근거도 모두 사실이 아닌 것으로 드러났다. 게다가 전문기관들은 호박 목걸이를 착용하면 질식 위험이 매우 크다고 모두 한목소리로 경고한다. 아기가 목걸이 구슬을 삼켜 숨이 막힐 수도 있고, 목걸이 고리가 쉽게 풀리지 않아 목이 졸릴 위험도 있다.

그래서 미국 소아과학회, 캐나다 소아과학회, FDA 등에서는 부모들에게 호박 목걸이 같은 이앓이 완화용 장신구를 사용하지 말라고 경고한다.

 **꼭 기억해야 할 것**

이앓이 완화용 호박 목걸이의 효능을 확신하는 부모들이 있지만 사실 다른 목걸이와 마찬가지로 호박 목걸이를 아기에게 사용하는 것은 피해야 한다. 작고 어린 아기가 이앓이의 고통에 시달리는 모습을 보는 것은 당연히 기분 좋은 일이 아니다. 하지만 통증을 완화해줄 더 좋은 방법이 여러 가지가 있다. 아기의 잇몸을 깨끗한 손가락으로 문지르거나, 차가운 젖은 수건이나 고리 모양 고무 치발기처럼 씹을 수 있는 것을 물리는 등의 다른 대안을 찾아보도록 하자.

이앓이 완화 연고는
효과가 있을까?

이가 나기 시작한 아이가 고통스러워 한다면 시중에 나와 있는 이앓이 완화 연고를 사용해도 괜찮을까? 이앓이 완화 연고의 주요 성분은 무엇이며, 이것은 아기에게 어떤 영향을 미칠까?

 효과도 없고 위험하다 VS 가끔 사용하면 괜찮다

효과도 없고 위험하다 | 약국이나 온라인 쇼핑몰에서 구입할 수 있는 이앓이 완화 연고에 대해 인터넷에 잠깐만 검색해도 어떤 문제가 있는지 확인할 수 있다. 이앓이 완화 연고는 효과가 없을 뿐 아니라 아기에게 심각한 위험을 초래할 수도 있다.

가끔 사용하면 괜찮다 | 이앓이로 힘든 아기를 보면 조금이라도 효과가 있는 제품을 사용해보고 싶은 것이 부모의 마음이다. 이앓이 완화 연고를 너무 자주 사용하지만 않는다면, 아이를 고통 속에 두는 것보다 낫지 않을까.

 ## 과학이 말해주는 것

이앓이로 아파하는 아기에게 벤조카인을 함유한 일반 마취 크림 같은 국소 마취제를 사용하는 것은 반드시 피해야 한다. 성인의 구강 궤양 치료에 주로 사용되는 점착성 리도카인이 함유된 전문 의약품도 마찬가지다. 이가 나기 시작한 아기의 통증을 해결하기 위해 어떤 부모들은 노리개 젖꼭지에 리도카인을 발라서 아기에게 주기도 하는데, 한마디로 절대 하지 말아야 할 행동이다.

미국 소아과학회와 소아치과학회 모두 이앓이 완화 연고를 사용하지 말라고 경고한다. 미국 식품의약처 FDA는 아기의 이앓이 치료를 위한 동종요법(특정 질환의 증상을 일으키는 성분을 극소량 사용해 약을 만들어 치료하는 일종의 대체의학 – 옮긴이) 알약 및 연고에 관한 경고문에서 이런 제품의 효능이나 안전성에 대해 제대로 된 평가나 증명이 없었고 변비, 불안감, 발작 같은 의학적 문제를 일으킬 수 있다고 설명한다. 전문 의학기관들의 경고를 뒷받침하는 연구 결과들도 많다. 또한 국소 마취제인 벤조카인은 뇌 손상 및 심장병 등 심각한 부작용을 일으킬 수 있다고 입증되었다. FDA는 점착성 리도카인이 포함된 약에 대해서도 아기의 이앓이 치료에 사용할 경우 심각한 손상뿐만 아니라 심지어 사망에 이를 수도 있다고 강력히 경고한다.

 ## 꼭 기억해야 할 것

이 문제 역시 이미 유효성과 안전성이 명확히 입증된 방법을 그대로 사용하는 것이 가장 효과적이라는 것을 보여주는 예시이다. '이앓이 완화 목걸이, 효과가 있을까?' 편에서 언급했듯이, 아기에게 차가운 젖은 천을 물리는 것은 이앓이를 완화하는 좋은 방법이다. 단단한 고무 치발기도 좋다. 아니면 깨끗한 손가락으로 아기의 잇몸을 문질러 주어도 좋다. 하지만 이앓이 완화 목걸이와 더불어 이앓이 완화 연고도 절대 사용하지 않도록 하자.

PART 4

생활

아기를 부모 곁에 재워도 괜찮을까?

아기가 부모 곁에서 잠을 자다 질식사했다는 뉴스를 종종 본 적이 있을 것이다. 신생아를 당장 어디에서 재울지 결정해야 하는 부모들에게는 이런 뉴스가 매우 두렵고 무섭게 느껴질 것이다. 아기와 부모가 한 침대에서 같이 자는 건 괜찮을까? 아니면 영아돌연사증후군 같은 위험한 일이 발생할 수 있으므로 되도록 피해야 하는 걸까?

 처음부터 따로 재우자 VS 장점도 많다

처음부터 따로 재우자 │ 아기를 부모 곁에 재우면 의도치 않게 부모의 신체나 무거운 침구에 아기가 질식할 가능성이 증가하고, 영아돌연사증후군이나 다른 유형의 영아 급사로 사망할 위험성도 커진다. 2016년 미국 소아과학회에서는 생후 6개월 동안은 절대 아기 곁에서 자지 말고, 아기가 만 1세가 될 때까지는 되도록 아기를 따로 재워야 한다는 정책 제안문을 발표했다. 아기와 부모가 한 침대에서 잠을 자면 부모와 아기 모두의 질 높은 수면을 방해받을 수 있고, 따라서 제대로 된 휴식을 취하기 어려워진다. 게다가 아기가 엄마 곁에서 자는 것에 너무 익숙해지면 나중에는 이 습관을 바꾸기 어려울 것이다. 처음부터 아기만을 위한 침대에 따로 재우는 것이 가장 좋다.

장점도 많다 | 아기와 부모가 한 침대에서 잠을 잘 때 위험한 일이 일어날 수 있다는 것은 사실이다. 반면에 장점도 매우 많다. 세계 각지의 많은 부모가 아기와 함께 잠을 잔다. 부모에게는 갓난아기를 바로 곁에 두고 싶은 강한 본능적 욕구가 있으며, 가족 고유의 문화나 전통이 그런 욕구를 지지해주기도 한다. 아이와 부모 간의 유대감이 강화됨은 물론, 엄마가 아기에게 모유 수유를 하기에도 편리하다. 유대감과 모유 수유, 두 가지 모두 아기의 성장 발달에 매우 중요한 요소이다. 어떤 사람들은 아기와 부모 모두에게 방해가 된다고 주장하지만, 사실 부모는 밤중에 아기가 깨었을 때 바로 곁에서 더 쉽고 빠르게 대처할 수 있어 오히려 잠을 좀 더 잘 수 있다고 말한다.

아기를 따로 재워야 할 때가 오면 그때 알맞은 방법을 찾으면 된다. 안전 수칙을 잘 따르기만 한다면 모두에게 이롭고 가치 있는 일이다.

◈ 과학이 말해주는 것

많은 부모가 자녀와의 유대관계를 점점 더 중요하게 생각하면서, '아기를 어른 옆에서 재우지 말라'는 미국 소아과학회의 경고에도 불구하고 미국에서는 지난 25년 동안 아기와 한 침대를 사용하는 가정이 네 배 정도 증가했다. 미국 소아과학회의 입장은 아직 과학적으로 확실히 증명된 것이 없으므로 오히려 작은 위험일지라도 조심하는 쪽을 선택한 것으로 보인다. 아기와 한 침대를 사용하는 것과 영아돌연사증후군 사이의 상관관계를 다룬 연구들을 보면 아기가 눕는 바닥의 종류 같은 수면 환경까지는 고려하지 않은 것들이 많다. 한 예로, 푹신푹신한 바닥은 단단한 매트보다 훨씬 위험하다. 이 책을 쓰고 있는 지금도 침구까지 고려하여 문제를 엄밀하게 조사한 신뢰할 만한 연구 자료는 찾아보기 어렵다. 얼마 되지는 않지만 현재 참고할 수 있는 연구 자료를 살펴보면, 부모가 영아돌연사증후군 예방 수칙을 잘 지키며 생후 3개월이 지난 아기와 함께 잔다면 돌연사 위험이 거의 없는 것으로 나타났다. 3개월 미만의 어린 아기들의 경우도 다른 위험 요소가 없는 이상 비교적 큰 문제로 이어지지는 않는다고 한다. 그러나 만약 부모가 음주나 흡연을 하거나, 약물을 복용하거나, 아기가 조산아로 태어났거나, 특정한 건강 문제가 있거나, 부모가 극도로 피곤한 상태이거나, 안전 수칙을 제대로 따르지 않는 등 다른 위험 요소가 존재한다면 심각한 문제가 발생할 수 있다. 특히 부모의 흡연은 영아돌연사증후군과 깊은 상관관계가 있다고 보고되었다.

여러 연구를 통해 아기와 부모가 함께 잠을 잘 때 수면의 질, 안정적인 아기 심박률, 부모와 아기 사이의 유대감 상승 및 상호 위안, 효과적이고 규칙적인 모유 수유 등 중요하고 긍정적인 효과가 발생한다는 것도 입증되었다.

 꼭 기억해야 할 것

아기를 부모 옆에 재우는 것과 관련해서 영아돌연사증후군과 영아 급사 위험을 걱정하는 것은 당연한 일이다. 깊이 잠든 부모 옆에 어린 아기를 두는 것이 100% 안전한 일은 아니다. 그러나 이에 대한 위험성 또한 과학적으로 확실하게 밝혀진 것은 없다. 이제까지 이 분야의 연구자들이 어떤 수면 방식이 안전하고 어떤 방식이 안전하지 않은지 분석하기 위해 주변 요소들을 충분히 살펴보지 않은 것도 하나의 이유이다. 과학적으로 아직 명확하게 밝혀진 것이 없으므로, '안전하다' 또는 '안전하지 않다'는 상반된 결론이나 권고가 나오고 있다. 연구 결과를 보면, 부모가 어떻게 행동하는지에 따라 그리고 어떤 위험 요소가 주변에 존재하는지에 따라 안전할 수도, 안전하지 않을 수도 있다.

사실 통계적으로 보면 일반적으로 건강한 아기가 평생 벼락에 맞아 사망할 확률보다 영아돌연사증후군으로 사망할 확률이 오히려 낮다. 그러나 확률과는 상관없이 여전히 상상하기 싫은 결과가 수반될 수 있는 위험한 일인 것도 사실이다. 만일 당신이 자신의 가치관, 본능, 전통 그리고 여러 상황을 고려해서 아이와 함께 자기로 결정했다면 그 후에 어떻게 행동하느냐에 따라 안전할 수도, 안전하지 않을 수도 있다. 그러므로 최근에 나온 안전 수칙을 철저히 따르는 것이 매우 중요하다.

예를 들어 안마의자나 소파 또는 빈백beanbag(콩 모양의 발포 플라스틱으로 속을 채워 만든 푹신푹신한 의자나 소파 – 옮긴이) 같은 곳에서 아이와 함께 잠을 자면 절대 안 된다. 그뿐만 아니라 술을 마셨거나 진정제 성분이 들어 있는 약을 먹었거나 담배를 피우는 사람은 누구든 아기와 같이 자면 안 된다. 아기가 등을 대고 자는지, 옷을 가볍게 입었는지, 크고 푹신푹신한 침구나 봉제 인형이 주변에 없는지 확인하는 것을 포함하여 아기를 재울 때의 기본 주의 사항도 잘 따라야 한다. 몇몇 전문기관들은 모유 수유를 하고 있지 않다면 엄마와 아기의 생체 리듬이 잘 맞지 않기 때문에 되도록 함께 자는 것을 피하라고 권장한다. 하지만 당신이 일단 아기를 자신의 침대에서 재우기로 결정했다면 침대 위의 베개와 담요를 최소화하고, 아기의 움직임을 방해할 수 있는 물건들을 치우고, 다른 형제를 함께 재우지 말고, 더 안전한 자세를 취하는 등 최대한 안전한 수면 환경을 만들었는지 반드시 확인하자. 지금 이 자리에서 모든 안전조치를 종합하려는 것이 아니다. 먼저 믿을 만한 온라인 출처에서 최신 정보를 검색해보고, 담당 소아과 의사와도 잘 상의하도록 하자.

혹시 발생할지 모르는 위험은 줄이고, 이점은 그대로 취할 수 있는 보다 안전한 절충안도 있다. 그것은 바로 아이와 부모가 한 방에서 따로 잠을 자는 것으로, 많은 부모가 이 방법을 선호한다. 부모 침대 옆에 아기 요람을 놓으면 아기를 바로 옆에 재우면서도 같은 침대를 사용할 때의 위험 요소를 방지할 수 있다. 아기 침대를 부모 침대 옆에 둬도 좋을 것이다. 아기 옆에서 잠을 잘 때 수반되는 잠재적 혜택을 그대로 누리면서 최대한 안전을 보장받을 수 있는 좋은 해법이 될 것이다.

브라이슨 박사가 엄마들에게

나는 내 침대 바로 옆에 아기 요람을 놓고, 아이 셋이 생후 2개월이 될 때까지 모두 거기에 재웠다. 아기를 바로 곁에 뒀기 때문에 아기가 잠에서 깰 때마다 상태를 확인하고, 필요하면 기저귀를 갈아주고, 젖을 먹이고, 그리고 나서 어렵지 않게 다시 재울 수 있었다. 내 침대로 아이를 끌어당겨 안아주는 것도 수월하게 할 수 있었다. 아기가 바로 옆에서 곤히 자는 걸 보면서 남편과 이런저런 대화도 나눌 수 있었다. 특히 산욕기에 유용했다. 이 시간 동안 나는 아이들이 엄마와 물리적으로 가까이 있을 때 가장 좋아하고, 가장 안심하고, 덜 운다는 것을 한눈에 알 수 있었다. 나는 아기와 한 침대에서 함께 자는 것보다 한 방에서 침대를 따로 쓰는 것이 더 안전하다고 생각했다.

아이마다 시기는 모두 달랐지만, 아이들이 성장해서 요람을 더 사용할 수 없게 되거나 따로 방을 쓸 준비가 되었을 때 나는 아이 방에 아기 침대를 두고 아이들을 거기에 재웠다. 아기 침대는 큰아이 때 사서 막내까지 사용했다. 아기가 안전하다는 것을 알고 있었기 때문에 잠을 훨씬 잘 잘 수 있었고, 아기가 소리 내거나 움직일 때마다 매번 깨지도 않았다. 모유 수유를 하고 아기 띠를 많이 착용했기 때문에 다음 날을 대비해 밤에는 꼭 제대로 된 휴식이 필요하던 터였다.

아기를 부모와 함께 재울 버릇을 하면 아기가 자기 침대에서 혼자 자는 법을 배우지 못할 수 있으므로 아기를 부모 옆에 재우는 일을 피해야 한다는 주장은 내가 보기에는 설득력이 거의 없다. 아기를 잠시 부모 침대에 재우는 것이 부부 생활을 계속 방해할 것이라는 우려도 마찬가지다. 아이들은 언젠가는 자기 침대에서 잠드는 법을 배우게 되며, 엄마 아빠가 부부 관계를 유지하는 다른 방법도 얼마든지 있다.

아이의 미래에 대한 지나친 걱정은 때때로 아이에게 한 달 사이, 심지어 한 주 사이에도 얼마나 많은 발달 및 변화가 일어나는지를 간과하게 만든다. 또한 특정 발달 단계에 있는 아이에게 충분히 대응하지 못하도록 방해하기도 한다. 아이의 전체 발달 과정을 충분히 이해한 다면 수면 습관과 관련된 걱정은 비합리적인 기우에 지나지 않는다는 사실을 알게 될 것이다. 아이들이 부모에게 요구하는 것은 발달 단계마다 모두 다르다. 아이를 부모 방에 재우면 혼자 자는 법을 배우지 못할 것이라는 걱정은 마치 "아기가 기저귀를 사용하도록 둔다면 대소변 가리는 법을 결코 배우지 못할 것이다."라는 말만큼이나 어리석은 것이다. 아이들은 저마다 다르고, 부모도 모두 다르다. 아이들이 엄마 옆에서 자고 싶어 하는 이유는 충분한 안정감을 느낄 수 있고 기분도 좋아지기 때문이다. 심지어 어른이 되어서도 혼자 잠드는 것을 좋아하지 않는 사람도 많지 않은가! 생존의 관점에서 보면 수면 시간은 인간에게 매우 취약한 시간이다. 그러므로 자신의 곁에서 필요할 때마다 적절한 조치를 해줄 사람이 가까이 있다는 것이 아이에게는 무척 기분 좋고 행복한 일일 것이다.

우리 아기 **첫 목욕,**
언제 시켜야 할까?

아기가 태어나면 곧바로 목욕을 시켜야 할까? 아니면 하루 이틀 혹은 그보다 더 오래 기다려야 할까? 곧바로 목욕시키는 것과 며칠간 기다리는 것 중 어느 쪽이 아이에게 더 좋을까? 과학은 아기의 첫 목욕에 대해 어떻게 조언할까?

 바로 시킨다 VS 며칠간 기다린다

바로 시킨다 | 갓 태어난 신생아를 바로 목욕시키면 세균 감염의 위험이 줄어든다. 부모 입장에서는 처음부터 아이를 보호하고 위생에 세심한 신경을 쓴다는 생각에 안심할 수 있다. 게다가 만일 박테리아에

노출될 수 있는 환경이거나 엄마가 전염 가능성 있는 병이 있다면(에이즈 감염자이거나 간염 또는 포도상구균 감염 환자라면) 신생아를 바로 목욕시키는 것이 아기는 물론, 아기와 접촉하는 모든 사람을 보호해줄 것이다.

며칠간 기다린다 | 아기가 갓 태어났을 때 아기의 몸을 덮고 있는 액체는 건강에 도움이 되는 중요한 물질이다. 원래의 역할을 다하도록 두어야 한다. 게다가 바로 목욕시키지 않고 며칠간 기다려주는 것은 아기가 새로운 환경에 먼저 적응할 수 있도록 배려하는 것이기도 하다.

 과학이 말해주는 것

세균에 대한 우려의 목소리가 고조되던 1900년대 초반부터 병원에서는 아기가 태어나면 간호사가 몇 시간 이내에 목욕을 시키는 것이 일반적인 관행이었다. 그러나 최근 아기의 첫 목욕을 조금 미루는 것이 더 좋을 수도 있다는 연구 결과가 보고되었다.

세계보건기구는 첫 목욕을 적어도 생후 24시간 후로 미루라고 권고한다. 만약 특정한 문화적 요인 때문에 더 일찍 목욕시켜야 한다면 최소한 6시간은 기다리는 것이 좋다고 말한다. 미국 소아과학회도 같은 의견을 내놓았다. 아기의 첫 목욕을 미루면 엄마의 유방 냄새와 비슷한 양수 냄새가 아기 몸에 남아 있으므로, 좀 더 효과적으로 모유 수유를 할 가능성이 커진다. 게다가 아기의 온몸을 덮고 있는 끈적거리는 태지가 보존된다. 태지는 아기의 피부를 촉촉하고 청결한 상태로 유지해서 세균 감염을 막아주고 피부가 자궁 밖 새로운 환경에 적응할 수 있게 돕는다.

신생아의 몸은 아직 체온 조절에 능숙하지 않다. 피부가 얇고 열을 발생시키는 능력이 부족하므로 목욕 전후나 목욕하는 동안 체온이 떨어질 수 있다. 또한 태어나자마자 하는 목욕은 아기에게 스트레스를 유발하는 경험이 될 수 있다. 출산 직후 아기가 엄마의 맨살에 안기면 유대감 형성과 모유 수유의 가능성이 극대화될 수 있다. 하지만 첫 목욕을 일찍 시키면 이런 이상적인 산후 경험을 하지 못한다.

 꼭 기억해야 할 것

아기는 오염된 상태로 태어나는 것이 아니다. 오히려 오염을 막는 자연적인 보호막을 가지고 태어난다. 점점 더 많은 병원과 조산사들이 분만 직후 엄마와 아기가 보다 빨리 유대관계를 형성할 수 있도록 신생아의 첫 목욕을 늦춘다. 혹시라도 아기의 첫 목욕을 미루는 것이 걱정된다면 목둘레와 기저귀 차는 부위를 젖은 천으로 부드럽게 닦아주면 된다. 건강한 신생아는 하루 이틀까지는 아니더라도, 태어나서 몇 시간 정도는 기다렸다가 목욕시키는 것이 가장 좋다(212쪽 '목욕은 어떻게 시켜야 할까?' 편 참조).

목욕은 어떻게
시켜야 할까?

갓난아기나 어린 아기를 목욕시키는 일이 간단해 보일 수도 있지만,
어떤 방법으로 얼마나 자주 해야 하는지 질문하는 사람도 생각보다
많고, 아기 목욕시키기에 대한 의견도 다양하다. 우리 아기의 목욕은
어떻게 시키면 좋을까?

 일주일에 세 번 VS 매일

일주일에 세 번 | 아기의 탯줄이 완전히 떨어지기 전까지는 가볍게 몸
을 닦아주기만 해야 한다. 포경수술 후 수술 부위가 완전히 아물지 않
은 남자 아기의 경우도 마찬가지다(209쪽 '우리 아기 첫 목욕, 언제 시켜

야 할까?' 편 참조). 신생아는 부드러운 천으로 얼굴과 손과 엉덩이를 닦아내기만 해도 충분하다. 목욕 횟수에 관해 이야기하자면, 사실 신생아는 매일 씻길 필요가 없다. 특히 피부가 건조하거나 민감한 아기라면 더욱 그렇다. 아기가 더 자란 후에도 일반적으로 목욕은 일주일에 세 번이면 충분하다.

매일 | 아기가 목욕을 좋아하거나 목욕하고 나서 기분이 좋아진다면 처음부터 매일 목욕시켜도 괜찮다. 아기가 더 자라면 목욕은 수면 의식 중 하나가 되어, 밤에 마음을 진정시키고 긴장을 푸는 데 도움이 될 수 있다.

 ## 과학이 말해주는 것

미국 소아과학회에서는 아기의 탯줄이 떨어질 때까지는 통 목욕 대신 몸을 가볍게 닦아주는 스펀지 목욕을 시키고, 포경수술을 받은 남자 아기의 경우 상처가 아물 때까지 스펀지 목욕을 시킬 것을 권고하고 있다. 대부분의 연구 결과도 이런 권고를 뒷받침한다. 전문가들은 대부분 신생아를 매일 목욕시킬 필요가 없다는 데 동의한다. 일주일에 두세 번이면 무방할 것이다. 실제로 생후 1년 동안은 일주일에 세 번이면 충분하다. 그 이상 자주 하면 아기의 피부가 건조해질 위험이 있고, 너무 강한 비누를 사용할 경우 건조함이 더욱 심해질 수 있다. 아기의 피부는 민감하고, 수분을 유지하는 능력이 아직 완전히 발달하지 않았기 때문에 쉽게 건조해지고 염증이 생길 수 있다. 특히 건조하고 민감한 피부를 가지기 쉬운 흑인 아기와 일부 혼혈 아기는 더욱 주의해야 한다.

 꼭 기억해야 할 것

아기의 청결을 잘 유지하고 있고, 기저귀를 갈 때마다 기저귀가 닿는 부위를 잘 씻어주고 있다면 아기를 매일 목욕시킬 필요는 없다. 목욕을 수면 의식에 포함하기까지는 앞으로 많은 시간이 남아 있다. 그때까지는 대체로 일주일에 두세 번으로 횟수를 제한하는 것이 좋다. 그러나 아기가 여기저기 탐색하고 어지럽히면서 노는 것을 장려하는 부모라면, 또는 더러워진 옷을 입은 채 아기를 끌어안고 싶어 하는 형제가 있거나 반려동물이 있는 집이라면 일주일에 한두 번 정도 더 목욕시켜야 할 것이다. 아기의 피부 상태를 잘 살피며, 일주일에 두세 번을 기본 규칙으로 정한 다음 상황에 맞게 조정하자.

일반적으로 목욕은 즐겁고 마음이 편안해지는 감각 경험이기 때문에 영유아 대부분이 목욕 시간을 즐긴다. 그러나 어떤 아기에게는 목욕이나 물을 접하는 경험이 정말 불쾌하고 심지어 고통스러운 것일 수도 있다. 감각 통합(감각기관을 통해 입력한 외부 자극을 수용하고 그것에 맞게 적절하게 적응하는 과정-옮긴이)을 어려워하는 아이들에게 목욕

시간은 불안과 두려움, 심지어 비명으로 가득 찬 시간이 될 수도 있다. 이런 아이들에게는 물이 너무 뜨겁거나 너무 차갑거나, 물 높이가 너무 높거나 너무 낮거나, 물이 너무 빨리 나오거나 너무 천천히 나오는 등 문제가 되는 것이 끝이 없다. 만일 이런 일을 겪고 있다면, 'SPDstar.org{감각 처리장애(SPD)에 대한 치료와 교육, 연구를 담당하는 기관으로 감각 처리에 대한 다양한 정보를 제공한다-옮긴이}'에서 감각 처리 과정에 대해 더 알아보는 것이 좋다.

 ## 브라이슨 박사가 엄마들에게

아이들이 어렸을 때 나는 일과 중에서 목욕 시간을 가장 좋아했다. 대체로 아이들은 행복하고 즐겁게 목욕했고, 아이들과 가까워지기에 더 없이 좋은 시간이었다. 목욕을 금방 마친 매끈매끈한 아기의 살냄새보다 기분 좋은 냄새가 또 있을까?

내가 이제 막 부모가 된 주변 사람들에게 가장 많이 선물하는 것은 육아 서적과 정원용 스펀지 패드이다. 잡초를 뽑거나 꽃을 심을 때 무릎을 대서 편안한 자세로 작업할 수 있도록 만들어진 정원용 패드는 욕조 바로 옆에 두면 정말 유용하다. 아이들을 목욕시킬 때 내 무릎을 완벽하게 지탱할 수 있어서 수건을 깔고 무릎을 꿇는 것보다 훨씬 더 편안하다. 야외용 제품이기 때문에 물에 젖어도 상관없고, 물 위에 뜨기 때문에 장난감을 올려놓는 작은 탁자로 사용할 수도 있다.

아기에게 **젖**을 물려 재워도 괜찮을까?

아기가 젖을 먹다 잠들면 그냥 둬야 할지 깨워야 할지 엄마의 고민이 시작된다. 아기에게 젖을 물려 재워도 괜찮을까? 이런 습관과 관련된 문제는 무엇일까? 반면에 장점은 없는 걸까?

 문제가 될 수 있다 VS 아기를 재우는 좋은 방법이다

문제가 될 수 있다 | 아기가 젖을 물고 잠드는 습관은 잠재적으로 많은 문제를 가져올 수 있다. 첫째, 젖을 물려 재우는 것이 습관이 되면 아기가 밤에 깊이 잠들지 못하고 자주 깨서 젖을 찾을 수 있다. 게다가 젖을 문 채 엄마 품에서 잠든 아기는 다른 환경에서 혼자 깨었을

때 불안감을 느낄 수 있다. 그러므로 아기가 완전히 잠들기 전 졸린 상태일 때 수유를 중단하고 잠자리에 바로 눕혀야 한다.

아기를 재우는 좋은 방법이다 | 아기에게 젖을 물려 재우면 엄마와 아기의 유대감 형성에 매우 중요한 밀착감이 생긴다. 젖을 물려 재우는 것은 전 세계 모든 문화권에서 일반적으로 볼 수 있는 모습이며, 아기에게 안정감을 주는 훌륭한 수면 유도 방법이다. 비정상적이거나 잘못된 일이 아니며, 엄마의 잘못으로 생기는 나쁜 버릇도 아니다.

 ## 과학이 말해주는 것

젖 물려 재우기에 대해 말하기 전에 먼저 이야기하고 싶은 핵심이 한 가지 있다. 저녁 시간대의 수유가 아이의 수면에 큰 도움이 된다는 사실이다. 연구에 따르면 밤중에 분비되는 모유에는 수면을 돕고 아이의 신체 및 인지 발달에 필수적인 영양분이 포함되어 있다. 예를 들어 수면을 유도하는 아미노산인 트립토판은 낮보다 저녁 시간에 분비되는 모유에 더 많이 함유되어 있다. 게다가 트립토판은 뇌 기능 발달에 중요한 호르몬인 세로토닌을 유도하는 물질이다. 생후 초기에 섭취하는 트립토판은 세로토닌 수용체를 발달시킨다. 세로토닌은 '수면-각성 주기'를 더 안정되게 유도할 뿐만 아니라, 뇌 기능을 발달시키고 기분을 좋게 해 준다. 게다가 모유를 수유하는 동안 엄마와 아기 모두에게 콜레키스토키닌이라는 호르몬을 분비시켜 졸음을 유발한다. 이 모든 연구 결과가 저녁 시간 수유의 중요성에 대해 말하고 있다.

그렇다면 아기가 젖을 물고 잠들도록 두는 것에 문제는 없을까? 미국 소아과학회는 아기의 건강에 좋지 않은 수면 습관이므로 젖 물려 재우기를 중단하라고 경고한다. 젖병을 물고 잠들도록 두는 것도 마찬가지다. 미국 소아과학회는 젖꼭지를 물고 잠드는 것을 그냥 두면 아기들이 모유나 분유를 먹지 않으면 잠을 잘 수 없다는 인식을 가질 수 있다고 우려한다. 또한 이들은 "부모는 엄마 젖가슴이나 젖병을 아기를 재우는 도구로 사용하지 않도록 노력해야 한다."고 말한다.

미국 소아과학회의 입장은 여러 과학적 근거를 기반으로 한 것이다. 어떤 수면 전문가들은 젖을 물고 자는 것을 수면 장애라고 여기기도 한다. 아기가 밤중에 깼다가 도로 잠들지 못하는 문제가 발생하기 때문이다. 잠든 후에 침대에 눕힌 아기는 중간에 깨기 쉽고 다시 재우려면 잘 달래줘야 하지만, 깨어 있을 때 침대에 눕힌 아기들은 잠에서 깨더라도 부모의 도움 없이 스스로 다시 잠드는 경향이 있다.

그러나 많은 연구자와 전문가들이 부모가 수면 훈련(또는 다른 양육법)을 엄격하게 적용한다는 생각에 아기를 잘 달래주지 않으면, 화난 아기에게 생리적, 심리적 타격을 입힐 수 있다고 우려한 점도 주목할 필요가 있다. 한 학자는 "젖을 물고 자는 것을 못 하게 하면 아기들 대부분은 과도기적인 정신적 고통을 겪지 않고서는 변화에 적응하지 못한다. 아기의 수면 훈련을 지지하는 사람들도 '울게 놔두는' 방법은 6개월 미만의 아기들에게는 부적절하다고 경고한다."라고 말했다.

✏️ 꼭 기억해야 할 것

이 주제에 관한 가장 중요한 연구는 젖 물려 재우기가 아기의 '수면−각성 주기'에 그리고 결과적으로 부모의 '수면−각성 주기'에 어떤 영향을 미치는지와 관련되어 있다. 이 연구는 젖 물려 재우기가 좋은 수면 습관 형성을 지연하거나 방해할 수 있다는 주장에 더 힘을 실어준다. 그러나 어떤 이들은 아기가 젖을 물고 잘 때 느끼는 기쁨과 친밀감, 평화로움이 밤중에 아이 때문에 자주 깨서 생기는 수면 부족을 감수할 만큼 중요하다고 판단할지 모른다. 또 어떤 이들은 젖을 물려 재우는 것이 아기를 재우는 가장 빠른 방법이기 때문에 엄마가 휴식을 취하거나 다른 자녀나 남편과 함께 보낼 수 있는 시간을 더 많이 확보하는 데 도움이 된다고 생각할 수도 있다. 아니면 엄마와 아기 모두에게 가장 효과적인 방법이라고 생각할지도 모른다.

처음 몇 달 동안은 아기가 젖을 먹다 잠들면 대부분의 엄마는 잘됐다고 생각할지 모른다. 특히 젖을 먹은 후 졸리기 시작했을 때 깨우기 정말 어려운 아기라면 더욱 그럴 것이다. 그러다 어느 시점이 되면 아기에게 계속 젖을 물려 재우고, 그 후에는 아기가 스스로 잠들 수 있게 하려고 자는 아기를 살짝 깨우기로 마음먹을 수도 있다. 최종적으로는 아기가 완전히 깨어 있는 상태에서 스스로 잠들도록 하는 것을 목표로 점진적으로 접근하는 것이다. 엄마와 아기 모두 최대한 수면 시간을 확보하기 위해서는 가장 효과적인 방법일지라도 계속 수정해야 할 필요가 있음을 기억하자.

아기를 카시트나 유모차에
재워도 될까?

어떤 아기는 카시트나 그네, 흔들 요람, 유모차에 앉아야만 잠이 든다. 실제로 아이를 재우기 위해 많은 양육자가 이런 좌석식 아기용품을 활용한다. 그런데 아기를 좌석식 아기용품에 재워도 안전에 문제는 없는 걸까?

 괜찮다 VS 위험할 수도 있다

괜찮다 | 어떤 아기들의 경우, 잠을 재울 수 있는 유일한 방법이 일종의 장치에 의존하는 것일 수도 있다. 아기를 재울 때 꼭 그네나 유모차나 카시트를 이용해야 한다면 일단은 그렇게 하자. 아이에게는 잠

이 필요하고, 그건 부모도 마찬가지다. 아이가 성장하면서 좀 더 좋은
방법을 찾을 수 있을 것이다.

위험할 수도 있다 | 해마다 좌석식 아기용품에서 아기들이 사망하는
사건이 발생한다. 좌석식 아기용품에 아기를 오래 재우는 것은 현명
하지 않은 방법이다. 운전 중에 아기를 카시트에 앉히는 것은 당연하
지만, 목적지에 도착하면 카시트에서 내려놓아야 한다. 유모차도 마
찬가지다. 유모차에서 잠든 아기를 내려놓으려다 아기가 깰 수도 있
지만, 그것이 위험을 감수하는 것보다는 낫다.

 ## 과학이 말해주는 것

자동차로 아기와 함께 이동할 때는 반드시 제대로 설치된 카시트에
아기를 앉혀야 한다. 여기에 대해서는 의문의 여지가 없다(161쪽 '카시
트는 꼭 필요할까?' 편 참조).

　그러나 카시트를 튼튼하고 평평한 요람 대용으로 사용해서는 안 된
다. 2019년 미국 소아과학회에서 발표한 연구 논문에 따르면, 카시트
같은 좌석식 아기용품에 장시간 아기를 재우는 것은 매우 위험하다.
10년 동안 대략 12,000건의 수면 관련 영아 사망 사례를 조사한 결
과, 좌석식 아기용품에서 발생한 사례가 3%였고 그중 카시트가 가장
큰 비율을 차지한다. 언뜻 낮은 수치처럼 들리지만, 간과하기에는 충

분히 큰 수치이다.

　대표적인 위험은 목 눌림에 의한 질식이다. 특히 카시트를 제대로 사용하지 않았을 때 안전띠가 아기의 목을 감아 질식시킬 수 있다. 어린 아기들은 아직 목을 가누지 못해 머리가 앞쪽으로 기울어지면서 기도가 막힐 가능성도 있다. 이 연구에서 강조하는 다른 대표적인 위험은 좌석식 아기용품의 바닥이 지면보다 높이 떠 있어서 추락 위험이 있다는 것과 바닥 표면이 부드러워서 아기 몸이 뒤집혔을 때 숨이 막힐 수 있다는 것이다.

　미국 소아과학회와 질병통제예방센터를 포함한 전문기관들은 낮잠이든 밤잠이든 아기를 재울 때는 항상 등이 평평한 바닥에 닿도록 눕혀야 한다고 강력히 권고한다.

 꼭 기억해야 할 것

아기들은 카시트나 유모차, 그네 같은 좌석식 용품에서 잠들 수 있다. 그래도 괜찮다. 중요한 것은 아이를 계속 자게 놔두지 않아야 하고, 보호자가 항상 지켜보고 있어야 한다는 점이다. 부모들은 아기가 좌석식 용품에서 잠든 순간을 이용해 잠깐 낮잠을 자거나 얼른 샤워하고 싶은 생각이 들 것이다. 그러나 여러 보건기관들은 아기를 경사진 곳에 눕혀 재우지 말아야 하고, 그네나 유모차 또는 카시트에서 잠들었을 경우 곁을 비워서는 안 된다고 누누이 경고한다.

그렇다고 카시트 같은 아기용품을 사용하지 말라는 것은 아니다. 아이를 차에 태우고 이동할 때는 카시트가 필수품이다. 미국 소아과학회의 연구 논문에서 지적했듯이 거의 모든 카시트 관련 사망 사고는 '이동하고 있지 않은 상황'일 때 즉, 자동차 밖에서 발생했다. 비교적 드물기는 하지만 카시트 같은 아기용품과 관련된 위험이 실제로 존재한다는 사실에 주목하자. 그러므로 아기용품은 반드시 원래 목적에 맞게 사용해야 한다. 좌석식 아기용품의 위험성에 관해서는 아기를 돌보는 다른 양육자에게도 반드시 알려야 한다. 2019년에 실시한 연구에서 좌석식 아기용품 관련 사망 사고는 아기가 부모와 있을 때보다 육아 도우미나 보육 제공자와 같이 있을 때 더 많이 발생한 것으로 드러났다. 이것은 정말 무서운 문제이다. 아마 부모들은 아기가 깰 위험을 감수하면서 잠든 아기를 침대로 옮기는 것을 상상하고 싶지 않을 때가 많을 것이다. 그러나 이것 역시 우리가 조금도 방심하지 말아야 하는 문제이다. 우리 아기를 위해 안전한 수면 방법을 꼭 지키도록 하자.

 ## 브라이슨 박사가 엄마들에게

고백하건데, 나는 아이들을 재우기 위해 유모차나 카시트를 자주 이용했다. 세 아이 모두 아기였을 때부터 똑같은 절차를 수없이 여러 번 반복했던 기억이 난다. 먼저, 아기가 눈을 감으면 카시트에 얼마간 뒀다가 침대로 옮겨야 하는지 머릿속으로 계산했다. 옮길 때 아이가 깨지 않도록 충분히 깊이 잠들 수 있는 시간을 줘야 했다. 그러나 너무 오래 카시트에 재우지는 않았다. 어설프게 오래 자다가 중간에 깨면 아이는 이미 잠을 충분히 잤으니 나머지 시간은 깨어 있어야겠다고 마음먹을 수도 있기 때문이다. 부모라면 누구나 카시트에서 잠든 아이를 깨우지 않고 무사히 침대에 눕히는 최고의 결과를 추구하기 위해 내가 느꼈을 그 순간의 중압감에 대해 공감할 것이다.

나는 수시로 아이를 카시트에 앉히고 집 근처를 몇 번씩 반복해서 돌았다. 시간 맞춰 집에 돌아오지 못할 정도로 반경을 크게 도는 일이 없도록 하기 위한 나름의 방책이었다. 최상의 수면 환경을 조성하기 위해 익숙한 자장가를 틀어놓고 오늘은 꼭 잘 되게 해달라고 기도를 했다. 그러나 내 계획은 너무나 자주 무너졌다. 아기와 함께 차에 태운 큰아이가 정신이 말똥말똥한 채 자기 카시트에 앉아 싫증을 내면서 결국 큰소리를 지르곤 했기 때문이었다. "그 재미없는 자장가, 너무 지겨워!"라거나 "엄마, 방금 우리 집 또 지나쳤잖아! 왜 집에 갈 수 없는 건데?"라고 외치곤 했던 것이다.

아기 마사지는
효과적일까?

아기 마사지가 수면과 호흡, 배변과 성장에 좋을 뿐만 아니라 배앓이 완화와 스트레스 감소에도 도움이 된다고 알려지면서 현재 미국을 비롯한 여러 나라에서 유행하고 있다. 우리 아기에게 마사지를 해줘야 할까? 마사지를 통해서 어떤 효과를 기대할 수 있을까?

 ## 효과가 크다 VS 확실히 검증된 것은 아니다

효과가 크다 | 아기 마사지는 아기와 유대관계를 형성하기에 매우 좋은 방법이며, 아기 마사지를 통해 기대할 수 있는 장점이 매우 많다. 아기의 성장과 발달을 자극할 수 있는 가장 간단하고 재미있고 비용

이 들지 않는 방법이기도 하다.

확실히 검증된 것은 아니다 | 아기 마사지가 유익하고 중요하다는 과
학적 근거가 불분명하다. 심지어 잘못된 마사지 방법은 위험을 초래
할 수도 있다. 아기의 피부는 매우 민감하므로, 부드럽게 문지르지 않
거나 피부 보호막을 분해할 수 있는 오일을 사용한다면 자칫 피부 손
상을 입을 수 있다.

 과학이 말해주는 것

여러 연구에 따르면 아기와의 신체 접촉은 아기의 성장 발달에 매우
효과적이고 도움이 되는 방법임이 틀림없다. 아기와 피부를 맞대는
맨살 접촉이 사회성 발달과 두뇌 성장을 촉진하고 스트레스 수준을
낮춰주며 관계 신뢰도를 높여준다는 것이 이미 과학적으로 입증되었
다. 게다가 모유 수유가 원활해지고 아기의 전반적인 만족감도 높아
질 수 있다.

　하지만 아기 마사지를 중점적으로 다룬 연구를 보면 비교적 연구 결
과가 명확하거나 구체적이지는 않다. 여러 연구에서 아기 마사지의
많은 장점을 언급하지만, 그중 상당수가 방법론적으로 제한되어 있
다. 하지만 아기 마사지로 얻는 부모와 아기 사이의 유대감 증진과 맨
살 접촉의 이점에 관한 연구 결과를 보면 아기 마사지의 매력은 매우

강력하며, 최근까지도 아기 마사지의 긍정적 효과를 뒷받침하는 연구는 계속되고 있다. 예를 들어 신생아집중치료실에 입원한 신생아에게 마사지를 해줬을 때 입원 기간이 짧아지고 통증 감소와 체중 증가에 도움이 되는 것으로 나타났다. 게다가 신생아집중치료실에서 치료받는 아기들의 부모가 느끼는 스트레스와 불안감, 우울증도 줄어들었다. 실제로 2017년의 한 연구에 따르면 아기 마사지 경험을 통해 출산에 대한 부모들의 전반적인 인식이 개선되고 육아의 기쁨과 만족감이 증가하는 것으로 나타났다.

마사지 오일의 사용 여부와 사용 가능한 제품의 종류에 관해서는 연구 결과가 상반된다. 그러나 전문가들은 대체로 과일, 견과류, 씨앗, 채소 등을 저온 압축해서 짜낸 식용 무향 오일을 추천한다.

 ## 꼭 기억해야 할 것

아기 마사지가 여러 면에서 이점을 제공한다는 점과(주요 이점은 부모와 자녀 사이의 유대감 증진) 아직까지 입증된 단점이 없다는 점을 고려하면 아기 마사지를 시도하지 않을 이유가 없다. 한 가지 조심해야 할 점은 아기에게 피부 질환이나 다른 의학적 문제가 있다면 반드시 아기의 상황과 관련해 어떤 위험이 발생할 수 있는지 담당 소아과 의사와 상담해야 한다는 것이다.

아기 마사지의 기초를 잘 모른다면 다음의 몇 가지를 기억하도록 하

자. 예를 들어, 복부를 마사지할 때는 배꼽을 중심으로 시계 방향으로 마사지해야 한다. 결장이 오른편에서 시작되기 때문에 반시계 방향으로 마사지하면 자칫 변비가 생길 수 있다. 특정 오일 사용의 찬반에 관한 자료도 반드시 읽어보면 좋다. 또한 베이비파우더의 사용은 피해야 한다(145쪽 '베이비파우더는 안전할까?' 편 참조). 마지막으로, 마사지는 최대한 부드럽게 해야 한다. 그리고 늘 그렇듯 아기가 보내는 신호를 잘 관찰하면서 아기의 기분이 나쁘지는 않은지, 마사지하는 중간에 배가 고프지 않게 충분히 먹었는지도 잘 살피도록 하자.

부모 자신도 아기를 마사지해주는 과정을 통해 정서적인 도움을 얻을 수 있다. 아기 마사지는 부모가 긴장을 풀고 육아의 스트레스를 해소할 수 있는 매우 좋은 방법이기도 하다.

SNS에 아기 사진을
올려도 될까?

온라인 문화가 발달하면서 아기 사진을 SNS에 올리는 부모들이 많다. 아이를 키우며 느끼는 기쁨을 남들과 공유하고 싶은 것은 당연하다. 그러나 아기의 사진을 온라인에 올릴 때 고려해야 할 점은 없을까? 특히 안전 및 사생활과 관련해서는 어떤 우려가 있을까?

 위험하다 VS 문제 될 것 없다

위험하다 | 온라인에서 아기 사진이나 아기에 대한 정보를 얻을 수 있게 허용하는 것은 위험하다. 비개방형 SNS를 사용하고 있더라도 다른 구성원이 아기 사진을 가지고 무슨 일을 할지 모를 일이다. 누구든

게시물을 복사해서 마음대로 사용할 수도 있다. 아이가 자신의 정보가 세상에 공개되는 것에 대해 결정권을 갖지 못하는 때일수록 아이의 첫 디지털 발자취를 남기는 데 신중해야 한다.

문제 될 것 없다 | 부모는 아이의 의사를 알기 전에도 아이에 대해 많은 결정을 내린다. 이모들에게 핼러윈 의상을 입힌 아기 사진을 보여준다고 해서 아기의 사생활 권리를 침해하는 것은 아니다. 안전과 관련해서 말하자면, 물론 세상에는 나쁜 짓을 하는 나쁜 사람들이 분명 있다. 그러나 아기에 대한 정보를 얼마나 공유할지에 대해 현명하게 판단하고, 아이에게 악용될 수 있는 구체적인 정보를 공개하지 않는다면 아기의 성장과 발달을 지켜보는 기쁨을 가족이나 친구와 공유하는 것은 문제 될 것이 없다.

 ## 과학이 말해주는 것

부모가 아이의 사진을 찍어 온라인상에 게시하는 행위를 묘사할 때 '셰어런팅sharenting'이라는 용어를 사용한다. 셰어런팅 현상에 대한 논의와 토론이 점점 폭넓게 일어나고 있지만, 아직 이것을 주제로 다룬 연구는 많지 않다. 최근 온라인상의 사진 공유를 다룬 일반적인 연구를 시작했는데, 그중 아기에게 초점을 맞춘 것들이 몇몇 있다. 그나마 확실하게 결론 내릴 수 있는 것은 셰어런팅이 '새로운 정상(이례적이고 비정상적으로 여겨지던 것이 흔하게 일어나는 상황-옮긴이)'이 되었다는 것이다. 2010년에만 하더라도 2세 아동의 90%와 1세 아동의 80% 이상이 어떤 형식으로든 온라인상에 노출된 것으로 나타났다. 이처럼 거의 모든 부모가 합심이라도 한 듯 벌어지고 있는 현상과 관련해서 가장 우려되는 것은 역시 아이의 안전 문제이다. 누군가 아이의 이름과 나이, 위치를 페이스북이나 인스타그램 같은 공간을 통해 쉽게 알아낼 수 있다면 아이는 온라인 공간에서든 오프라인 공간에서든 위험에 노출될 수 있다는 말이다. 최근에는 아기 사진을 훔쳐다가 원하는 목적에 맞춰 사용하는 디지털 납치 문제도 발생한다. 남의 아기 사진을 자기 아기 사진이라고 올려놓는 사람도 있고, 심지어 소아성애자들이 자주 방문하는 사이트에 공유하는 예도 있다.

다른 중요한 우려는 사생활 문제와 관련 있다. 아기일 때는 부모가 자기 사진을 소셜미디어에 어떻게 사용하는지에 대해 의견을 낼 수 없지만, 성장하면서부터는 상황이 바뀔 것이다. 몇몇 아동보호 운동가들은 부모들이 아이 사진을 마음대로 게시함으로써 아이의 독립심과 자립심을 앗아가고 있다고 우려한다. 그들은 아이들에게도 자신의 사진을 게시하지 말라고 요청할 권리가 있어야 한다고 주장한다.

 꼭 기억해야 할 것

자녀의 사진이나 관련 정보를 온라인상에 게시해도 될지, 게시한다면 언제 해야 할지 궁금한 것은 당연하다. 셰어런팅의 영향에 대해 과학은 최근에야 연구하기 시작했고, 아직 많은 정보를 제공하지 못한다. 셰어런팅을 분명하게 반대하는 연구 결과가 없고, 게다가 부모들은 적극적으로 이 현상에 동참하고 있다.

아이가 성장해서 스스로 판단하고 결정할 수 있을 때까지 우리는 부모로서 아이를 대신해 모든 종류의 결정을 한다. 그리고 셰어런팅 현상 역시 우리가 부모로서의 가치관과 SNS의 형태 등을 고려해서 옳다고 느껴지는 결정을 해야 하는 그런 문제 중 하나이다. 아이들의 안전과 사생활을 충분히 고려해서 이런 현상에 현명하게 동참하는 것이 중요하다.

 브라이슨 박사가 엄마들에게

나 역시 SNS에 아이들의 사진을 올린다. 아이들이 아주 어렸을 때부터 해온 일이다. 너무 많은 신상 정보를 공개하지 않도록 조심하고, 아이가 크면 이 사진에 대해 어떻게 생각할지 아이의 관점에서 신경 쓰려고 노력한다. 또한 내 게시물에 접근할 수 있는 사람과 팔로워를 통제할 수 있게 설정할 수 있는 사이트를 주로 이용한다. 그러므로 아직까지는 내가 게시한 사진 때문에 생길 수 있는 부정적인 결과에 대해 크게 걱정하지는 않는다.

아이들이 커가면서 우리 가족은 SNS에 사진을 올리는 것에 대해

서로 많은 대화를 나눈다. 우리는 가족의 사진이나 정보를 게시하는 것에 관한 지침을 만들었다. 그래서 요즘에는 아이들 사진이나 이야기가 포함된 게시물을 올리려면 아이들에게 허락을 받는다(나는 아이들에게도 똑같은 예의를 요구한다. 그래서 잘 안 나온 사진이나 다른 사람에게 보여주고 싶지 않은 사진이 있으면 뺄 수 있다).

내 친구 중에는 SNS에 아이 얼굴을 노출하는 것을 철저히 조심하는 친구가 있다. 그녀도 아이들과 함께하는 경험을 사진으로 찍어 공유하기는 한다. 하지만 딸과 함께 회전목마를 타고 있다면 딸의 얼굴이 카메라에 잡히지 않게 얼굴을 돌리게 하고, 아들이 피아노를 치고 있다면 시선이 피아노 건반을 향하도록 사진을 찍어서 다른 사람이 아이 얼굴을 보지 못하게 한다. 그런 사진들이 아이의 첫 디지털 발자취가 될 수 있다는 점을 인지하고 항상 신중히 행동하는 그녀가 때론 존경스럽다.

소셜미디어와 관련된 다른 많은 문제와 마찬가지로 SNS에 아이 사진을 올리는 문제 역시 우리가 앞으로 점차 풀어나가야 할 과제 중 하나라고 생각한다.

반려동물은
아기에게 해로울까?

미국에서는 생후 12개월 미만의 아기가 있는 가정의 63%가 가정에서 반려동물을 한 마리 이상 기르고 있다고 한다. 아기가 태어나면 아기의 건강과 안전을 지키기 위해 반려동물에 대해서도 새로운 경계선을 설정해야 할까? 반려동물이 아기의 성장과 발달에 이로운 영향을 줄 수 있을까?

 해롭다 VS 이롭다

해롭다 | 아무리 사랑스러운 반려동물이라고 해도 예측 불가능한 행동을 할 수 있고 아기에게 위험한 존재가 될 수 있다. 매우 귀여운 강

아지라도 아기 위에 올라가거나 발톱으로 아기 얼굴을 긁을 수 있다. 심지어 반려동물을 통해 아기에게 질병이 전염될 수도 있다. 이런 점들을 고려하고서도 반려동물을 계속 아기 곁에 두기로 했다면, 아기에게서 항상 눈을 떼지 않고 늘 조심해야 할 것이다.

이롭다 | 반려동물을 기르는 것은 부모가 아기를 위해 할 수 있는 최고의 선택 중 하나이다. 반려동물을 곁에 두면 실제로 아기가 더 똑똑해지고, 아기의 건강도 더 좋아진다. 게다가 반려동물과 함께 자라는 아이는 정서적으로도 더 안정되고 행복할 것이다.

 ## 과학이 말해주는 것

가족의 일원으로서 반려동물과 함께 자라는 것이 아이들에게 얼마나 유익한지는 아무리 강조해도 지나치지 않다. 2019년 미국 소아청소년정신의학회에서 발표한 반려동물과 아동에 관한 글에는 이런 대목이 있다. "반려동물에 대한 긍정적인 감정이 생기면 아이의 자존감과 자신감이 높아질 수 있다. 반려동물과의 긍정적인 관계는 다른 사람과의 신뢰 관계를 형성하는 데 도움이 될 수 있다. 또한 반려동물과의 좋은 관계는 비언어적 의사소통과 공감 및 동정심을 발달시키는 데도 도움이 된다."

이런 이점 외에도 동물을 기르면 건강 면에서도 상당한 혜택을 볼 수 있다는 연구 결과가 있는데, 주로 비만과 알레르기 관련 질환의 위험이 낮아진다는 것이다. 연구진들은 고양이나 개와 함께 생활하는 것이 아동의 전반적인 행복과 건강 증진에도 좋고, 반려동물의 표정을 읽고 살필 기회가 늘어나기 때문에 아기의 인지 발달에도 도움이 될 수 있다는 점을 밝혀냈다.

 꼭 기억해야 할 것

반려동물을 기르면 아이의 사회성이 좋아지고, 더 건강하고 더 똑똑하고 더 행복한 아이로 자란다는 연구 결과를 반박하기는 어렵다. 반려동물은 가정에 안정과 즐거움을 준다. 하지만 동물을 입양하려 할 때는 상식적으로 판단해서 안전한 동물을 고르도록 하자. 반려동물이 위험하지 않다는 것을 확인했을지라도, 어느 순간 호기심 많은 아기가 보이는 관심을 동물이 싫어할 수 있으므로, 반려동물로부터 아기를 보호하기 위해서는 양육자가 늘 충분한 주의를 기울여야 한다. 살랑거리는 동물의 꼬리는 아기에게 몹시 유혹적일 수 있고, 강아지나 고양이는 누군가 자기 꼬리를 잡아당기는 것을 성가시게 느낄 수 있다. 아기가 움직일 수 있게 되면 아기와 반려동물의 상호작용을 계속 주의하여 살펴야 한다는 점도 기억하자. 그뿐 아니라 아기가 강아지나 고양이의 변기나 다른 해로울 수 있는 용품에 접근하지 못하도록 미리 조처를 취해야만 한다.

반려동물과 관련해 고려해야 할 또 다른 사항은 '시기 선택'이다. 갓 난아기와 반려동물을 보살피는 데 따르는 온갖 일을 처리하는 것은 육체적으로나 심리적으로 매우 힘든 일이다. 두 가지 어려운 일을 동시에 처리하기가 버거울 것 같다면 반려동물을 입양하는 시기를 조절하는 것이 좋다. 그러나 이성적으로 생각하고, 안전조치를 잘 취하고, 시기를 잘 선택하기만 한다면 아기에게 반려동물과 함께 하는 삶을 제공하는 것은 가족 모두에게 행복하고 만족스러운 일이 될 수 있다.

물론 반드시 반려동물을 길러야 하는 것은 아니다. 동물을 좋아하지 않는다면 조금도 고려할 필요가 없는 일이다. 그러나 이미 반려동물을 기르고 있거나 앞으로 기르게 된다면 아기가 많은 혜택을 누릴 수 있으리라는 것은 과학적으로 분명한 일이다.

 브라이슨 박사가 엄마들에게

나는 개를 사랑한다. 어릴 때부터 개와 함께 자랐고, 녀석이 가족의 일원으로 내 옆에 있는 것이 무척 좋았다. 아이들은 스카우트, 모비, 제스퍼 그리고 지금은 사랑스러운 블루벨까지 네 마리의 개와 함께 자랐다. 좋은 점은 끝도 없이 많았다. 개들과 함께 생활하며 아이들은 책임감을 배웠다. 개를 산책시키고, 똥을 치우고, 먹이를 주고, 심지어 스컹크가 분사하는 고약한 액체를 맞은 개를 목욕시키는(그리고 나서 2주 후, 농담이 아니라 진짜로 같은 일이 또 벌어졌다!) 등 반려동물을 돌보는 일을 통해 아이들은 믿음직스럽고 주의 깊게 행동하는 법을 배울 수 있었다.

그 밖에도 아이들이 무척 좋아하는 일들이 더 있다. 내가 이 책을 쓰고 있는 지금 이 순간에도, 막내아들은 소파에 앉아 무릎에 블루벨의 머리를 눕힌 채 루빅 큐브를 열심히 맞추고 있다. 어제는 학교에서 집으로 돌아오는 차 안에서 사이렌 소리를 들은 블루벨이 열린 차창 밖으로 "아우~" 하고 짖기 시작해서 차 안에 있던 우리 가족 모두 크게 웃었고, 신호등이 바뀌길 기다리면서 우리 차 옆에 서 있던 오토바이 운전자도 함께 웃었다.

다른 생명을 보살피고 사랑하는 과정을 통해 아이의 마음은 바깥세상을 향해 활짝 열릴 것이다. 또한 아이가 성장해서도 반려동물을 기르는 과정을 통해 배운 공감과 배려를 바탕으로, 다른 사람들과도 원만한 관계를 맺어나갈 수 있을 것이다.

일과 육아,
무엇을 선택할까?

부모 중 한 사람이 가정에서 아이를 전담하여 돌보는 '가정 보육'을 선택할지, 아니면 아이를 어린이집에 맡기고 다시 사회로 돌아갈지를 결정해야 하는 순간이 온다면, 무엇을 고려하고 어떤 기준에 따라 선택하는 것이 좋을까? 또한 각각의 결정에는 어떤 의미가 내포되어 있을까?

 육아를 선택한다 VS 일을 선택한다

육아를 선택한다 | '가정 보육'은 부모가 아이에게 해줄 수 있는 최고의 선택이자, 양질의 보육을 보장하는 가장 좋은 방법이다. 또한 부모

가 자녀의 성장 과정에서 일어나는 중요한 순간들을 놓치지 않고 함께할 수 있다는 것도 가정 보육의 큰 장점이다.

일을 선택한다 | 어린 자녀를 둔 부모가 직장 생활을 선택하는 이유는 다양하다. 자신의 일을 사랑하고 일에서 만족감이나 의미를 얻기 때문일 수도 있고, 경제적인 여건 때문일 수도 있다. 아이에게 부모가 사회의 한 일원으로 인정받는 모습을 보여주고 싶은 마음이 이유가 될 수도 있다. 물론 사람마다 차이는 있지만, 종일 아이와 함께 있는 경우보다 육아 피로도가 상대적으로 낮아 아이를 대할 때 좀 더 긍정적인 태도를 보일 수 있다는 것도 장점이라 할 수 있다.

 ## 과학이 말해주는 것

직장 생활을 할지 아니면 육아를 위해 집에 머물지에 관한 결정은 어디까지나 개인적인 상황과 선택이다. 하지만 때때로 너무 복잡한 문제들이 서로 얽혀 있어 결정하기 쉽지 않다. 그런데도 사람들은 대부분 이 문제를 단순화시켜 이분법적인 시각으로 보는 경향이 있다. 그중 하나는, 가정 보육을 하는 부모는 '일을 하지 않는 사람'이라고 보는 시각이다. 많은 이들이 문제로 지적하듯이 이는 타당하지도, 정확하지도 않은 말이다. 가정 보육은 무자비하고 자기애가 강한 '상사'인 아기를 종일 상대해야 하는 매우 힘들고 고된 일이다.

또 다른 하나는 일하는 부모는 자녀와 함께 보내는 시간이 많지 않다고 보는 시각이다. 이것 역시 타당하지도, 정확하지도 않다. 일하는 부모들이 아이들과 함께 보내는 시간은 과거에 비해 계속 늘어나고 있기 때문이다.

그뿐 아니라 경제적 문제나 다른 사정 때문에 아이를 키우며 종일 집에 있을 수만은 없는 부모도 많다. 반대로 양질의 보육 서비스를 받기 위한 높은 비용을 감당할 수 없거나 마음 편하게 맡길 만한 좋은 보육 시설이나 방법을 찾지 못해 어쩔 수 없이 경력 단절을 선택하는 부모도 많다.

무수히 많은 다른 변인들도 영향을 미친다. 양쪽 부모가 있는 가정도 있지만 한 부모 가정도 있다. 어떤 가정의 할머니, 할아버지는 적극적으로 아이를 잘 보살펴 주지만, 어떤 가정의 할머니, 할아버지는 하려는 마음은 있어도 실제로는 양질의 보육을 제공하지 못한다. 어떤 사람은 육아를 도와주는 강력한 네트워크와 공동체를 가지고 있지만, 어떤 사람은 도움받을 곳을 찾지 못한다. 경제적으로 여유로운 사람도 있고, 하루하루를 근근이 살아가는 사람도 있다. 아이가 어릴 때 조금이라도 더 많은 시간을 함께 보낸 후 직장에 복귀하고 싶은 부모도 있고, 시간제로 일하거나 재택근무를 원하는 부모도 있다. 게다가 최근에는 기술의 발전 덕분에 원격 근무나 탄력적 근무가 가능해지고 어린 자녀와 더 많은 시간을 보낼 기회가 생기고 여러 분야의 인적 구조가 변화했다. 밖에서 일하는 것과 육아를 어느 정도 병행하는 부모들이 많아졌고, 시간이 지나면서 병행 방법도 다양하게 바뀌고 있다.

이처럼 육아와 일은 여러 역학적 요소들이 서로 영향을 미치는 복잡하고 혼란스럽고 다차원적이고 가변적인 문제이다.

이처럼 다면적인 문제를 단순히 '일' 아니면 '육아'라는 두 갈래 길로만 볼 것이 아니라, 부모가 먼저 믿을 수 있는 정보를 최대한 수집하여 각자의 상황에 맞는 최선의 선택을 할 수 있어야 한다. 일과 육아 사이에서 균형을 잘 유지하는 부모도 있지만 그렇지 못한 부모도 있다. 육아는 가정에 기쁨과 충족감을 선물하는 일인 반면, 늘 변하는 상황 속에서 끊임없이 다시 질문하고 변화에 맞춰 계획을 수정하면서 자신을 희생하고 후회를 경험하는 일이기도 하다.

다행히 지난 수십 년 동안 '엄마의 조기 취업' 즉, 만 3세 미만의 자녀를 둔 엄마의 취업에 관한 연구가 많이 이뤄졌다. 이 연구들은 엄마의 조기 취업이 아이의 건강과 행동, 사회성 발달, 학업 성적, 인지 능력 등에 미치는 영향을 중점적으로 다뤘다. (여기서 논의하는 연구 가운데 일부는 엄마 아빠의 구분 없이 부모 전체를 조사한 것이지만, 대부분의 연구는 엄마를 특정해서 다룬다. 물론 몇몇 육아 상황에 대해서 엄마와 아빠가 비슷한 경험을 할 때가 많고, 감사하게도 육아하는 아빠를 대하는 사회적 태도가 점점 발전하고 있지만, 여전히 이 문제는 성별이 중요하게 작용할 수 있는 대표적인 주제이다.)

안타깝게도 그런 다양한 연구들을 조사하고 요약한 보고서들은 하나같이 연구 결과들이 '복잡하고', '엇갈리고', '상반되므로' 간단하게 또는 확실하게 어떤 결론을 내리기 어렵다는 것이 결론의 핵심이라고 말한다. 한 보고서는 "엄마의 취업과 아이의 성취도에 관한 연구들은 지난 몇 년 동안 서로 엇갈리는 결과를 내놓고 있다는 점만 일관적이다.”라고 기술했다.

　아동의 인지 능력과 행동을 예로 들어보자. 엄마의 취업이 어떤 영향을 미칠까? 둘 사이에 긍정적인 연관성이 있음을 나타내는 연구도 있고, 어떤 연구는 이 둘 사이에 아무런 관련이 없다고도 말한다. 더욱 혼란스러운 점은 다른 연구에서는 직업의 특성이나 아동의 나이 같은 구체적 요소들을 고려해서 살펴봤을 때 긍정적인 효과와 부정적인 효과가 모두 보고되었다는 것이다. 2008년 68건의 연구를 메타 분석한 연구 논문은 엄마의 취업과 ‘아동의 성취도’ 사이에 기본적으로 유의미한 연관성이 없다고 결론 내렸다. 그러나 연구 논문들을 요약한 다양한 보고서들은 일반적으로 어린이집 보육은 아동의 인지 발달 향상뿐만 아니라 약간의 문제 행동과도 관련이 있다고 주장한다.

　이처럼 서로 엇갈리는 결과는 엄마의 조기 취업과 그것이 아동에게 미치는 영향에 관한 다양한 질문의 답을 찾으려는 연구에서도 볼 수 있다. 예상했을지 모르지만, 탄탄하고 확고한 부모와 자녀의 관계는 아동의 인지 능력 및 행동 발달 향상과 관련 있다. 어떤 연구는 엄마의 조기 취업이 안정적인 애착 관계 형성을 방해할 가능성이 있다고 보고한다. 또 다른 연구에서는 부모와 자녀의 관계가 형성되는 초기에 직장에 나가는 것보다 관계가 확립된 후에 직장을 다니기 시작했을 때 애착 관계에 더 큰 영향을 줄 수 있다는 결과가 나왔다. 이런 연구 결과 때문에 어떤 부모들은 취업을 고민하게 될 것이다. 그러나 엄마 외의 다른 사람이 맡는 보육을 자세히 조사한 많은 연구에서 어린이집 보육의 긍정적인 결과도 다양하게 보고되었다. 연구자들은 아동이 어린이집에서 경험하는 양질의 보육이 인지 능력 및 사회성 발달과 관련 있음을 입증했다. 반면에 비교적 보육의 질이 낮은 어린이집에서 많은 시간을 보내는 것은 육아가 전반적으로 덜 세심하다는 의미이기 때문에 이런 연구 결과들은 우리를 더욱 혼란스럽게 만든다.

그렇다면 스트레스는 어떨까? 직장에서 일하는 부모가 더 심할까, 집에서 아이를 키우는 부모가 더 심할까? 2012년 6만 명 이상의 미국 여성을 대상으로 한 갤럽 여론 조사는 전업 육아를 하는 여성들이 직장 생활을 하는 여성에 비해 우울증이나 슬픔, 분노를 더 많이 겪는다고 보고했다. 그러나 다른 연구는 정반대의 결과를 내놓았다. 직장에서 전일제로 일하는 엄마들이 매우 높은 수준의 스트레스를 겪는다는 것이다. 또한 만일 자녀가 둘인 엄마가 직장생활을 하고 있다면 생물학적 지표상 훨씬 더 높은 수준의 스트레스에 시달리는 것으로 나타났다.

취업에 관한 부모의 결정과 관련해서 연구자들이 살피는 여러 가지 요소들이 있지만, 그것들을 모두 다루는 것은 이 책의 범위를 훨씬 벗어난다. 그래도 우리는 전체적인 그림을 이해할 수는 있다. 여러 연구 결과들이 서로 상충하기 때문에 과학적으로 명확하고 확실한 결론을 내리기 어렵다는 것이다. 그렇다고 해도 우리는 관련된 여러 연구를 검토해서 의미하는 바가 무엇인지 포괄적인 주장을 제시하는 다양한 개관 논문과 메타 분석을 이용할 수 있다.

부모들이 들으면 크게 안도할 만한 가장 중요한 주장은 부모의 취업이 실제로 아이에게 긍정적 또는 부정적 영향을 미친다고 해도, 그 영향이 실제로 크지는 않다는 것이다. 물론 아이에게 영향이 전혀 없다는 말은 아니다. 보건 경제학자인 에밀리 오스터Emily Oster가 영향력 있는 자신의 저서 《크립시트Cribsheet》에서 "부모가 맞벌이할 때 가난한 가정의 아이들에게는 긍정적인 영향을 미치지만(즉, 부모가 일하는 것이 더 낫지만), 부유한 가정의 아이들에게는 덜 긍정적이거나 심지어 조금 부정적인 영향을 미치는 것으로 보인다."라고 밝혔다. 그러나 오스터는 부모의 취업이 자녀의 발달에 미치는 유의미한 영향은 "미미하거나 전혀 없다."라는 점을 한 번 더 강조하고 있다.

최근 몇 년 동안 발표된 다양한 메타 분석도 같은 의견을 내놓고 있다. 대다수의 메타 분석 논문들은 아이가 만 1세가 될 때까지 부모가 옆에 있어 주거나 일종의 육아 휴가를 받는 것의 긍정적인 효과를 강조한다. 그러나 아주 어린 아기였을 때를 제외하고 아이들은 엄마가 일을 하더라도 긍정적이든 부정적이든 어떤 유의미한 영향을 받지 않는 것으로 보인다.

 꼭 기억해야 할 것

사람들은 이 문제를 '엄마의 전쟁'이라 이야기하곤 한다. 아이를 집에 데리고 있으면서 가정 보육을 할지 아니면 직장에 다시 복귀할지를 선택하는 문제만큼 감정적 대립이 일어나는 전쟁터도 없다. 이 문제에 관해 이야기할 때 귀를 기울이고 이해하려는 마음 없이 그저 평가하려는 태도로 대화에 접근한다면 문제 해결에 도움이 안 될뿐더러 서로의 감정만 상하는 결과로 이어질 수 있다. 그러므로 가장 먼저 기억해야 할 것은 우리 모두 이 문제에 대해 서로 비난하기를 멈춰야 한다는 것이다. 대부분의 부모는 자신과 가족을 위한 최선의 결정을 내리기 위해 온갖 노력을 한다. 우리가 서로를 더 많이 지지할 수 있다면, 아이를 훌륭하게 기르고 더 나은 세상을 만드는 일에 조금 더 가까워질 수 있을 것이다.

이 주제와 관련해서 우리가 더 확실하게 기억해야 할 것이 있다. 바로 연구 문헌 전반에 걸쳐 존재하는 몇 가지 핵심 사항이다. 우선, 아이의 요구에 적절히 대응할 줄 아는 헌신적인 양육자의 중요성이다. 부모가 육아 부담과 우울증에 시달리고 자신의 결정에 대해 후회하면서 지속적으로 아기의 신체적, 정서적 요구에 대응하지 못한다면 아이는 그런 부모와 집에 계속 머무는 것보다 아이들에게 사랑과 보호와 관심을 제공하는 우수한 어린이집에 다니는 것이 훨씬 낫다.

그 밖에도 부모의 욕구, 부모가 없을 때 아이가 받을 수 있는 보육의 형태와 질, 경제적 능력이나 친구와 가족의 지원 같은 부모의 자산 등을 고려해야 한다. 다시 에밀리 오스터의 이야기로 돌아가 보면, 오스터는 보육 방법을 결정할 때 무엇이 아이에게 최선인지, 부모 자신이 하고 싶은 것이 무엇인지, 이 결정이 가계 예산에 어떤 영향을 미치는지 이렇게 세 가지 요소로 나눠 생각하라고 권고한다. 나는 이 권고가 마음에 든다. 만일 아이를 어린이집에 보내기로 했다면 아기를 보살필 보육교사의 수가 충분하고 보육교사의 이직률이 낮은 어린이집을 선택해야 한다. 아이와 많은 시간을 함께 보내는 보육교사는 아이에게 애착의 대상이 될 수 있다. 아기들이 부모 외에도 애착 대상을 여럿 둘 수 있다는 것은 좋은 일이다. 그렇다고 해서 아기가 부모에 대해 느끼는 특별함의 정도가 줄어드는 것은 아니다. 그리고 우리는 아기가 신뢰하는 애착 대상이 철새처럼 곧 떠나버리는 존재가 아니라 안정적인 관계를 갖는 대상이 되기를 바란다.

연구에 따르면 아기였을 때, 특히 태어난 지 얼마 되지 않았을 때는 가능하면 부모가 곁에 있어 주는 것이 매우 좋다고 한다. 그러나 보편적으로 적용되는 옳은 결정 또는 틀린 결정은 본질적으로 존재하지 않는다. 어떤 결정이든 간에 이점과 더불어 희생과 단점도 존재한다는 것을 알고, 아기와 부모 그리고 가족 전체에게 가장 적합하다고 느껴지는 결정을 해야 한다. 물론 쉽지 않은 일일 것이다. 하지만 아이에 대한 사랑만 있다면 우리는 현명한 선택을 할 수 있을 것이다.

 브라이슨 박사가 엄마들에게

나는 어렸을 때부터 늘 가정 보육을 하는 엄마가 되고 싶다고 생각했다. 고등학교와 대학교에 다닐 때 했던 일은 대부분 아이를 돌보는 일과 관련된 것이었다. 아이를 위해 집에 머무는 것을 그만큼 중요하게 여겼기 때문에 남편 스캇과 나는 결혼하고 6년 후에야 아이를 가졌다.

그 즈음해서 남편이 대학원 공부를 끝마쳤고, 내가 일하지 않아도 되는 형편이 되었기 때문이다.

그래서 나는 집에 머물며 아이를 돌보기 시작했다. 우리는 신중하게 계획을 짜고 검소하게 생활하고 부모님으로부터 약간의 도움을 받으며 근근이 살아갔다. 스캇이 캘리포니아에서 직장을 구하기 전까지 그런 생활은 계속되었다. 친정이 캘리포니아에 있어서 그러지 않아도 간절히 돌아가고 싶었던 터였다. 그러나 캘리포니아에서 생활하는 데 드는 비용은 웨스트 텍사스 시골에서 살 때와는 확연히 달랐다. 어느 날 밤 스캇이 내게 말했다. "한 사람 월급으로는 생활하기 어려울 것 같아. 이런 식으로는 안 되겠어."

나는 "하지만 그건 계획에 없던 거잖아. 나는 아이와 집에 있을 거야."라고 대답했다.

남편의 말에 반박은 했지만 그렇다고 문제가 해결되는 것은 아니었다. 그래서 나는 내가 일을 해야 한다면 가족 친화 프로그램과 여름 방학이 있고, 휴일에 쉴 수 있으며, 아이를 등하교시킬 수 있고 학예회에도 참석할 수 있게 근무 시간이 탄력적인 교수가 되겠다고 결심했다. 그래서 대학원 박사 과정에 들어갔다. 남편이 집에서 아이를 돌볼 수 있는 시간에 수업을 듣고 공부했다. 박사 과정을 밟는 동안 두 아이가 더 태어났다. 하지만 일정을 잘 조정해서 이전처럼 아이들을 집에 데리고 있을 수 있었다. 새벽과 아이들이 낮잠 자는 시간 그리고 남편이 아이들을 공원으로 데리고 나간 틈을 타서 공부했다. 내가 정말로 바라는 것 즉 아이들이 깨어 있을 때 함께 있어 주기 위해 몇 년을 이런 식으로 보내면서 정말 진이 다 빠질 때도 많았다.

　또한 교수가 되려던 나의 계획은 중간에 변경되었다. 대신 나는 아동·청소년 심리치료사가 되었고, 일주일에 하루, 남편이 아이들을 봐줄 수 있는 시간을 이용해 상담 활동을 했다. 상담은 내가 열정을 바치는 일이 되었다. 그리고 얼마 지나지 않아 나는 육아와 두뇌 발달에 관해 가르치기 시작했다. 대니얼 시겔 박사를 만나 함께 연구도 하게 되었다. 시겔 박사와 함께 《아직도 내 아이를 모른다(The Whole-Brain Child)》를 썼는데, 막내아들이 유치원에 들어가는 해에 출간되었다. 당시 나는 꽤 여러 곳을 다니면서 부모와 교육자, 전문가들을 대상으로 강연을 했고, 그 경험을 바탕으로 지금 이 책도 쓰고 있다. 아이들이 성장한 후에는 더 많은 일을 시작했고, 지금도 여전히 육아와 일 사이에서 올바른 균형을 잡으려고 애쓰며 산다. 나는 보통 저녁 식사를 마치거나 아이들의 수면 의식을 마친 후 밤 8시 30분이 되어서야 비로소 하루 일을 시작한다. 그래서 일과 육아의 균형을 잘 잡으면서 보내는 날이 많은지도 모르겠다.

　나는 가정 보육을 하는 엄마였지만 다행히 아이들과 많은 시간을 같이 보내고 육아를 함께 해주는 남편이 있어서 틈틈이 공부와 일을 병행할 수 있었고, 밤늦게까지 일을 한 다음 날에는 잠깐 눈을 붙일 수 있었다. 그런데도 여전히 사는 것이 힘들었다. 모든 사람이 집에 머물며 가정 보육을 할 수 있는 상황이 되거나 경제적 바탕이 있는 것은 아니다. 나도 겪어봤기 때문에 잘 안다. 아이를 키우면서 일을 하는 것과 관련해서 어떤 결정을 내리든 희생해야 할 일이 생길 것이고,

어느 쪽을 선택하든 무엇인가는 놓치게 될 것이다. 아이를 위해 온종일 집에 있는 것은 극도로 힘들고, 지치고, 어떤 때는 미칠 것 같은 일이다. 때론 가족을 보살피는 대단할 것 없는 일이 어릴 적에 상상했던 것만큼 보람되거나 행복하지만은 않다고 느꼈다. 그러나 아이들과 집에서 함께 보낸 시간만큼은 그 어떤 것과도 바꾸고 싶지 않다. 돌이켜 보면 가정 보육을 선택한 것은 우리 가족을 위해 옳은 결정이었다. 그리고 그것은 내가 일을 하기 시작했을 때 나의 능력을 시험하는 일이 되기도 했다.

우리는 자녀를 위해 그리고 자녀가 원하는 것을 주기 위해 최대한 그들의 곁에 있어 주면서 우리 삶에도 도움이 되는 선택을 할 수 있도록 주어진 상황에서 최선을 다한다. 아이와 함께 집에 머물든 일하느라 집을 비우든 방법은 매우 많다.

마지막으로 나는 세상이 '엄마의 전쟁'이라는 성차별적 표현을 이제 그만 쓰게 되기를 바란다. 더 많은 아빠가 어린 자녀와 함께 집에 머물며 육아에 더욱 큰 역할을 담당하고, 그래서 육아에 대해 가족이 고려할 수 있는 선택의 폭이 점점 더 넓어지기를 기대한다.

육아 도우미와 어린이집,
어느 쪽을 선택할까?

아이를 키우다 보면 여러 가지 선택의 갈림길에 서곤 한다. 그중 아이를 맡길 사람이나 기관을 찾는 것만큼 결정하기 어렵고 복잡한 문제가 또 있을까. 만약 육아 도우미와 어린이집 중 하나를 선택해야 한다면, 그 선택의 기준은 무엇이고, 어떤 점을 고려해야 할까?

육아 도우미 VS 어린이집

육아 도우미 | 아이들은 적절하고 지속적인 보살핌과 관심 속에서 성장해야 한다. 모든 가정이 육아 도우미를 고용할 만한 경제적 여유가 있는 것은 아니지만, 아기 곁에 지속적으로 머물 수 있는 육아 도

우미를 구할 수만 있다면 여러 가지 장점이 많을 것이다. 가장 좋은 점은 부모가 없을 때 아기가 믿고 의지할 수 있는 애착 대상이 생긴다는 것이다.

어린이집 | 가장 중요한 것은 보육의 질이다. 집과 가까운 곳에서 좋은 어린이집을 찾을 수만 있다면, 아이의 요구에 적절하게 초점을 맞출 수 있을지 없을지 확실치 않은 육아 도우미를 고용하는 것보다 어린이집을 선택하는 것이 나을 수도 있다. 어린이집은 국가의 정식 인가를 받아 운영되며 보육교사들에게 일정한 양의 교육을 제공한다. 또한 어린이집은 아기의 사회성과 정서 발달에 도움이 될 수 있는 사회화 기회를 제공하기도 한다.

 과학이 말해주는 것

어린이집이나 육아 도우미를 선택하는 것에 대해 과학적 근거를 제시하기는 어렵다. 부모가 아이를 직접 양육하는 '가정 보육'과 부모가 아닌 사람에 의한 보육을 비교한 연구 논문은 많지만, 육아 도우미와 어린이집의 차이를 보여주는 직접적인 데이터는 찾기 어렵다.

2018년 프랑스에서 발표된 한 연구는 갓난아기부터 만 3세까지의 아동을 육아 도우미의 보살핌을 받은 집단과 어린이집을 다닌 집단으로 나눠 비교했다. 연구진은 총 1,428명의 아동을 대상으로 그들이 엄마 배 안에 있을 때부터 8세가 될 때까지를 추적조사했다. 그 결과, 어린이집을 다니는 아동이 육아 도우미의 보살핌을 받는 아동보다 정서·인간관계·사회성 측면에서 더 긍정적인 결과를 보였으며, 문제 행동도 적게 나타났다. 하지만 연구 결과에 작용하는 많은 변인이 있었다. 예를 들어, 사회경제적 지위가 낮은 가정의 아이들보다 사회경제적 지위가 높은 가정의 아이들이, 남자아이들보다는 여자아이들이 더 나은 결과를 보인 것이다.

전체적으로 판단했을 때, 어린이집은 아이들의 사회성 문제나 정서적 어려움을 줄이는 데 도움이 되는 것으로 보인다. 그러나 이 연구의 결론 부분에서는 보육의 주체보다 '양질의 보육 자체'가 가장 이로운 결과를 산출한다고 강조한다.

보육 문제를 다루는 대부분의 연구는 사립 및 공립 어린이집이나 유치원 같은 '공식 보육'과 보모나 육아 도우미 또는 다른 가족 구성원의 보살핌을 받는 '비공식 보육'의 차이를 자세히 다룬다. 인지 발달과 행동 발달 측면에서는 일반적으로 비공식 보육보다는 공식 보육에서 긍정적인 결과가 더 많다. 이런 차이가 발생하는 중요한 이유는 공식 보육 시설에 대한 국가의 체계적인 관리에서 비롯한다. 한 연구에서는 "공식 보육 시설에 등록된 아동들은 보육자의 특성, 안전성, 활동의 종류, 보육의 질까지 우리가 고려한 네 가지 영역 모두에서 더 우수한 보육을 경험한다. 우리는 외부로부터 엄격한 관리를 받는 보육 방식이 질적으로 가장 우수하다는 점에도 주목했다."라고 밝혔다.

이와 같은 결론을 지지하는 다른 연구들도 많다. 그러나 문제는 이 연구들이 우리의 질문에 정확히 초점을 맞추고 있지 않다는 데 있다. 우선, 부모가 아닌 보육자와 육아 도우미에게 초점을 완전히 맞춘 것이 아니라 비공식 보육 전반을 다루고 있어서 범위가 너무 넓다. 게다가 대부분의 연구는 어린 아기가 아닌 취학 전의 아동이나 그 이상의 연령대를 대상으로 한다.

우리의 선택을 도와주는 명확하고 폭넓은 연구 문헌은 없지만, 부모들에게 도움이 될 만한 연구 기반의 핵심 원칙은 소개할 수 있다. 연구를 통해 분명히 밝혀졌듯이 행동 · 건강 · 인지 능력 측면에서 아기에게 가장 중요한 요소는 아이들이 어린이집이나 육아 도우미, 유치원, 친척 등으로부터 받는 보육의 유형이 아니라 이 과정에서 경험하는 것이 무엇이냐에 달렸다는 것이다. 보육 장소가 어디냐보다 훨씬 더 중요한 것은 아이들이 어느 정도의 사랑과 온정, 즉각적 반응, 인지적 자극을 받느냐이다.

어린 시절의 경험은 아이의 성장 후 모습에도 크고 작은 영향을 미친다. 일관된 보육이 아이에게 큰 영향을 줄 수 있다는 점을 전제로 '어릴 때 겪는 경험의 질'이 매우 중요하다는 사실을 증명하는 연구가 지금까지도 계속 이어지고 있다. 그러나 안타까운 것은 모든 종류의 보육에서 아이들이 얼마나 질적으로 일관되지 않은 경험을 하고 있는지를 보여주는 연구도 많다는 점이다.

✏️ 꼭 기억해야 할 것

아이에게 일관된 양육 환경을 제공하는 것이 무엇보다 중요하다. 그리고 어떤 유형의 보육을 결정하든 보육의 질적인 면을 꼭 생각해야한다. 여러 연구 결과들을 보면 공식적 보육이 육아 도우미나 친척이제공하는 비공식적 보육보다 질적 일관성이 높은 것으로 나타났다.그러나 상황에 따라 다른 결론도 있을 수 있다. 아기의 욕구에 민감하게 반응하고 아이를 잘 보살피는 육아 도우미를 고용한다면 일반적인어린이집에 아이를 맡기는 것보다 더 낫다는 것은 의심의 여지가 없다. 물론 반대의 경우도 마찬가지다. 신뢰할 수 없는 육아 도우미보다는 양질의 보육을 제공하는 어린이집이 더 나을 것이다. 마지막으로,아이를 보살필 사람 또는 기관이 자주 바뀌지 않도록 노력해야 한다는 점도 꼭 기억하자.

PART 5

양육과 교육

아이를 어떻게
훈육해야 할까?

아기가 태어나서 처음 1년 동안은 대개 아기의 훈육에 대해 크게 고민하지 않을 것이다. 하지만 이 시기에 아이와 어떻게 교감하고, 아이에게 어떻게 반응하는지가 유년기 동안 아이의 행동을 어떻게 다룰지를 생각해보는 토대가 될 수는 있다. 아래에 대표적인 양육 방식 세 가지를 소개한다. 이중 어떤 방식으로 아이에게 접근하고 싶은지, 더 나아가 자신의 양육 철학은 무엇인지 한 번쯤 생각해보자.

 권위주의적 접근법 VS 허용적 접근법 VS 권위 있는 접근법

권위주의적 접근법 | 아이들에게는 적절한 규칙과 경계선이 필요하

고, 그것을 잘 지킬 수 있게 가르쳐야 한다. 세상은 아이들에게 늘 친절하지만은 않을 것이고, 아이들이 권위에 도전하거나 이의를 제기하도록 두지도 않을 것이다. 아이들은 자신이 해야 하는 일이 무엇인지 알아야 하고, 때로는 이유 없이 무조건 하기 싫은 일을 해야 할 때도 있다. 따라서 부모는 아이가 규칙을 잘 따르지 않으면 엄격하게 다뤄야 한다. 적절한 훈육을 통해 아이는 교훈을 얻고, 부모에 대한 건전한 두려움을 가질 수 있다.

허용적 접근법 | 부모의 사랑을 표현하는 가장 좋은 방법은 아이를 따뜻하게 대하고 즉각적으로 반응하는 관계를 형성하면서 동시에 규칙 설정에 대해서는 관망하는 태도에 가까운 접근을 하는 것이다. 아기가 성장하면서 부모가 원하는 대로 행동하기를 바라기보다는, 부모가 아이를 얼마나 사랑하는지를 알리는 것에 더 신경을 써야 한다.

권위 있는 접근법 | 물론 아이들에게는 규칙과 경계선이 필요하다. 하지만 아이를 존중하면서도 충분히 규칙을 설명하거나 이야기를 나눌 수 있다. 아이가 만 1세에 가까워지면 행동 규칙을 정해야 할 것이다. 그러나 반드시 따뜻하고 다정하게 대한다는 조건이 먼저라는 점을 명심하자. 아이에 대한 명확한 기대감과 규칙이 긍정적인 피드백과 유대감, 부모의 애정과 결합한다면 아이들은 어떤 상황에서도 자신감을 가질 수 있을 것이다. 그렇게 성장한 아이들은 어떤 결정을 내려야 할 때 어른에게 기대지만은 않을 것이며, 독립심, 자신감과 더불어 스스

로를 조절할 줄 아는 자기 통제력을 가지게 될 것이다.

 ## 과학이 말해주는 것

앞에서 이야기한 세 가지 접근법은 발달심리학자 다이애나 바움린드 Diana Baumrind가 처음 공식적으로 구분한 양육 유형이다. 부모의 양육 유형에 관한 바움린드의 모형은 1960년대에 처음 제기된 이후, 양육에 관한 연구에 중대한 영향을 미쳤다. 오늘날 부모의 양육 태도를 연구하는 학자들도 50여 년 전 바움린드가 세운 기본 모형에 의존하고 있다.

바움린드의 모형에서 중요한 것은 유대와 체계성, 이 두 가지 차원에서 핵심 요소를 고려해 양육 유형을 구분했다는 점이다.

유대(connection)는 일반적으로 다정함 또는 보살핌이라고 표현하는데, 유대의 수준은 부모가 자녀와 상호작용할 때 드러내는 애정, 감정 반응성, 조율의 정도를 뜻한다.

체계성(structure)은 종종 통제 또는 요구라고도 하는데, 부모가 자녀에게 자신의 기대에 부응하길 요구하는 것, 정해진 규칙과 행동 지침을 따르라고 요구하는 것을 가리킨다. 체계성은 일관되고 분명한 한계와 경계선을 설정하려는 노력이라고 볼 수 있다.

이 두 가지 요소를 기준으로 우리는 다양한 양육 태도를 논의할 수 있다. 만일 체계성 수준이 높고 유대 수준이 낮은 부모라면 양육 태도가 매우 권위주의적일 것이다. 아이에게 규칙을 지키라고 엄격하게 요구할 것이고, 이에 복종하지 않으면 벌을 내릴 때도 있을 것이다. 심지어 가혹하거나 수치스러운 벌이 될 수도 있다(288쪽 '아기의 엉덩이를 때려도 될까?' 편 참조). 이와 같은 부모의 높은 기대감은 아이에 대한 높은 성숙도 요구와 결합할 것이고, 규칙과 명령에 의문을 품는 것을 용납하지 않을 것이다. 이런 양육 태도를 지닌 부모는 자녀에게 애정을 보이는 경우도 매우 드물 것이다. 이것이 바로 '권위주의적 접근법'에서 설명한 양육 태도이다. 다음 그림을 보면 권위주의적 양육 태도는 체계성 수준이 높고 유대 수준은 낮은 사분면에 있음을 알 수 있다.

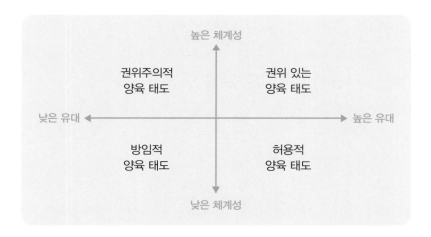

정반대로 체계성 수준이 낮고 유대 수준이 높은 부모의 태도는 '허용적 양육 태도'에 해당한다. 허용적인 부모는 자녀에게 주기적으로 애정과 정서적 유대를 보이지만, 경계선과 한계를 정하고 아이 행동에

대한 기대를 표현하는 문제에 대해서는 대체로 엄격하지 않을 것이다. 그 결과 관대함과 방임이 특징으로 나타날 수 있다. 이것이 '허용적 접근법'에서 설명한 유형이다. 그림에서는 높은 유대 수준과 낮은 체계성 수준을 나타내는 사분면이다.

 '권위 있는 접근법'에서 설명한 양육 유형은 부모가 자녀에게 높은 유대와 높은 수준의 체계성을 제공할 때 나타나는 것으로, '권위 있는 양육 태도'라 부른다. 이런 양육 태도를 지닌 부모는 자녀에게 적절한 애정과 보살핌을 제공하면서도 분명한 경계선을 설정하고 높은 기대감을 표현할 것이다. 아이에게 지속적인 애정을 쏟고 아이의 존재를 긍정하는 동시에 아이에게 '안 돼'라는 말의 의미를 가르칠 것이며, 아이 스스로 자신을 통제하고, 신체와 감정을 조절하고, 좋은 결정을 내리는 법을 배울 수 있게 도와줄 것이다. 그러는 과정에서 아이를 격려하고 아이의 기량과 독립심, 자율성을 키워줄 것이다.

 세 가지 유형의 양육 태도를 보면, 어떤 양육 태도가 장단기적으로 최선의 결과를 낳을지에 대해 과학에서는 어떻게 생각하는지 어렵지 않게 짐작할 수 있을 것이다. 바움린드의 양육 유형 모델과 각 유형의 특징은 지난 수십 년 동안 진화하고 조금씩 조정되었지만 어쨌든 과학은 분명하게 '권위 있는 양육 태도'를 지지한다. 부모가 한계를 설정하고 높은 기대를 하면서도 다정함과 긍정 그리고 애정을 자주 보여준다면 아이는 다양한 신체적, 정신적 혜택을 누릴 것이고 가정과 학교에서, 교우 관계에서 그리고 나중에 자라서 직업을 찾고 가정을 꾸릴 때도 원만하게 모든 것을 이뤄나갈 것이다.

아마 예상했겠지만, 높은 유대와 높은 체계성 양육 태도를 지닌 부모의 자녀들은 다른 사람에 대한 공감 능력과 배려가 뛰어나고 문제 행동이나 공격성을 덜 보인다는 연구 결과가 나왔다. 게다가 도덕적 사고 능력도 상당히 뛰어나다고 한다. 어찌 보면 이것은 직관에 어긋나는 현상이라고 할 수 있을 것이다. 우리는 더 엄격하고 권위적인 '독불장군' 같은 부모 밑에서 자란 아이가 윤리적, 도덕적으로 정해진 선을 벗어나는 것에 대해 두려움을 가지고 있으리라 생각한다. 그러나 유대와 체계성 수준이 모두 높은 '권위 있는 양육 태도'를 지닌 부모는 단순한 복종보다는 독립심과 비판적 사고, 협동적 의사소통을 중요하게 여긴다. 그런 부모 밑에서 자란 아이들은 의사 결정 능력이 뛰어날 뿐만 아니라 자기 통제, 의사 결정, 도덕성, 공감, 비판적 사고, 회복 탄력성, 개인적 통찰 등을 담당하는 뇌 영역인 전전두엽 피질을 활발하게 사용할 가능성이 더 크다. 게다가 이 유형의 부모들은 '부모와 자녀의 관계'를 우선시하기 때문에 아이들은 자신이 어른이 된 후 어려운 문제에 직면했을 때, 부모님을 찾아가면 비판하거나 나무라지 않고 현명한 조언을 해주리라는 믿음을 가질 것이다. 연구에 따르면 권위주의적이거나 허용적인 부모 밑에 자란 아이들은 부모보다는 친구에게 조언을 구하는 경향이 더 강한 것으로 나타났다.

네 번째 유형은 유대와 체계성 수준이 둘 다 낮은 양육 태도이다. 부모가 자녀에게 많은 것을 요구하지 않고 애정이나 정서 반응을 제공하지도 않는 이른바 '방임적인 양육 태도'라고 할 수 있다. 방임은 아이와 아이의 두뇌 발달에 매우 해로운 영향을 미치는 요소 중의 하나이다. 따라서 주변에 아이를 방임하거나 다른 방식으로 학대하는 사람이 있다면 즉시 개입해서 도와줘야 한다.

양육 태도와 훈육에 관한 연구 결과 중에는 교육 수준, 민족, 사회경제적 차이와 관련된 흥미로운 결과가 있다. 여기에서 깊이 다루지는 않겠지만 간단히 말하자면, 권위 있는 양육 태도의 긍정적 효과가 사회경제 수준이 낮은 가정의 아이들에게 똑같이 적용되는 것은 아니라는 점이다. 적어도 학업 성취도 면에서는 그렇다. 〈페어런팅 사이언스 Parenting Science〉의 운영자이자 인류학자인 그웬 드바르Gwen Dewar 박사는 이 문제를 다룬 글에서, 위험성이 높고 위태로운 환경에 있는 아이들은 다른 환경에서라면 칭찬받을 수도 있는 태도로 권위에 이의를 제기하기보다는 그저 순종적으로 행동할 때 곤란에 빠지는 일이 적으리라 추측하고 있다고 말했다.

어떤 논문에서는 홍콩과 북미 지역의 중국계 아이들이 부모의 양육 태도가 권위주의적일 때 학업 성취가 더 높다고 보고했다. 하지만 그중 한 논문의 저자는 '권위주의적'이라는 말이 이 경우에 정확한 표현인지 의문을 던졌다. 권위주의적인 중국인 부모는 권위주의적인 미국인 부모에 비해 대체로 자녀와 더 친밀한 관계를 맺기 때문이다. 게다가 권위주의적인 양육 태도가 학업, 행동, 운동 또는 다른 영역에서 좋은 결과를 끌어낸다고 해도, 우리는 종종 "그로 인해 우리 아이가 어떤 대가를 치르고 있는가?"라는 질문을 던질 필요가 있다. 그래서 이런 연구 결과들을 살펴볼 때면 머리가 복잡해진다. 그러나 몇 가지 예외적인 경우를 제외하면 대체로 부모가 아이에게 정서적으로 공감하고 즉각적으로 반응하면서(높은 유대 수준), 기대감과 경계선을 분명하게 전달한다면(높은 체계성 수준) 아이는 실제로 모든 영역에서 훨씬 더 잘 해낼 수 있을 거라고 과학은 말한다.

 꼭 기억해야 할 것

이 주제에 대해 꼭 기억해야 할 것들을 나열하면 이 책의 다른 주제들에 비해 꽤 길어질 것이다. 훈육이 중요한 주제인 만큼 몇몇 실질적인 아이디어를 체계적으로 정리하고 싶어서 소개하다 보니 길어졌다. 더 자세한 내용을 원한다면 대니얼 시겔 박사와 함께 쓴《아이의 인성을 꽃피우는 두뇌 코칭(No-Drama Discipline)》을 읽어보길 권한다. 육아의 다른 문제들도 그렇지만, 아이가 아직 젖먹이일 때에는 부모로서 훈육에 대해 어떤 생각을 하고 어떻게 다룰 것인지 그리고 어떤 접근방식으로 아이를 양육하고 싶은지 방향을 잡아야 한다. 아이가 첫돌이 되기 전까지의 1년은 앞으로 몇 년, 심지어 몇 세대에 걸쳐 매우 유용할 수 있는 '효과적인 훈육 방법'의 토대를 다질 기회가 될 것이다.

효과적인 훈육은 명령하고 요구하고 벌주는 것보다 훨씬 더 많은 것과 관련되어 있다. 훈육의 궁극적이고 장기적인 목적은 스스로 절제하는 아이로 자라도록 하는 것이다. 그러기 위해 우리가 사용하는 방법은 훈육하는 순간들을 다시 구성해서 아이에게 유용한 기술을 가르치고 능력을 길러주는 기회로 바꾸는 것이다. 따라서 우리는 먼저 훈육자로서의 역할에 대한 인식부터 바꿔야 한다. 부모는 아이를 벌주는 사람이 아니라 가르치는 사람이다. 만일 배움이 목표라면, 그래서 우리 아이가 미래에 자신을 더 잘 관리할 수 있게 하고 싶다면 아이의 뇌가 배움에 더 개방적인 뇌가 될 수 있도록 해야 한다. 그 가장 좋은 접근방식은 따뜻한 애정과 한계 설정을 조합하는 것이다.

이 모든 것이 실제로 의미하는 것은 무엇일까? 아기가 걸음마를 떼기 전까지는 훈육에 대해 걱정할 필요가 없다는 말은 아니다. 돌이 되기 전에도 아기가 엄마 젖꼭지를 깨물거나, 음식을 던지거나, 위험한 물건을 잡으려고 할 때처럼 아이를 가르쳐야 하는 순간이 수없이 많을 것이다.

우리의 목표는 아이에게 경계선과 한계 설정에 대해 가르치면서("정말 만지고 싶겠지만 그건 안전하지 않아.") 완벽하지 않을지라도 지속해서 애정을 주고 유대를 형성하는("화가 나고 힘들다는 거 엄마도 알아.") 부모가 되기 위해 전념하는 데 있다. 지금부터 시작해서 아기가 걸음마기에 접어들어서도 그런 노력을 실행에 옮길 수만 있다면 아이는 좋은 일이 있을 때뿐만 아니라 어려운 상황에 놓여 있을 때도 자신의 몸과 감정을 더 잘 통제하고, 일이 원하는 대로 되지 않았을 때에도 더 빨리 회복할 수 있을 것이다. 또한 아이가 자신의 욕구를 더 잘 이해하고, 다른 사람의 기분을 고려하고 공감할 줄도 알게 될 것이다. 부모가 자녀에게 한계와 경계선을 잘 설명해서 아이가 그것이 무엇인지 충분히 예측하고 부모의 기대를 정확하게 안다면 아이는 안정감을 느낄 수 있을 것이다.

적극적으로 한계 설정을 하기 전이더라도 아이와 함께 시작할 수 있다. 유아 언어 병리학자인 한나 보겐 노박Hanna Bogen Novak은 이렇게 주장한다. "아이가 태어나고 처음 1년은 부모가 된다는 것과 아이의 생존을 유지하는 것이 어떤 의미인지 알아가는 시간이다. 초보 부모로서 아이의 성장에 맞춰 유지하고 발전시킬 수 있는 리듬을 찾는 데 많은 시간을 보내게 될 것이다. 초기에 형성된 생활 리듬과 그것에 따르는 언어 및 행동 모형화는 처음 1년 동안 아이와의 사회적 연대를 쌓게 해준다. 이 시기는 궁극적으로 긍정적인 훈육 태도를 형성하는 시작이 된다."

이 책은 구체적인 훈육 방법을 제시하는 책이 아니다. 그래서 지나치게 무엇인가를 규정하려 하지 않을 것이다. 그러나 훈육에 관해 몇 가지만 강조하려 한다. 첫째, 부모가 아이에게 더 주의를 기울이고 더 즉각적으로 반응을 보인다면, 훈육이 필요한 상황이 처음부터 발생하지 않도록 막을 수 있다. 예를 들어, 아이에게 탁자 위에 있는 깨지기 쉬운 꽃병을 만지지 말라고 말했는데 아기가 계속 만지고 싶어 한다면 그냥 꽃병을 다른 곳에 치워두자. 분명 누군가는 "언젠가 아이도 알아야 하지 않을까요?"라고 물을 것이다. 당연히 그렇고, 그럴 것이다. 그러나 생후 10개월에는 아니다. 그보다는 아이가 성공과 성취를 경험할 수 있는 상황을 더 많이 만들어주자. 그러면 지금 당장도 그렇고 앞으로도 아이가 말을 안 들어서 힘든 경험은 줄어들 것이다.

둘째, 적절한 발달 기대감을 유지하는 것이 중요하다. 많은 훈육 문제는 아기가 감정을 억제하거나, 좋은 결정을 하거나, 탁자 위 꽃병을 만지지 않는 것처럼 실제로는 할 수 없는 일인데도 부모는 아기가 할 수 있다는 기대를 품을 때 발생한다. 8개월 된 아기에게 음식을 던지지 말라고 했는데, 말이 끝나기 무섭게 아기가 강낭콩을 부엌 여기저기로 던진다고 가정해보자. 아기가 부모의 지시를 따르거나, 어떤 유혹을 견딜 수 있는 능력이 있다면 부모는 이것을 훈육의 문제나 심지어 자신에 대한 도전이라고 생각할 것이다. 그런 아기를 보며 화가 날지도 모른다. 그러나 8개월 된 아기가 유아용 높은 의자에 앉아 강낭콩으로 중력, 물리학, 자신의 운동 기능을 시험해보면서 여러 가지 기술 습득을 실험하고, 발달학적으로 아직 부모의 지시를 따르거나 사후 결과를 고려할 준비가 되어 있지 않다는 것을 안다면 우리는 여전히 한계 설정과 통제를 하면서도 더 큰 인내심과 이해심을 가지고 상황에 접근할 수 있을 것이다.

마지막으로, 우리는 부모로서 자신을 끊임없이 훈련해야 한다. 아이가 생후 1년이 될 때까지 훈육에서 가장 중요한 요소는 아이가 말을 안 듣거나 정해 놓은 규칙을 지키지 않을 때 어떻게 할지 스스로 방향을 정하면서 우리의 가치관을 형성하는 것이다. 아기가 태어나서 처음 1년은 훈육에 관한 기초를 다지는 훈련 기간이다. 아이가 원하는 유형의 부모가 될 수 있도록 훈련하는 신병훈련소와 같은 것이다. 이 기간에 흥분하지 않고 침착함을 유지하는 연습을 하고, 자신의 감정을 긍정적으로 다루는 법을 배워야 한다는 말이다. 우리는 감정이 고조되었을 때 자신을 제어할 수 있는 본보기가 되어야 한다. 우리가 화가 나서 폭발하고 소리 지르고 통제력을 상실하면 그 순간 아이들은 보호받고 있다는 느낌과 안정감을 상실한다. 아이들은 자기는 감정이나 기분을 스스로 조절할 수 없을지라도 어른들은 그렇지 않을 것이라 기대한다. 아이들은 자신이 다루기 너무 힘든 상황에 부딪혔을 때 부모가 내적 혼란을 부추기는 것이 아니라 기꺼이 손을 내밀어 도와줄 것이라는 믿음을 가질 수 있어야 한다. 그러므로 우리는 우리 자신의 몸과 감정을 항상 살피고, 좌절감이나 분노가 쌓이는 것 같다면 나 자신에게 주의를 기울이고 스스로를 진정시킬 수 있게 조처해야 한다. 아기에게 해를 끼칠 수 있는 일이 있는데 꼭 해야 한다면 잠시 그 상황에서 벗어나 다시 생각해 보자.

어떤 부모도 완벽할 수는 없다. 그러나 할 수만 있다면 자녀에게 한계를 설정할 때 애정과 보살핌을 제공하는 것이 전제가 되도록 노력해보자("네가 이거 만지고 싶어 하는 거 엄마도 알아. 하지만 이건 아기들에게 안전하지 않아."). 최고의 전략은 먼저 유대를 형성하고, 그러고 나서 다시 지시하는 것이다. 여기에도 양육의 두 가지 요소가 담겨 있음을 알아차렸는가? 항상 애정이 먼저이고, 경계선은 나중이다. 그러면 아이는 자기가 원하는 것을 부모가 이해하고 있음을 알게 된다. 물론 유대와 체계성 모두 중요하지만 먼저 자녀와 유대를 형성하고, 그러고 나서 아이에게 해도 되는 행동이 무엇인지 알려주도록 하자. 부모이자 훈육자로서 우리는 습관처럼 늘 그렇게 해야 한다.

📢 브라이슨 박사가 엄마들에게

육아에 관한 박사 논문을 쓰고 애착 이론과 대인관계 신경생물학을 한창 연구할 때 나는 어린 자녀를 둔 엄마였다. 그 몇 년 사이, 뇌가 어떻게 작용하고 안정감과 정서적 규제가 아이의 학습 능력 향상에 어떤 역할을 하는지에 관한 논문들을 읽고 시행착오를 거치면서 나는 더 많은 것을 알게 되었고, 그 결과 훈육에 대한 철학도 많이 바뀌었다. 나는 나뿐 아니라 많은 다른 부모들이 훈육이라는 이름으로 아기에게 행하는 것들을 살펴보면서, "훈육을 좀 더 효과적으로 할 수는 없을까?"라는 말을 나도 모르게 몇 번이고 되뇌었다. 바움린드의 '권위 있는 양육 태도'처럼 명확한 한계와 기대를 설정하면서도 아이들을 존중하고 애정을 보이기 위해 최선을 다했지만, 나는 내가 사용하는 육아 기술이 그다지 효과적이지 못하다고 생각했다.

그러던 중 마침내 '유레카'를 외치는 순간을 맞이했다. 훈육은 실제로 '아이에게 어떤 가르침을 전달하는 것과 관련 있음'을 분명하게 이해하게 된 것이다. 내가 사용한 많은 훈육법이 효과가 없을 뿐 아니라 사실은 역효과를 내고 있었다. 그때의 훈육 기법은 나중에 아이가 무엇인가를 배우고, 생활에 유용한 기술을 기르고, 올바르게 행동하도록 하는 데 아무 도움도 되지 않았다. 아이들이 어떤 교훈을 얻기를 바랐지만, 아이들의 행동에 대한 나의 반응이 실제로는 교훈을 얻지 못하게 방해하는 경우가 너무 많았다.

세 살배기 아들에게 '타임아웃(아이가 하지 말아야 할 행동을 했을 때 조용한 장소로 보내 자기 잘못이 무엇인지 반성하게 하는 훈육법 – 옮긴이)'을 적용했던 때가 기억난다. 아이는 한 곳에 가만히 있으려고 하지 않았다. 나는 집 안 여기저기로 아들을 잡으려 다녔고, 마침내 아들을 붙잡았을 때 힘으로 아이를 제압했다. 당연히 아들은 저항했다. 전쟁은 걷잡을 수 없이 심각해졌고 우리 둘 다 너무 화가 나서 원래 잘못이 무엇인지조차 잊어버렸다. 나는 아이가 내 말을 따르게 하지 못했고, 아이는 자신에게 필요한 기술을 쌓지 못했다. 그 순간에는 아무런 교육도 행해지지 않았다.

그때 나는 깨달았다. 나는 아이가 나중에 제 할 일을 하는 사람이 될 수 있게 벌을 줄 필요가 있다고 믿었지만, 그런 믿음은 오히려 아이를 가르친다는 목표를 퇴색시키고 말았다. 아이가 배울 수 있게 도우려던 것이 역효과를 낸 것이다.

그때부터 나는 '훈육의 본질'에 초점을 맞추려고 노력했다. 훈육은 협력을 얻는 일이며, 현재와 미래에 필요한 기술을 습득하도록 가르치는 과정이다. 그렇게 노력한 결과, 나의 훈육은 단기간에 효과가 좋아졌고, 장기적으로는 가르치는 데 더 집중하면서 아이가 전반적으로 나은 결정을 하도록 도울 수 있었다. 아이의 뇌가 연습과 경험을 통해 발달하고 더 튼튼해지듯이 부모의 뇌도 그렇다. 그리고 아이의 반응에 기반해 공감할 수 있는 경계선과 한계를 침착하게 설정하는 일은 하면 할수록 더 쉽고 자연스러운 일이 될 것이다.

예민한 아기,
어떻게 양육해야 할까?

어떤 아기들은 조명, 낯선 사람, 잔뜩 몰려든 사람들, 옷에 붙은 라벨, 심지어 화장실 물 내리는 소리 같은 주변 자극과 새로운 경험에 유난히 예민하다. 아기를 예민하게 만드는 요인들로부터 보호하는 것이 좋을까? 아니면 아이가 이런 자극에 익숙해질 수 있도록 좀 더 노출하는 것이 좋을까?

 자극에 노출해야 한다 VS 자극으로부터 보호해야 한다

자극에 노출해야 한다 │ 아기들은 새로운 풍경, 소리, 감각에 익숙해져야 한다. 이런 경험이 아이가 성장해서 세상으로 나가는 데 꼭 필요한 하나의 과정이기 때문이다. 우리는 아이가 새로운 경험을 할 때마다 옆에 있어 주면서 성장을 격려해야 한다. 아기가 새로운 환경을 경험하지 못하게 차단하는 것은 아이의 성장을 막는 것과 다름없다. 오히려 아이가 편안하게 느끼는 것 밖으로 아기를 밀어내고 스스로 적응할 힘과 회복탄력성을 기를 수 있도록 도와줘야 한다.

자극으로부터 보호해야 한다 | 부모로서 우리가 가장 먼저 해야 할 일은 아이를 안전하게 지키고, 세상 속에서 아이가 걱정 없이 편안하게 느낄 수 있도록 돕는 것이다. 아이들은 아직 너무 작고 연약하므로 우리가 보호하고 지켜줘야 한다. 도전을 경험하고 회복탄력성을 기를 기회는 나중에도 얼마든지 있을 것이다. 특히 유난히 예민한 기질을 가지고 태어난 아이라면 스트레스를 유발하는 상황으로부터 보호하고, 인내심을 가지고 아이를 기다려줘야 한다.

 ## 과학이 말해주는 것

부모들은 아기가 세상을 지각하고 세상과 상호작용하는 방식에 영향을 미친다. 이는 과학적으로도 입증된 사실이다. 그러나 부모뿐만 아니라 생물학적 요인과 환경적 요인도 아기의 성장에 큰 영향을 미친다는 것 역시 명확하게 입증되었다. 그러므로 양육 방식을 결정할 때는 아이의 기질도 분명 고려해야 한다. 어떤 기질의 아이에게는 특정 양육 방식이 효과적일 수 있다. 하지만 같은 양육 방식이라도 다른 아이에게는 해로울 수 있다. 다시 말해, 천성적으로 수줍음이 많거나 예민한 아이들에게 더 효과적이고 도움이 되는 양육법이 따로 있고, 활달하고 새로운 경험을 좋아하는 아이들에게 효과적인 양육법이 따로 있다.

아기의 성격이 활달한지 덜 활달한지, 새로운 경험을 받아들이는 속도가 빠른지 느린지 등의 초기 기질이 아이가 성장한 후에 어떻게 나타나는지 살펴본 연구는 많다. 예상했을지 모르겠지만, 그 결과 아이에게 너무 많이 요구하는 것뿐 아니라 아이를 과잉보호하는 것의 부정적인 효과도 입증되었다.

예민한 아기에 대한 부모의 반응을 연구한 실증 연구를 보면 영아기에 초점을 둔 조사가 비교적 적었지만, 전반적인 결과는 걸음마기와 취학 전 아이들에게 나타나는 것과 일치했다. 즉, "영아기에 세심하고 적절하게 반응하는 육아는 더 적합한 패턴의 행동·생리적 반응 및 조절과 관련 있다."라는 것이다. '세심하고 적절하게 반응하는 육아', 다시 말해 부모가 아이가 보내는 신호를 정확히 읽고 눈높이에 맞춰 사랑으로 대응하는 육아 방식은 일반적으로 문제 행동을 줄이고 아이가 스스로를 신체적, 정서적으로 더 잘 조절할 수 있게 도울 것이다.

반대로 부모가 아이의 신호에 신속하게 반응하지 않으면, 특히 극단적인 상황으로 치달아 학대나 방치로 이어진다면 충동 조절 장애, 우울증, 반사회적 행동을 포함해 온갖 부정적인 결과가 발생할 수 있다.

꼭 기억해야 할 것

부모의 영아기 육아 방식과 아동기의 아이에게 나타나는 다양한 행동 사이의 인과관계를 끌어내기는 어렵지만 연구를 통해 입증된 패턴을 지적할 수는 있다. 부모가 아이를 지원하고 보호하는 동시에 지나친 스트레스를 일으키지 않는 일시적인 불편함을 경험하게 허용한다면 아이는 타고난 기질에 상관없이 자기 자신이나 감정을 잘 제어하면서 새로운 환경이나 어려운 상황에 대처할 수 있는 어른으로 성장할 가능성이 훨씬 더 크다는 것이다.

아기를 외부 경험으로부터 보호해야 할지 아니면 아이의 성장을 위해 새롭고 도전적인 경험을 어느 정도 허용해야 할지 결정하는 문제는, 육아에 관한 많은 결정이 그렇듯 너무 뜨겁지도 차갑지도 않은 '골디락스 지점(영국 동화 〈골디락스와 곰 세 마리〉에 나오는 죽처럼 너무 뜨겁지도 차갑지도 않은 적당한 상태-옮긴이)'을 찾아야 한다.

새로운 상황이나 자극에 적극적으로 부딪치려는 기질을 타고난 아기도 있고, 그런 것에 스트레스를 느끼고 자동적으로 피하려는 아기도 있다. 우리의 목적은 어떤 기질의 아기든 아기가 보내는 신호를 정확하게 읽고 순간순간 아이에게 필요한 것을 제공하는 법을 찾으면서 세심하고 적절히 반응하는 육아를 하는 데 있다.

첫 아이가 태어났을 때 나 역시 이 문제로 정말 힘들었다. 아기가 너무 예민하고 툭하면 감정이 격해졌다. 아기가 3개월 정도 되었을 때 가족 모임이 있어 차를 타고 나갔다. 아기가 카시트에 앉아 있기 싫다고 계속 우는 통에 여러 번 차를 세워야 했고, 그래서 도착지까지 가는 데 평소보다 세 배나 더 오래 걸렸다. 지금 생각해보면 아기가 차멀미를 했을지도 모르겠다. 남편은 서둘러 가기 위해 쉬지 않고 운전했고, 나는 달리는 자동차 안에서 어떻게든 몸을 뒤틀어 카시트에 앉아 있는 아기에게 수유를 해야 했다. 지나가던 트럭 운전자가 그 해괴한 광경을 보고 놀라워했을 만큼 우리에게는 정말 끔찍한 여행길이었다.

드디어 목적지에 도착했지만, 아기는 주말 내내 울었다. 배려 많은 가족들이 남편과 내가 쉴 수 있도록 서로 아기를 안아주겠다고 나섰지만 다른 사람이 안으려고 하자 아기는 더 자지러지게 울어댔다. 너무 힘들고 당황스러운 나머지, 사촌과 삼촌, 숙모, 할머니와 할아버지가 아기를 안고 함께 시간을 보내게 해서 반드시 아기를 '공유'해야겠다는 오기마저 생길 정도였다. 하지만 문득 아기가 이렇게 화가 난 것은 온갖 자극과 소음 속에 여러 사람이 돌려가며 안았기 때문이라는 생각이 머리를 스쳐 지나갔다. 꼭 지금이 아니더라도 아이가 다른 사람들과 어울릴 수 있는 기회는 많으리라는 것을 나는 이미 알고 있었다. 먼저 아기를 조용한 곳으로 데려가서 잘 달래주고, 아기의 요구에 집중하고, 세상을 안전하게 살아갈 수 있게 엄마가 도와줄 것이라는 메시지를 아기에게 전달해야 한다는 느낌이 내 뼛속까지 파고들었다. 그래서 나는 주말의 대부분을 아들과 함께 뒷방에 틀어박혀 지내기로 했고, 우리는 한결 편안하고 행복한 시간을 보낼 수 있었다.

아이의 이런 기질 때문에 아기였을 때는 물론이고 아동기 내내 비슷한 결정을 해야 했다. 그런 나의 결정에 대해 친구와 가족들이 항상 좋게만 받아들인 것은 아니었다. 그러나 나는 남들이 찬성하지 않더라도 내 직감을 따르고 아이가 원하는 방식으로 양육하기 위해 더욱 노력했다. 남의 기분을 맞추려 하는 나의 성향과 타협하고, 다른 사람의 의견에 휩쓸리지 않는 임무를 수행하기 위해 나부터 자신감을 길러야 한다는 것을 깨달았기 때문이다.

아이에게 한번 부딪쳐보라고 격려할 기회는 그 뒤로도 많았다. 그리고 그런 기회는 아이가 성장할수록 더 많아졌다. 한 살도 안 된 아기에게 가장 필요했던 것은 엄마, 아빠가 옆에 있다는 믿음이었다.

아기의 **낯가림**,
어떻게 대처하면 좋을까?

낯가림은 아기의 발달 단계 중 나타나는 정상적인 현상이다. 대체로 아기가 엄마와 직계 가족에게 애착을 더 많이 느끼는 생후 7~10개월 에 낯가림이 가장 심할 것이다. 낯선 사람이 주변에 있을 때 아기가 불편함을 느끼는 현상은 잠시 나타날 수도 있지만, 예상보다 꽤 오래 지속될 수도 있다. 낯가림은 대개 생후 1~2년 이내에 사라진다.

그렇다면 어떻게 해야 아기를 새로운 환경 속으로 너무 강하게 밀어 넣지 않으면서도 새롭게 만나는 사람과 낯선 사람에게 불편함을 느끼 지 않도록 도울 수 있을까? 낯선 사람이 아기를 안게 그냥 두는 것이 아기의 사회화 과정에 도움이 되는 방법일까? 아니면 아기를 보호하 는 것이 나을까?

새로운 사람을 많이 만나자 VS 준비될 때까지 기다리자

새로운 사람을 많이 만나자 | 아기가 새로운 사람을 만났을 때 너무 스트레스를 받거나 당황하는 기색을 보이면 반드시 아이를 다시 데리고 와서 마음을 가라앉히고 평온을 되찾을 수 있는 시간을 줘야 한다. 하지만 아기가 새로운 사람을 접할 때 느끼는 불편을 끝까지 견디고 잘 대처할 수 있게 하려면 먼저 다양한 기회부터 만들어야 한다. 낯선 사람과의 교류는 어릴 때부터 자신감과 사회성을 기르는 데 도움이 될 것이다.

준비될 때까지 기다리자 | 낯가림이 자연스러운 발달 단계의 한 부분임을 안다면 아기가 준비되기 전에 새로운 사람을 만나도록 밀어붙이는 것에 대해 신중해야 한다. 아기가 보내는 신호와 타고난 성향에 적절하게 반응하는 것이 아기를 존중하면서 엄마와 신뢰를 쌓을 수 있는 행동이다. 아기의 사회성을 기를 수 있는 시간은 앞으로도 얼마든지 있을 것이다. 아직 돌도 안 된 어린 아기일 때는 일단 안정감을 느낄 수 있게 도와주는 것이 더 중요하다. 아기는 부모가 늘 자신의 옆에 있고, 앞으로도 자신을 신체적·정서적으로 안전하게 지켜주리라는 것을 느껴야 한다.

◈ 과학이 말해주는 것

우리가 꼭 기억해야 할 핵심은 낯가림이 아동 발달 단계에 나타나는 일반적인 현상이라는 점이다. 이 같은 사실은 수십 년 동안 많은 연구를 통해 입증되었다. 그러므로 아기가 새로운 사람을 만났을 때 갑자기 피하거나 울음을 터트린다고 해서 걱정할 필요가 전혀 없다. 아이가 새로운 사람을 만날 때 어떤 두려움이나 불안감을 느끼든 간에 우리가 그 상황에 잘 대처하며 아이를 키울 수 있도록 안내해주는 연구 결과들도 있다.

예를 들어, 부모가 낯선 사람을 만났을 때 반응하는 방식이 아기의 반응에 영향을 미친다는 연구 결과가 있다. 이 연구에서 엄마들에게 사람 앞에서 불안한 행동과 불안하지 않은 행동을 보이는 법을 가르치고, 아기와 함께 낯선 사람을 만났을 때 두 가지의 행동 방식을 보이게 했다. 예상대로 엄마가 긴장하고 불편한 모습을 보였을 때 아기도 낯선 사람에 대해 더 두려워하고 회피하는 반응을 보였다.

아기들이 웃음소리로 낯선 사람과 그렇지 않은 사람을 구분할 수 있는 능력이 있다는 흥미로운 보고도 있다. 생후 5개월밖에 안 된 어린 아기들도 웃음소리의 음향적 특성에서 중요한 정보를 수집하고, 그 자료를 '분류'해서 새로 만난 사람과의 사회적 관계, 즉 친구인지 낯선 사람인지를 결정할 수 있다는 것이다. 이 논문의 저자들은 "아기들은 친구들끼리 웃는 소리와 모르는 사람들끼리 웃는 소리를 듣고 두 가지 서로 다른 사회적 상황 중 하나로, 즉 두 사람이 친분을 맺고 있거나 아니면 서로 외면하고 있다고 받아들였다."라고 밝혔다.

또한 '기질의 중요성'도 고려해야 한다. 아이의 성격과 기질에 따라 부모의 기대와 접근 방법을 조절해야 한다는 것이 연구를 통해 명백히 입증되었다. 수줍음이 많거나 예민한 아기는 어떤 육아 행동에는 잘 반응하지만 다른 것에는 반응하지 않을 것이고, 반면에 더 활달한 아이는 예민한 아이와는 완전히 다르게 행동할 수도 있을 것이다.

 ## 꼭 기억해야 할 것

낯선 사람들과 사회적 상호작용을 할 때 아기들은 부모의 신호를 따를 뿐만 아니라 관계 속에 존재하는 미묘한 차이도 매우 잘 인지할 수 있다. 기질에 따라 어떤 아이는 마트에서 마주친 낯선 사람이 안아도 긴장하지 않지만, 어떤 아이는 친할머니조차 경계할 수 있다. 부모들이 아기의 낯가림에 대한 최선의 대응 방안이 무엇인지 고민하는 것은 당연한 일이다.

육아에 관한 다른 질문과 마찬가지로 아이의 낯가림 역시 결국 관계의 문제이다. 우리는 고유의 성격을 지닌 개별 인격체인 아기에 대해 충분히 알아야 한다. 그래야 조금만 격려하면 기꺼이 껍데기를 부수고 밖으로 나올 수 있는 상황인지, 아니면 엄마 가슴에 얼굴을 파묻고 싶어 하는 순간인지 알아차리고 그에 맞는 도움을 줄 수 있다. 우리는 관계의 친밀성과 상호 이해를 바탕으로 상황이 양극단으로 갈리는 것을 피하고 어려움을 헤쳐나가는 길을 찾을 수 있다. 아기를 너무 억지로 낯선 사람 속으로 밀어 넣어서 결국 다음에 또 낯선 사람을 만났을 때 더더욱 어울리는 것을 꺼리게 만들어서는 안 된다. 그러나 아기에게 어느 정도의 불편함은 혼자 다룰 수 있다는 점, 새로운 사람을 만나고 새로운 경험을 시도하는 것이 재미있는 일이 될 수 있다는 점을 이해할 기회도 줘야 한다.

또 다른 중요한 점은 우리가 너무 서둘러 내 아이와 다른 아이를 비교하고, 아이들이 따라야 할 '정상적인 행동 방식'이 있다고 가정한다는 것이다. 아이의 성격 및 기질 측면에서 이런 양육 태도는 더욱 문제가 될 수 있다. 조카는 처음 보는 사람 앞에서도 방긋방긋 잘 웃는 성격이고, 우리 아기는 처음 보는 사람을 어려워하는 내성적인 성격일지도 모른다. 그런 경우, 우리는 아이의 성격에 맞지도 않는 행동을 억지로 시킬 것이 아니라 아기에게 필요한 모든 것을 지원하면서 아기 옆에 있어 줘야 한다.

아기가 가족 이외의 다른 사람들과 같이 있어도 불편하지 않도록, 즉 사회성 발달의 일부인 낯가림에 잘 대처할 수 있도록 도우려면 먼저 아기 곁에서 인내심을 가지고 지켜봐야 한다. 아기가 낯선 사람이나 심지어 아기를 안고 싶어 하는 친척을 피하려 한다면 서두를 필요가 없다. 사람들에게 아기가 더 안정될 때까지 기다려 달라고 말하자. 아기가 새로운 사람을 접할 수 있게 하되, 부모가 옆에 있으면 아기가 안심할 수 있으므로 꼭 가까운 곳에서 지켜보도록 하자. 그러면 새로운 사람과 새로운 경험을 견딜 수 있는 아이의 능력이 점차 확대될 것이다.

아기를 자주 안아주면
버릇이 나빠질까?

아기를 안아주는 것에 대해 초보 부모들은 종종 상반된 조언을 듣는다. 아기가 울 때마다 반응한다면 결국 아기에게 어떤 메시지를 전달하게 되는지에 대해서도 의견이 분분하다. 정말 아기에게 너무 많은 관심을 주면 '버릇없는' 아이로 자라게 되는 걸까?

 버릇이 나빠진다 VS 많이 안아줘도 괜찮다

버릇이 나빠진다 | 아기를 너무 자주 안아주거나 아기가 울 때마다 반응하면 버릇이 나빠지고, 아이는 엄마나 아빠를 조종해서 원할 때마다 옆에 오도록 할 수 있다는 것을 학습하게 된다. 아기가 원할 때마

다 매번 반응해야 한다는 생각을 버리자. 너무 의존적이거나, 특별한 대접을 당연하게 생각하는 아이로 자라지 않도록 아이는 스스로 자신을 조절하는 법을 배워야 한다.

많이 안아줘도 괜찮다 | 아기에게는 다른 사람을 조종할 수 있는 인지적 능력이 없다. 애정 표현으로 아기를 너무 많이 안아준다거나 울 때마다 달래준다고 해서 버릇이 나빠지는 것은 아니다. 아기가 원하는 만큼 많이 안아줄수록 부모와 아기의 관계를 공고히 다지고 신뢰를 형성할 수 있다. 결과적으로는 아기의 건강과 발달 측면에서 더 많은 혜택이 따라올 것이다.

 과학이 말해주는 것

갓난아기와의 맨살 접촉이 가져다주는 이점은 과학적으로 명백히 입증되었다. 피부를 직접 맞대고 아기를 안는 이 방법은 '캥거루 케어 kangaroo care'라고도 하는데, 1970년대 콜롬비아의 나탈리 샤르파크Nathalie Charpak 박사가 미숙아를 돕기 위해 고안한 것이다. 당시 보편적인 미숙아 관리법은 아기를 인큐베이터에 넣는 것이었기 때문에 사람과 접촉할 기회가 거의 없었다. 맨살 접촉은 그 후로 신생아실에서 보편적으로 사용되었고, 많은 연구를 통해 맨살 접촉이 신생아, 특히 조산아나 저체중아에게 이롭다는 것이 입증되었다.

수십 년에 걸쳐 진행된 한 종단 연구에 따르면 부모가 아기의 울음에 재빨리 또는 민감하게 반응하면, 의존적인 아이가 되기보다 오히려 독립심이 커지는 것으로 나타났다. 필요할 때면 언제든 양육자가 옆에 있어 줄 것이고, 자신의 요구를 전달했을 때 더 안전하게 보호해 줄 것이라는 믿음이 형성되기 때문이다.

특히 피부를 맞대고 안았을 때 아기와 부모가 얻을 수 있는 이점은 일일이 다 나열할 수도 없다. 몇 가지만 예를 든다면, 아기의 사회성 발달을 촉진하고, 뇌의 사회성 영역을 발달시키며, 의료 시술 시 통증을 줄여준다. 스트레스가 감소하고, 체온 조절이 더 잘 되며, 관계 신뢰도가 높아진다. 그뿐 아니라 모유 수유 성공 확률이 높아지고, 다른 신생아들에 비해 덜 보채고 만족감도 높은 것으로 나타났다.

특히 조산아나 태어날 때 난산을 겪거나 외상을 입은 아기들은 맨살을 맞대고 안아서 부드럽고 다정하게 만져주었을 때 뇌 발달 촉진, IQ 수치 향상, 공격 성향 저하, 문제 행동 및 과잉행동 감소, 학교 결석률 감소 같은 지속성 있는 이점을 얻을 수 있는 것으로 입증되었다.

 꼭 기억해야 할 것

여러 연구에서 아기를 자주 안아주는 것은 아기에게 해가 되지 않을 뿐만 아니라, 장기적으로 아기의 건강과 발달에 긍정적인 영향을 미친다는 일관된 결과가 나왔다. 신체 접촉은 아기가 최상의 발달과 건강을 유지하는 데 매우 중요하다. 아기를 아무리 많이 안아주고 만져주고 안아 올리고 사랑해도 전혀 지나침이 없다. 아기에게 신체 접촉이 필요할 때마다 잘 충족시켜 준다면 아이의 정서, 대인관계, 건강, 발달 측면에서 막대한 혜택을 얻을 것이다.

그렇다면 부모가 아기의 울음에 반응할 때 아이에게는 어떤 메시지가 전달될까? 아기는 필요할 때면 엄마나 아빠가 옆에 있어 주리라는 것을 배우게 될 것이다. 우리가 아기에게 이보다 더 좋은 메시지를 보낼 수 있을까? 부모가 아기의 울음에 즉각 반응한다고 해서 아기에게 의존성이나 이기심을 키워주는 것은 아니다. 연구에 따르면, 아기의 정서적 요구에 대한 지속적인 반응은 실제로 아기가 자라면서 자신감과 강한 독립심을 느끼게 해줄 뿐만 아니라 부모와의 애착을 형성한다고 한다. 아이는 더 적극적으로 건강한 위험을 감수하려고 하고, 어떤 문제에 부딪혔을 때 유연한 회복탄력성으로 대처할 수 있을 것이다(259쪽 '아이를 어떻게 훈육해야 할까?' 편 참조).

신생아뿐만 아니라 더 큰 아기들에게도 적용되는 이야기다. 할 수 있다면, 그리고 당신의 허리가 견딜 만하다면 그때까지는 최대한 자주 안아주도록 하자. 물론 우리도 스스로를 돌봐야 하고, 정신적 건강과 안녕을 위해 아기에게서 벗어나 자신만을 위한 시간을 가지기도 해야 한다. 그러나 적어도 아기와 함께 있을 때, 자주 안아주는 것이 해가 되지는 않을까, 버릇이 나빠지지는 않을까라는 걱정은 할 필요가 없다. 다시 말하지만, 아기를 아무리 많이 안아주고 만져주고 사랑해도 지나침이 전혀 없다.

아기의 **엉덩이를**
때려도 될까?

아기에게 올바른 행동을 가르치고 잘못된 행동을 고치기에 효과적이며 허용 가능한 훈육 방법은 어디까지일까? 아기의 엉덩이를 때리는 정도의 가벼운 체벌은 괜찮을까?

💬 **절대 안 된다 VS 효과적인 방법일 수 있다**

절대 안 된다 | 체벌이라니 말도 안 된다. 체벌은 효과도 없고 해롭기만 하다. 돌 이전의 아기들은 몸과 뇌가 너무 연약할 뿐만 아니라 아직 체벌과 그에 요구되는 행동을 연결 지어 생각할 수 있는 발달 단계가 아니다. 게다가 부모는 육아로 지쳐 있기 때문에 가벼운 엉덩이 때

리기에서 더 심각한 폭력으로 발전할 가능성이 크다. 아기는 자기를 보살펴 주는 사람을 전적으로 믿을 수 있어야 한다. 만일 자기를 보살펴 주는 사람이 자신에게 고통을 가한다면 아기는 세상이 안전하지 않다고 느낄 수 있다. 그런 위험 없이 아이를 훈육할 수 있는 더 효과적인 방법들이 많다.

효과적인 방법일 수 있다 | 부모가 화가 나서 또는 화를 통제하지 못해서 체벌하는 일은 절대 없어야 한다. 그러나 엉덩이 때리기 체벌은 오랫동안 믿고 해온 훈육 방법 중 하나이고, 특히 아기가 너무 어려서 논리적인 설명을 이해할 수 없다면 아기에게 교훈을 가르칠 수 있는 유일한 방법이 되기도 한다. 양육자가 흥분을 가라앉히고 이성적으로 체벌할 수 있다면 엉덩이 때리기는 올바른 행동을 가르치고 나쁜 행동을 억제하는 효과적인 방법이 될 수 있다.

 과학이 말해주는 것

나는 여기서 엉덩이 때리기 체벌 전반에 관해 집중적으로 다루면서 그중 돌 이전의 아기와 관련된 정보가 있으면 강조할 것이다. 별도의 언급이 없다면 엉덩이 때리기는, 최근 연구 논문들에서 묘사했듯이 '부모가 손바닥으로 표시가 나지 않을 정도로 때리는 체벌'로 정의하겠다. 바꿔 말해, 가혹하고 반복적으로 가하는 체벌에 관해서는 논의하지 않을 것이다. 그런 유형의 훈육이 효과적이라거나 정당화될 수 있다는 주장은 어떤 연구 논문에서도 찾아볼 수 없다. 가혹한 체벌은 아기의 뇌 발달에 평생 영향을 끼칠 수 있을 만큼 상당히 해롭다(훈육에 대한 전반적인 접근법을 더 자세히 알고 싶으면 259쪽 '아이를 어떻게 훈육해야 할까?' 편을 참조하자).

사회과학 분야 연구에서는 더욱 그렇지만 결과를 100% 확신할 수 있는 연구란 없다. 여기서도 마찬가지다. 우리는 어떤 식이든 엉덩이 때리기 체벌이 모든 아이에게 매우 부정적인 결과를 낳는다는 사실을 증명했다고 100% 확신할 수 없다. 연구 결과를 왜곡할 수 있는 변수들을 통제하는 방법이 점점 체계화되고는 있지만 문화와 교육, 부모의 정서 상태, 연구자의 편견 같은 요인들뿐만 아니라 체벌을 하면서 대화나 설명을 얼마나 하는지, 체벌이 얼마나 자주 일어나는지, 애정을 가지고 체벌하고 나중에 아이를 잘 달래주는지, 어떻게 행동해야 한다고 미리 알려줬는지 등 다양한 맥락을 고려해야 하므로 이것은 매우 연구하기 어려운 주제이다.

그런데도 지난 50년 동안 체벌에 관한 연구를 진행했고, 그 결과를 종합해보면 엉덩이 때리기에 관해서는 두 가지 주장으로 요약할 수 있다. 첫째, 엉덩이 때리기는 장기적으로 더 바른 행동을 끌어내는 데 효과가 없다. 둘째, 아이에게 부정적 발달 결과가 나타날 수 있고, 그 중 상당수가 심각하고 중요하다.

엉덩이 때리기가 아동에게 미치는 영향을 연구한 논문들을 고찰한 주요 메타 분석이 2002년부터 지금까지 다섯 편 등장했다. 각 메타 분석 결과에 따르면, 체벌과 부정적인 아동 발달 사이의 인과관계와 다른 방법론적 문제를 주장하기는 어렵다. 그러나 훌륭한 연구 논문들이 하나같이 주장하는 최종 결론은, '체벌이 부정적인 아동 발달과 관련 있다'는 것이다.

이후 다섯 편의 메타 분석은 각각 더 개선되었다. 예를 들어 '엉덩이 때리기'의 정의가 더 명확해졌고, 체벌을 반대하는 근거도 더 설득력 있어 보인다. 그중 네 편의 메타 분석은 엉덩이 때리기와 부정적 발달의 상관관계에 대해 매우 확신하는 결론을 내놓았다. 각 메타 분석은 엉덩이 때리기가 장기적인 행동 억제 방법으로서 효과가 없다고 결론 내린 연구와, 공격적이거나 까다로운 성격, 부모에 대한 반항, 반사회적 행동, 우울증, 불안감, 행동 과잉 등 다양한 부정적 결과와 관련 있다고 주장하는 연구를 하나씩 거론한다. 다시 말해, 이 메타 분석들에 따르면 엉덩이를 때리는 체벌은 행동 수정 효과가 있는 것이 아니라 오히려 문제 행동을 일으킬 수 있고, 아이의 전반적인 행복감을 훼손할 수 있다는 것이다. 가장 최근에 실시한 체계적인 메타 분석은 다음과 같은 결론을 내렸다. "엉덩이 때리기가 아이들에게 이롭다는 증거는 없고, 모든 증거가 오히려 아이들에게 해를 끼칠 위험이 있다고 주지시키는 점을 참작한다면 엉덩이 때리기를 선호하는 부모들과 권장하는 전문가들 그리고 그것을 허용하는 정책결정자들은 모든 것을 다시 생각해봐야 할 것이다."

다섯 건의 메타 분석 중 나머지 하나는 엉덩이 때리기의 이점이 전혀 없다고까지는 말하지 않는다. 이 메타 분석은 엉덩이 때리기가 행동을 수정하는 데 효과적일 수 있는 특정한 사례를 제시하는 논문들을 언급했다. 그러나 결론적으로는 "엉덩이 때리기가 다른 방법들보다 더 효과적이라고 입증된 유일한 경우는 2~6세 아동들이 타임아웃을 거부했을 때 강제하기 위해 사용할 때뿐이다."라고 보고한 연구를 언급하면서, 부모들에게 '나이에 적합한 행동을 끌어내는 데 효과적일 수 있는 가장 가벼운 훈육법'을 쓰라고 권고한다. 이 메타 분석의 저자들은 '조건부 엉덩이 때리기'에는 반드시 사랑이 전제되어야 하며, 엉덩이 때리기를 감정적으로 사용해서도 안 되고, 앞으로 엉덩이 때리기를 사용할 일이 줄어들 수 있게 마지막 수단으로 사용해야 한다고 강조한다.

유일하게 다른 의견을 내는 이 메타 분석의 중요한 특징 두 가지에 주목할 필요가 있다. 첫째, 연구의 초점은 '엉덩이 때리기가 아이의 순종을 끌어내거나 반사회적 행동을 줄이는 데 효과적인지 아닌지'에 있다. 체벌을 반대하는 많은 이들이 아이의 전반적 행복에 미치는 부정적 영향을 강조하지만, 이 연구에서는 '순종'에 주의를 기울인다. 둘째, 가끔 사용하는 엉덩이 때리기의 장점에 관해 어떤 결론을 내렸는지와 상관없이 연구자들은 "만 1세가 되기 전에는 절대 사용해서는 안 된다."라고 강조한다.

마지막으로, 미국 소아과학회와 미국 심리학회, 질병통제예방센터에서도 엉덩이 때리기는 물론이고 어떤 형태의 체벌도 반대한다는 정책 성명을 발표했다는 사실도 주목해야 한다. 2018년을 기준으로 50개국 이상의 국가가 학교와 가정에서의 체벌을 금지했다.

✏️ 꼭 기억해야 할 것

지금까지 발표된 체벌에 관한 연구 문헌에는 몇 가지 한계가 있고, 그래서 더 많은 연구가 필요하다. 그렇다 하더라도 지금까지의 연구 결과를 보면 과학은 엉덩이 때리기를 강력히 반대한다. 특정 경우에 엉덩이 때리기를 제한적으로 허용하는 연구자들도 생후 12개월까지는 절대 하지 말아야 한다는 데 동의한다.

📢 브라이슨 박사가 엄마들에게

나는 나이에 상관없이 아이의 엉덩이를 때리는 것에 강력히 반대한다. 위에서 언급한 연구 문헌뿐만 아니라 아동 발달과 육아에 관한 다른 연구 논문들도 엉덩이 때리기를 반대하는 주장에 힘을 싣는다. 예를 들어, 체벌이 벌어지는 동안 일어나는 신경생물학적 과정을 생각해 보자. 포유동물인 인간은 어떤 식으로든 위협을 받으면 부모에게 달려가도록 생물학적으로 프로그램되었다. 그런데 그런 부모가 고통과 공포의 원천이라면 어떻게 되겠는가? 지난 수십 년 동안 부모와 자녀의 관계를 연구한 결과, 부모가 아이에게 신체적 고통을 가하거나 상당한 두려움을 일으켰을 때 아이는 해결할 수 없는 생물학적 역설에 직면한다는 것이 입증되었다. 한 생체 회로는 아이가 안전을 얻기 위해 애착 대상에게 가까이 가도록 유도하지만, 다른 생체 회로는 정반대로 고통을 가하는 부모에게서 벗어나려고 노력하게 만든다.

아이의 뇌 속에 이처럼 해결할 수 없는 생물학적 역설이 생긴다면 온갖 부정적이고 장기적인 결과가 생길 가능성이 높아진다. 우리가 아이에게 고통을 가하거나 겁을 준다면 아이의 머릿속에서는 자극에 즉각 반응하는 원시적인 뇌가 활성화되고, 그 뇌가 몸을 지휘하기 시작하면 더 많은 반응 행동이 일어난다. 게다가 우리가 권력과 통제를 얻기 위해 사용하는 체벌이 '부모가 아이에게 영향을 미치기 위해 선택할 수 있는 유일한 방법'이라고 가르치게 될 위험이 있다. 그리고 그런 교훈은 어떤 반성도 없이 계속해서 다음 세대로 전해질 수 있다.

내가 엉덩이 때리기를 반대하는 또 다른 중요한 이유는, 체벌을 통해 뇌의 낮은 차원의 반응적 기제를 활성화하기보다 문제 해결력을 담당하는 고차원적 기제를 발달시킬 수 있는 다른 방법이 존재하기 때문이다. 어떤 부모들은 "이런 경우 어떤 벌을 줘야 할까?"라고 질문하면서 최선의 훈육법이 무엇인지 고민하기 시작한다. 그러나 질문부터 틀렸다. "이런 경우 어떤 가르침을 주어야 할까?"라고 질문해야 한다. 시간이 흐르면서 아이가 스스로 절제하는 법을 배울 수 있게 가르치는 것, 그것이 훈육이다. 아이가 잘못된 행동을 하면 우리는 바르게 행동하도록 아이에게 협조를 구해야 한다. 그러나 앞으로 더 적절하게 행동할 수 있도록 필요한 기술을 쌓는 것을 도와주고 가르치기도 해야 한다. 그래서 우리는 스스로 "이런 경우 어떤 가르침을 주어야 할까?"라고 물어야 한다. 어떤 부모들은 엉덩이 때리기가 아이를 가르치는 가장 좋은 방법이라고 믿을지도 모른다. 그러나 체벌은 신경계의 위협 반응을 활성화한다. 아이가 거의 아무것도 배우지 못할 거라는 말이다. 무엇인가를 배울 수 있으려면 먼저 안전한 상태에 있어야 한다. 우리는 아이와 다정한 유대관계를 유지하고 아이가 안전하다고 느끼도록 도우면서 말과 표정과 몸짓을 이용해 분명한 한계를 설정하고 규칙을 시행할 수 있다. 이것은 매우 중요한 과정이며, 아이에게도 최선이다. 그렇게 한다면 앞으로 더 바르고 적절하게 행동하기 위한 기술을 길러준다는 목표에 한 발 더 다가갈 수 있을 것이다. 그리고 아이와의 관계도 더 단단해질 것이다.

다시 말해 즉각적이고 일차원적인 벌을 주기보다는 아이의 뇌에서 고차원적이고 더 정교한 사고력 영역을 자극하면서 아이와 정서적 유대를 형성하는 것이 대부분 더 효과적이라는 말이다. 아이를 존중하는 대화와 유대관계에 기대면서도 여전히 한계와 규칙을 설정할 수 있다. 물론 애정이 밑바탕 되어야 한다. 그러면 아이들은 우리에게 와서 실수를 공유하고도 안전할 수 있다는 것을 이해할 것이고, 자신의 감정을 잘 다루면서 건강하고 사려 깊게 선택하는 법을 배울 수 있을 것이다.

마지막으로, 나는 엉덩이 때리기가 더 큰 폭력으로 발전할 수 있다는 점을 이야기하고 싶다. 부모라면 누구나 육아 과정에서 전혀 예기치 않게 분노와 좌절감이 표출될 수 있다는 것을 알 것이다. 기저귀를 갈아주려고 하는데 아기가 꼼지락거리면서 저항하면 어느 순간 부모는 아기를 세게 누르고 있는 자신을 발견할 수도 있다. 수면 부족에 시달린다면 아기를 손바닥으로 찰싹 때리거나 흔들고 싶은 충동이 갑

자기 들 수도 있다. '어떤 상황에서는 아기의 엉덩이를 때릴 수도 있다'고 스스로 허용한다면, 화가 나거나 심신이 나약해진 순간에는 원래 의도보다 더 극단적으로 체벌하는 위험을 키울 수도 있다. 연구에 따르면, 한 살 때 엉덩이를 맞은 아이들은 그렇지 않은 아이들과 비교해서 아동보호 서비스 기관의 관리를 받을 가능성이 33%나 더 높고, 일반적으로 엉덩이를 맞는 아기들은 학대를 당하거나 상해를 입을 가능성이 더 큰 것으로 나타났다. 아기에게 어떤 종류의 신체적 해도 입히지 않겠다는 마음가짐으로 아이를 양육해야 끔찍한 결말에서 한걸음 멀리 떨어져서 시작할 수 있을 것이다.

나는 모든 아이가 가정에서 매를 맞거나 다치는 일 없이 안전하다고 느낄 수 있어야 한다고 믿는다. 그리고 앞으로 더 많은 연구를 통해 체벌의 부정적 영향이 더 확실하게 입증될 것이고, 그래서 마침내 체벌을 겪는 아이가 사라지는 전환점에 이르게 될 것이라 믿는다.

이 글을 읽는 독자 중에는 과거에 아이의 엉덩이를 때린 것을 후회하는 부모도 있을 것이다. 하지만 그 당시에는 육아에 관해 당신이 아는 선에서 최선을 다했고, 지금은 더 많은 것을 알게 되지 않았는가. 변화를 시도하기에 아직 늦지 않았다. 우리가 긍정적인 변화를 시도할 때 아이들은 그에 따른 엄청난 혜택을 누릴 것이다. 그러니 항상 경계선을 설정하면서도 아이의 안전과 아이와의 유대감을 우선에 두자.

이중 언어 경험은
아이에게 이로울까?

두 가지 언어를 사용하는 가정의 부모나 어릴 때부터 제2 언어를 가르치고 싶은 부모는 이중 언어 경험이 지닌 장단점에 대해 알고 싶어 할 것이다. 이중 언어 경험은 아이에게 이로울까, 아니면 아이를 혼란스럽게 할까?

💬 **이롭다 VS 아이가 혼란을 겪을 수 있다**

이롭다 ㅣ 언어는 태어나서 바로 배웠을 때 가장 쉽게 습득할 수 있다. 또한 이중 언어 사용이 아기의 인지 능력을 발달시켜 줄 것이다. 여러 언어를 구사하는 아이들은 자라서 직장을 얻거나 사회생활을 할 때 유리할 것이고, 다른 문화를 좀 더 유연하게 받아들일 수 있을 것이다. 다문화 가정을 비롯한 어떤 가족에게는 이중 언어의 사용이 가족 고유의 문화와 정체성에 관련된 중요한 문제일 수도 있다. 이처럼 이중 언어 경험이 가져다주는 이점이 분명한데도 굳이 기다려야 할 이유가 있을까?

아이가 혼란을 겪을 수 있다 | 말하는 법을 배우는 동안 두 개의 언어에 노출되었을 때 아기들은 혼란을 겪을 수 있고 어느 쪽 언어의 기본도 제대로 배우지 못할 가능성이 있다. 아이가 두 언어를 섞어 사용하게 된다면 어떻게 할 것인가? 또한 아이의 언어 발달을 지연시킬 가능성도 있지 않을까? 물론 여러 언어를 구사하면 앞으로 살아가는 데 큰 도움이 될 수는 있다. 하지만 먼저 아이의 특성을 충분히 고려하여 이중 언어 교육 여부와 시기를 결정해야 할 것이다.

 과학이 말해주는 것

연구에 따르면 이중 언어 환경에서 자란 아기들은 언어 혼란이나 언어 발달 지연을 겪지 않고 두 개의 언어를 듣고 이해할 수 있다고 한다. 이중 언어 환경에서 자란 아이들도 표준 언어 발달 기대치를 충족하고, 단일 언어 가정에서 자란 아이들과 비슷한 나이별 언어 발달 과정을 보이는 것으로 나타났다. 그뿐만 아니라 이중 언어 환경에서 자란 아이들은 어렸을 때는 물론이고 성인이 된 후에도 계속해서 뛰어난 인지 능력과 문제해결력을 보인다고 보고되었다. 즉, 두뇌의 실행 능력이 강화되고 언어 자체에 대해 생각하는 능력인 '메타언어 능력'이 향상되는 경향이 있다.

이중 언어 경험의 장점은 인지 능력 향상에만 국한되지 않는다. 생후 6개월이 지난 영아들을 대상으로 시행한 연구에서 이중 언어 가정 환경이 아기의 집중력 발달에 이롭다는 것이 밝혀졌다. 심지어 이중 언어 경험이 아기가 성장하여 나이가 들었을 때 인지 능력 쇠퇴나 알츠하이머병 발병을 어느 정도 지연시킬 수 있다는 것도 증명되었다.

 꼭 기억해야 할 것

아동의 인지 발달과 사회성 발달에 관한 다양한 연구 결과는 이중 언어 가정이거나 부모가 두 가지 언어를 구사하는 것이 가능할 때는 아이에게 두 개의 언어로 말하는 것이 실제로 유익하다는 점을 시사하고 있다.

가정에 다른 언어를 사용하는 구성원이 있으면 좋지만 그렇지 않다고 해서 아기에게 빨리 외국어를 학습시켜야 한다는 부담을 가질 필요는 없다. 아기가 좀 더 자라거나 학교 공부를 마친 후에도 외국어를 배울 기회는 얼마든지 있기 때문이다.

나는 이중 언어 구사자가 아니다. 남편도 마찬가지다. 그렇다고 그런 사실이 우리 아이들에게 안타까운 일이라고 생각하지는 않는다. 타임 머신이 있어서 과거로 돌아가 미래의 자녀에게 제2 언어 또는 제3 언어를 가르칠 수 있는 다중 언어 구사자를 만나 사랑에 빠질 수 있는 게 아닌 이상, 현실의 내가 할 수 있는 일은 별로 없기 때문이다.

가끔은 너무 많은 육아 정보가 저주처럼 느껴질 때가 있다. 아기를 위해 '절대적인 최선'을 다 하는 문제로 신경이 예민해지기 때문이다. 첫째 아들이 생후 6개월이 되었을 때였다. 생후 6개월 무렵 아기의 뇌는 여러 언어를 배울 준비를 완전히 한 상태이고, 사용하고 있지 않은 언어 학습 담당 회로는 쇠퇴하기 시작한다는 글을 읽게 되었다. 나는 이미 기회를 놓쳐버렸다는 생각에 조급해졌다. 그래서 곧바로 비싼 돈을 주고 여러 언어가 나오는 말하는 장난감 상자를 구입했다. 그 당시에는 우리 아이에게 꼭 필요한 장난감이라 생각했지만 아이는 전혀 관심을 보이지 않았다. 나는 "우리 아들 중국어 발음은 절대 좋을 리 없을 거야!"라고 소리쳤고, 남편은 웃으면서 "어쨌든 우리 아들은 잘 자랄 거야."라고 대답했다.

'유아어'를 쓰는 것은
좋을까, 나쁠까?

어떤 사람은 유아어(baby talk)라 부르기도 하고, 더 전문적으로는 '부모어(parentese)'라고 하는 이 화법은 부모들이 아기에게 말할 때 거의 자동으로 사용하는 것으로, 단어를 말할 때 과장되게 발음하고 높은 어조로 모음을 길게 끌면서 선율을 만들어 말하는 방식을 의미한다. 예를 들어 "개를 봐."라고 말하는 대신에 "와아, 멍멍이 봐봐!"라고 말하는 것이다.

이런 접근방식이 아기가 모국어의 규칙과 리듬 및 어휘를 배우는 데 도움이 될까? 아니면 아기에게도 더 정확한 말을 가르치기 위해 '어른에게 말하듯이' 말해야 더 좋을까?

유아어를 쓰지 말아야 한다 VS 도움이 된다

유아어를 쓰지 말아야 한다 | 유아어를 사용하는 것보다 '어른' 말투를 사용해 아기에게 말하는 것이 아기에게 더 정확한 언어 모델을 제시할 것이다. 아기에게 유아어를 사용하는 것은 아기의 인지 능력을 무시하는 행동이며, 아기가 더 높은 수준에서 배울 기회를 놓치게 만드는 행동이다. 잠재적으로는 아이들이 아기처럼 말하는 습관을 가지게 할 수 있으며, 그런 말투는 한번 배우면 고치기 어려울 것이다.

도움이 된다 | 아기에게 유아어로 말하는 것은 아기가 모국어 패턴을 더 쉽게 습득하는 데 도움이 될 것이다. 부모가 말할 때 아기는 더 흥미를 느껴 주의를 기울일 것이고, 그래서 언어와 관련된 문법과 어휘를 자연스럽게 배우게 될 것이다. 아기에게 유아어를 사용하는 것이 자연스러운 데는 다 이유가 있다.

과학이 말해주는 것

이 문제에 관해서는 과학적으로 모호한 것이 없다. 유아어 사용에 관한 연구가 수십 년 동안 진행되었는데 연구 결과들이 명확하다. 사회 경제적 지위를 배제하고 살펴봤을 때 모든 언어와 문화권에서 유아어는 집중력, 사회적 반응, 어휘 습득, 단어 인지, 발성 등의 측면에서 아이에게 도움이 된다. 또한 아기들은 표준 언어보다 유아어를 선호하기도 한다.

 꼭 기억해야 할 것

언어 습득의 여정을 시작한 아기들에게 유아어는 정말 유익하다. 그렇다고 어른들이 "구 구 가 가" 같은 옹알이 소리를 일부러 만들어서 낼 필요는 없다. 아기도 단번에 부자연스럽게 느낄 것이다. 그저 모음을 길게 끌고 높은 어조의 운율 있는 말투로 말하면 아이의 관심을 충분히 끌 수 있고, 아기가 모국어 소리를 더 쉽게 듣고 따라 할 수 있게 해줄 것이다.

아기가 성장할수록 우리는 분명 표준 언어를 지향할 것이다(우리 모두 바라는 일이다!). 그러나 아이가 어릴 때는 일단 아이와 어른이 서로 간의 유대감을 더 많이 형성할 수 있는 방식으로 소통하면서 아기가 모국어의 규칙과 리듬, 어휘를 재밌게 배울 수 있도록 하는 것이 좋다.

아기에게 글 읽기를
가르쳐야 할까?

오늘날 같은 성취 중심의 사회에서 많은 부모는 자녀가 학교에서 그리고 그 이후의 삶에서 필요한 기술을 남들보다 일찍 배우기를 원한다. 3세밖에 안 된 어린 아이의 부모들을 겨냥해 책과 앱, 플래시 카드, 멀티미디어 그리고 여러 다른 학습 도구들이 출시되었다. 특히 아기의 읽기 능력을 기르기 위한 직접 교수(개념과 기술을 가르치기 위해 먼저 설명하거나 시범을 보인 후 반복적인 연습과 피드백을 제공하는 교수법 – 옮긴이) 방법이 인기가 많은데, 이것이 정말 아기에게 유익할까? 아이에게 진정한 의미의 '글 읽기'가 가능한 시기는 언제부터이며, 어떻게 가르치는 것이 가장 효과적일까? 이것이 우리 아이를 '아기 아인슈타인'으로 만들어줄까?

가르칠 필요 없다 VS 가르치면 좋다

가르칠 필요 없다 | 아기들은 그저 세상과 상호작용하고, 놀이하고, 하루하루의 삶을 살아가면서 배우는 존재이다. 정식 교육을 받을 시간은 나중에 얼마든지 있을 것이다. 아기에게 책을 읽어주는 정도면 충분하다.

가르치면 좋다 | 우리에게는 아기가 잠재력을 충분히 발휘할 수 있도록 자극해야 할 책임이 있다. 시중에는 부모들이 선택할 수 있는 아기용 프로그램과 학습 도구가 아주 많이 출시되었다. 그것들이 몇 년 사이에 아이의 읽기 능력을 키워줄 것이라고 확신할 수는 없지만 조금 일찍 글을 가르치는 것이 학업 면에서 도움이 되든 아니든 아기에게 해로울 리가 있겠는가? 게다가 부모와 함께 글을 읽는 것은 아이의 두뇌를 운동시켜줄 뿐 아니라 부모와 아기가 유대감을 형성할 수 있는 좋은 경험이 될 것이다.

 ## 과학이 말해주는 것

지난 수십 년 동안 여러 연구에서 엄마들 사이에서 인기 있었던 '엄마표 읽기 교육 프로그램'이 실제로 약속한 효과를 나타내고 있는지 조사했다. 부모들은 이 프로그램들 덕분에 아기가 단어를 인식하게 되었다고 주장했지만, 대부분의 연구에서 아기들은 제대로 된 읽기를 배울 수 없다는 것이 밝혀졌다.

논쟁의 대부분은 결국 '읽기'라는 말의 정의 때문에 일어났다. 연구자들의 자세한 주장에 대해서는 깊이 다루지 않을 것이다. 그러나 간단히 말하자면, 연구자들은 읽기를 글자, 단어, 단어가 나타내는 개념 및 사물 사이의 관계를 이해하는 것이라 정의한다. 그들은 실제 읽는 것과 부모들이 아기에게서 관찰하는 것을 분명하게 구분해야 한다고 지적한다. 예를 들어, 아기는 '고릴라'라는 단어를 보고 아직 단어를 발음할 수는 없을지라도 손가락으로 고릴라 그림을 가리킬 수는 있다. 연구에 따르면, 30개월 유아들이 맥도날드 광고판이나 버스 정류소 표지판 같은 익숙한 이미지나 로고는 정확하게 알아볼 수 있었지만 익숙한 상황에 있지 않으면 같은 단어라도 알아볼 수 없었다고 한다. 그러므로 유아들이 상황 속 이미지를 알아보는 것일 뿐 엄밀한 의미의 읽기를 하는 것이 아님을 알 수 있었다.

아주 어린 아이들에게 읽기를 가르치기 위한 영상 매체 중심 접근법을 조사한 연구는 더욱 확고한 증거를 내놓았다. 우선 첫째로, 너무 많은 스크린 노출은 아이의 인지 능력, 사회성, 신체 발달에 부정적인 영향을 미칠 수 있다. 텔레비전 시청은 비판적 사고력, 자기 제어, 집중력, 의사 결정력 같은 집행 기능을 떨어뜨리고, 자신과 타인의 정신 상태를 고려하고 이해하게 하는 사회인지 능력인 마음 이론 기술(theory-of-mind skills)을 약화한다. 그리고 비만과도 관련 있는 것으로 밝혀졌다. 비록 돌 이전의 아기가 아닌 더 큰 아이들을 대상으로 했고, 더 넓은 범위의 영상 매체가 아닌 텔레비전 시청에만 초점을 맞춘 연구였지만, 그 결과는 화면을 너무 오래 보는 것이 잠재적으로 부정적 효과를 낼 수 있음을 여전히 암시한다(우리 생활 속 어디에서나 이용할 수 있는 영상 매체의 장점과 위험성에 대한 더 자세한 내용은 349쪽 '아기의 스크린 타임은 어느 정도가 적당할까?' 편 참조).

읽기 학습과 관련해 실제로 생후 12개월 미만의 아기에게 영상을 보여주는 것이 정식 교육에 대한 준비 측면에서 유의미하다는 설득력 있는 증거는 없다. 분명 아기들은 언어에 대한 기초 지식과 어휘를 아주 일찍부터 쌓아가기 시작한다. 그래서 아직 어린 아기라 할지라도 계속 말을 해주고 책을 읽어주는 것이 더할 나위 없이 중요하고, 이를 뒷받침하는 증거들이 점점 많아지고 있다. 그러나 12개월 미만의 아기들의 경우, 읽기에 필수적인 언어적·인지적 발달은 비디오나 영상이 아닌 실제 사람과 상호작용하는 '관계'를 통해 일어난다는 것이 확실히 밝혀졌다. 사실, 영유아들이 영상 매체를 통해서만 학습할 수 있다는 주장도 아이가 어느 정도 능력을 갖추고 있고, 영상물의 내용이 좋고, 시청 과정이 실제 사람과의 관계에 기반을 둔 것일 때, 즉 부모나 함께 시청하는 다른 사람이 관심을 기울이고 신경을 써줄 때만 가능하다고 한다.

✏️ 꼭 기억해야 할 것

만약 우리 아기가 살아가는 데 필요한 것들을 남들보다 일찍 배우기를 원한다면 가장 좋은 출발점은 바로 부모 자신이다. 아기들에게는 타고난 학습 능력이 있으므로 우리는 그저 말을 하고 책을 읽어주고 노래를 불러주고 손가락과 발가락을 세고 아기가 안전하게 세상을 탐색할 수 있게 도우면 된다.

아기에게 책을 읽어주는 것의 중요성은 정말 아무리 강조해도 지나침이 없다. 아기에게 글을 가르치는 것에 대해 말하자면, 전문가들이 말하는 의미의 읽기를 12개월 미만 아기들에게 실제로 가르칠 수 있다는 증거는 어디에도 없는 것으로 보인다. 그래서 영아기 읽기 프로그램을 반대하는 사람들은 시간과 돈 낭비라고 주장하지만, 그런 프로그램들이 실제로 아이에게 해로운 영향을 미친다고 입증된 연구도 없다.

우리가 꼭 기억해야 할 점은 아기에게 글을 가르쳐주겠다고 약속하는 프로그램에 시간과 돈을 투자해야 할 과학적 근거가 없다는 사실이다. 아기에게 꼭 글을 가르쳐주고 싶다면, 그렇게 해도 해롭지는 않을 것이다. 사실 학업적인 이점이나 결과에 집착하지 않는다면 이런 식으로 아기와 함께 놀이처럼 시간을 보내는 것도 좋다. 그러나 반드시 해야 하거나 꼭 필요한 과정은 아니다. 아기와 함께 시간을 보내고 상호작용하면서 아기에게 언어의 재미와 마법을 맛보게 할 방법들은 많다. 아기가 접하는 세상이 교실이고, 우리의 목소리와 관심 그리고 우리의 존재가 아기에게는 최고의 선생님이다.

'아기 수어'는
이로울까?

육아는 부모들에게 많은 도전을 안겨준다. 그중 하나가 아기가 원하는 것을 알아내는 것이고, 더 중요한 것은 아기의 요구를 이해하는 일이다. 아기와의 의사소통을 간절히 바라는 어떤 부모들은 '수어'에 기대기도 한다. 즉, 아기가 몸짓을 사용해 필요한 것, 원하는 것, 주변에서 보고 들은 것을 양육자에게 알리도록 하는 것이다. 여기서 수어를 사용한다는 것은 아기에게 표준 수어나 다른 부호화된 시스템 활용법을 가르치는 것이 아니라, 아기가 양육자와 의사소통할 수 있도록 수어처럼 몸짓을 사용하는 것을 의미한다. 그렇다면 아기와 소통하기 위해 '아기 수어'를 사용하는 것은 아기에게 이로울까? 아니면 단점도 있는 걸까?

💬 이롭다 VS 이롭지 않다

이롭다 | 아기가 양육자에게 자기 생각을 표현할 수 있는 도구를 준다면 그것은 정말 강력한 선물이 될 것이다. 실제 단어를 발음하는 데 필요한 근육이 발달하기 전까지 아기는 부모에게 기차 소리가 들린다, 아프다, 무섭다, 물이나 과자를 더 먹고 싶다, 또는 물고기 그림이 보인다 등을 말하기 위해 수어로 소통할 수 있다. 이렇게 하는 것은 아기와 양육자 모두의 좌절감을 줄일 수 있는 좋은 방법이다.

정식 교육 프로그램이 없어도 아이들은 신호를 습득하기 시작하고, 만 1세 즈음에는 상당한 범위의 어휘 목록이 생긴다. 그 후로 6개월 동안 수십 개의 신호를 더 습득할 수 있고, 그래서 아직 부모의 언어로는 전달할 수 없는 것들을 부모에게 말할 수 있게 된다. 아기가 사용하는 수어는 발달 장애가 있거나 언어 발달이 늦은 아이에게 특히 도움이 된다. 그뿐만 아니라 모든 아이의 인지 및 정서 발달 향상에도 도움이 될 수 있다.

이롭지 않다 | 아기 수어가 매우 흥미로운 생각이기는 하지만 아직 그에 따를 수 있는 혼란을 감수할 만큼 연구가 충분히 이뤄지지는 않았다. 아기가 계속 수어에 의존하고, 말을 배워 사용하기보다 몸짓으로만 의사전달을 하려고 한다면, 그래서 언어 발달이 지연된다면 어떻게 할 것인가? 게다가 아기 수어가 모든 부모에게 현실적인 것은 아니다. 아기에게 수어를 가르치려면 단어나 감정을 나타내는 말에 대

응하는 신호를 일관되게 정해야 하는데, 아기를 어린이집에 맡기거나 매일 함께 보낼 수 있는 시간이 많지 않다면 일관된 신호를 정하기 어렵기 때문이다. 수어를 사용하면 당장 아기가 자신의 요구를 부모에게 전달할 수 없어 느끼는 좌절감은 줄일 수 있지만, 부모가 아닌 다른 사람에게 수어를 사용하려고 할 때 여전히 좌절감과 혼란이 발생할 것이다.

 ## 과학이 말해주는 것

아기와의 의사소통을 위해 신호나 몸짓을 사용하는 것과 관련해서 과학적으로 확실한 결론에 이르지는 못했다. 2000년에 실시한 연구에서 연구진들은 생후 11개월 아기들을 두 집단으로 나눠 비교했는데, 수어 훈련을 받은 아기들은 받지 않은 아기들에 비해 금방 말을 더 잘했다. 만 2세가 되었을 때 아기 수어를 사용한 아기들이 그렇지 않은 아기들보다 언어 발달 속도가 3개월 정도 더 빨랐다. 아기 수어를 배운 아이들이 8세가 되었을 때는 몇 년 전에 수어 사용을 중단했음에도 별도로 배우지 않은 아이들보다 IQ 수치가 12점이나 더 높았다. 하지만 어떤 연구에 대해서도 그렇듯 세부 사항을 좀 더 살필 필요가 있다. 이 연구는 단지 103명의 아기를 조사한 비교적 소규모 연구이다. 그렇지만 연구진도 언급했듯이, 이 연구 결과는 다른 것은 몰라도 "상징적인 몸짓 사용이 언어 발달을 방해하지 않으며, 오히려 언어 발달을 촉진할 수 있다."는 가능성을 시사한다.

아기 수어와 몸짓언어를 사용하면 사회·정서적 능력이 발달한다는 연구 결과도 나왔다. 이런 결과는 언어 치료사들의 노력과 흐름이 같다. 언어 치료사들은 언어 장애나 인지 장애가 있는 아기를 치료하기 위해 수십 년 동안 다양한 형태의 신호 언어를 사용했다.

그러나 2005년 이 연구들과 다른 문헌들을 검토한 메타 분석은 '몸짓 신호를 가르치는 것'이 실제로 언어 발달 향상으로 이어진다는 과학적 증거가 뚜렷하지 않다고 결론 지었다. 다시 말해 아직 확정적으로 말할 수는 없다는 것이다. 이에 대한 반응으로 2000년 연구 논문의 저자들은 자신들의 연구 결과를 옹호하면서 아기 수어의 긍정적 효과가 부족하다는 2005년 메타 분석 결과를 문제 삼았다.

그 후로 여러 연구팀이 이 문제를 다뤘고, 지난 몇 년 동안 학문적 논쟁을 계속하고 있다. 2014년에 실시한 조사는 "아기 수어 훈련이 아동의 전반적인 발달에 중요하고 긍정적인 영향을 미친다."라고 결론을 내렸다. 같은 해 발표한 또 다른 논문은 "아기 수어의 유효성을 뒷받침할 만한 결정적인 증거가 없지만, 신호 언어를 일찍 경험하면 정상적인 발달에 부정적인 영향을 미친다는 증거도 없다."라고 결론 내렸다.

어떤 학자들은 '아기 수어를 사용하기로 마음먹을 정도로 아이와의 의사소통에 적극적인 부모라면 언어와 학습에 관해서 이미 아기에게 어떤 유전적, 환경적 이점을 제공했을 수 있다'는 점에서 자기 선택 표본 집단(self-selected group, 주어진 문제에 관심 있는 대상이 표본 집단을 구성하는 것으로, 모집단을 대표하지 못하고 편향된 결과를 낳을 수 있다. -옮긴이)일 것이라고 설명했다. 결과적으로 이런 의도를 가지고 자녀의 언어 발달에 접근하는 부모는 아이에게 책을 읽어주거나 단어와 의미를 말해주는 데 더 많은 시간을 할애할 것이고, 이런 행동은 아이의 언어 능력 및 어휘력을 향상하는 데 도움이 될 것이다.

 꼭 기억해야 할 것

이 모든 연구 결과가 말해주는 것은 무엇일까? 아기 수어가 언어 발달과 사회적, 정서적 성장이라는 측면에서 명백한 이점을 제공하는지와 관련해서는 현재 상반된 증거들이 존재한다. 아기 수어를 굉장히 선호하는 부모의 사례를 기반으로 한 증거는 매우 많다. 아기에게 몸짓과 말의 관계를 알게 해주고, 양방향 의사소통 도구를 제공하면 앞으로 말을 배우는 과정에서 도움이 되리라는 것은 어렵지 않게 짐작할 수 있다. 그러나 지금까지 진행된 연구 결과들을 봤을 때 확실한 결론을 내릴 수는 없다. 언어와 학습의 문제를 제쳐두고 본다면 아기가 자기 생각과 기분 그리고 눈에 보이는 것을 부모에게 표현할 수 있는 도구가 있다는 점은 관계적 혜택을 제공한다. 그런 도구를 가지고 있으면 아이의 좌절감이 줄어들고, 부모와 아이 사이의 의사소통이 늘어나고, 놓칠 수 있었던 정보를 쉽게 파악할 수 있을 것이다.

하지만 아기 수어는 분명 '필수'는 아니다. 아기 수어가 아이에게 발달 우위를 주리라 확신할 수도 없다. 그러나 아기 수어를 시도할 시간과 의향이 있다면 아이와 유대를 형성하고, 아이가 무엇에 관심이 있으며 무엇을 알아차리고 있는지 알고, 아이와 더 자세히 소통할 수 있는 좋은 방법이 될 것이다.

 ## 브라이슨 박사가 엄마들에게

우리 부부가 아기 수어를 사용하는 것을 본 할머니, 할아버지는 회의적인 반응을 좀처럼 감추지 않았다. 할아버지는 "그러니까 고릴라를 코코라고 하는 거지?"라고 물었다. 두 분 모두 나중에 아이들이 말을 못 하게 될까 봐 걱정이 이만저만 아니었다.

하지만 아들들은 모두 나이에 맞게 또는 더 일찍 말을 하기 시작했고 어휘력도 또래 아이들보다 풍부했다. 아기 수어를 배운 것이 아이들에게 인지적, 발달적 측면에서 어떤 자극을 주었는지는 모르겠다. 하지만 나는 아이들과 함께 수어를 사용하는 것을 정말 좋아했다. 아이들이 10개월쯤 되었을 때 우리 부부는 인기 있는 아기 수어책을 보면서 '더'와 '끝' 같은 기본 수어를 두 개씩 가르치기 시작했다. 그 두 개가 익숙해지면 다른 것을 추가했다. 첫째 아들은 14개월이 되었을 때 우리가 직관적으로 만들어낸 여러 신호를 포함해 60개 이상의 수어 단어를 알고 있었다. 11개월과 14개월 사이에는 표현하는 데 필요한 근육이 아직 발달하지 않았는데도 여러 가지 개념과 단어 그리고 생각을 분명히 표현할 수 있었다는 말이다.

내가 보기에도 이런 과정이 아이의 언어 습득에 도움이 되리라 생각하지만, 개인적으로 아기 수어를 가르치면서 가장 좋았던 점은 예상했던 것보다 훨씬 일찍 아들과 의사소통을 하게 되었다는 점이다. 아기 수어 덕분에 나는 아이가 무엇에 관심이 있는지, 무엇에 흥미를 느끼는지 알 수 있었다. 아들이 12개월쯤 되었을 때 동화책《생쥐에게 과자를 준다면》을 읽어준 적이 있었다. 내가 페이지를 넘기는 어느 순간 아이가 '잔디 깎는 기계'를 몸짓으로 표현하기 시작했다. 기계에 시동을 걸기 위해 전선을 잡아당기는 시늉을 하는 것이었다. 내가 "잔디 깎는 기계를 말하는 거야? 어디에 있어?"라고 묻자 아이는 책을 가리켰다. 헛간 뒤쪽 구석에 있는 잔디 깎는 기계가 보였다. 그 순간을 함께해서 우리는 둘 다 신이 났다. 아기 수어가 없었더라면 그런 일은 일어나지 않았을 것이고, 나는 아이가 잔디 깎는 기계에 관심이 있다는 사실을 몰랐을 것이다.

아기 수어가 더 유용했을 때는 아들들에게 '아프다'라는 수어를 가르쳤을 때다(열이 있는지 확인하는 것처럼 이마에 손을 대면 아프다는 뜻이었다). 아이들은 아플 때면 언제든 우리에게 와서 말할 수 있었다. 아이들은 '무섭다'라는 수어도 배웠다. 빠르게 박동하는 심장처럼 오른손으로 왼쪽 가슴을 톡톡 치는 것이었는데, 이것은 곧 '위로가 필요하다'는 의미로 바뀌었다. 그렇게 수어를 통해 우리는 아이들이 화가 나거나 무서워할 때 바로 알아차릴 수 있었다. 아들들은 자신들끼리 직접 신호를 만들기도 했는데, 정말 재미있고 가끔은 너무 웃겼다. 예를 들어, 한 녀석이 '엄마 젖'을 달라는 신호로 자기 가슴을 세게 칠 때도 있었다.

물론 과학에서 어떻게 말하는지는 알지만, 아이들과 수어로 소통하던 시간은 그 어떤 것과도 바꾸지 않을 만큼 소중한 순간이었다. 나는 아기 수어 덕분에 우리 아이들이 우리가 자기들을 이해하고, 자기들의 말에 귀를 기울이고, 신뢰를 형성하고 싶어 한다는 것을 일찍 알았으리라 생각한다. 그리고 우리가 자기들을 '파악'해서 요구에 즉각적으로 반응해 주리라는 것도 일찍 알아차렸을 것이다. 아들들은 이제 모두 십 대 청소년이고 나보다 키도 크다. 그래도 우리 가족은 지금도 약간의 수어를 사용한다. 비행기에 타기 바로 전이나 작별 인사를 할 때 '사랑한다'고 전하기 위해 오른손을 주먹 쥐고 왼쪽 가슴을 부드럽게 두 번 치는 것이다.

아기에게 **음악**을 들려주면 머리가 좋아질까?

아기에게 클래식 음악을 꾸준히 들려주면 아기가 똑똑해진다는 '모차르트 효과'에 대해 들어봤을 것이다. 이 주장은 근거가 있을까? 만약 음악이 정말 아이들의 지능 향상에 효과가 있다면, 어떤 음악을 어떻게 들려주는 것이 좋을까?

 ## 지능 향상에 도움이 된다 VS 큰 기대는 금물

지능 향상에 도움이 된다 | 음악은 아이에게 리듬과 운율, 패턴을 접하게 함으로써 지능을 높인다는 연구 결과가 있다. 또한 음악은 뇌 발달을 촉진하고 학습을 도와주며, 사회적 상호작용에도 도움이 된다.

큰 기대는 금물 | 음악이 아이를 더 똑똑하게 만든다는 주장은 IQ 검사 전에 클래식 음악을 들은 대학생들의 IQ 수치가 아주 조금 향상되었다는 오래된 실험 결과에 기반한다. 사람들은 과학적 근거 없이 이 실험 결과를 어린이와 유아에게까지 확대 적용해서 주장한다. 아기를 위해 음악을 들려주는 것은 전혀 잘못되지 않았다. 하지만 음악을 들려준 덕분에 아이가 똑똑해질 것이라는 기대는 하지 말자.

 ## 과학이 말해주는 것

연구가 계속 진행되고 있긴 하지만, 아기에게 음악을 들려주면 여러 면에서 유익하다는 것은 점점 확실해 보인다. 신경과학자들은 음악을 들은 후 아기의 청각 피질과 전전두엽 피질이 실제로 달라진다는 것을 발견했다. 이 변화는 건강 및 뇌와 관련된 많은 이로운 효과를 일으킬 수 있다. 구체적으로 조산아의 경우를 보면, 음악이 아기의 수면과 체중 증가, 고통스러운 수술 후의 회복에 도움이 된다는 연구 결과가 있다. 미국 소아과학회에서 발표한 한 연구는 조산아에게 자궁 안에서 듣게 되는 '쉭' 하는 소리와 비슷한 소리를 자장가와 함께 들려주었을 때 울지 않고 가만히 깨어 있는 시간이 길어지며 수유 패턴이 안정되는 것을 포함해 많은 이점이 있다고 증명했다. 이 연구는 또한 부모가 육성으로 자장가를 불러주면 유대감이 향상되는 동시에 부모의 스트레스도 감소한다고 보고했다.

연구진은 다양한 종류의 음악이 아기가 말을 더 효과적으로 배우도록 도와주고, 말과 노래 속 리듬에 대한 이해도를 높일 수 있다는 것을 알아냈다. 또 다른 연구에 따르면 아기가 음악을 들을 때도 정교한 두뇌 반응을 보이지만 쌍방향 음악 수업을 하면 더 자주 웃고 의사소통을 잘하는 것으로 나타났다. 그 밖의 다른 연구 결과들도 음악을 들은 아기들은 걸음마기와 학령기가 되었을 때 남을 잘 돕고, 나눌 줄 알고, 협력적이고, 공감 능력이 있고, 사람을 신뢰하는 등의 긍정적인 특성을 보인다고 한다.

 ## 꼭 기억해야 할 것

기회가 된다면 아기를 위해 음악을 자주 틀어주자. 만일 노래 부르는 것을 좋아하는 부모라면 아기에게 직접 노래를 불러줘도 좋다. 하지만 이때는 아기의 예민한 청각을 생각하여 반드시 볼륨에 신경을 써야 한다(126쪽 '소음은 아기에게 어떤 영향을 미칠까?' 편 참조). 음악이 여러 면에서 아기에게 유익하다는 것은 신뢰할 만하다. 하지만 아기에게 음악을 정확히 얼마나 들려줘야 하는지, 어떤 장르가 좋은지 과학적으로 정해진 것은 없다. 연구 결과들은 그저 음악이 긍정적인 효과가 있다고만 한다. 그러므로 집에서, 차 안에서 그리고 일상적인 활동을 하는 동안 아기에게 되도록 다양한 음악을 자주 들려주자.

음악은 아기뿐만 아니라 부모에게도 필요하다. 나는 상담을 받으러

온 부모들에게 아침 일과가 좀 더 스트레스 없고 재미있는 시간이 될 수 있도록 가끔 음악을 '처방'한다. 그리고 그 결과, 여러 부모로부터 '음악 덕분에 더 인내할 줄 알게 되고, 덜 예민하게 반응한다'거나 '음악이 매우 유익한 도구라고 생각한다'는 말을 듣는다.

브라이슨 박사가 엄마들에게

우리 집은 음악이 흐르는 집이다. 예전부터 항상 그래왔다. 우리 부부가 아이들을 위해 몇 년 동안 내내 여러 음악을 틀어놓았던 이유에는 음악이 아이의 뇌를 자극하는 데 얼마나 효과적인지 보여주는 연구 결과도 한몫했다. 그러나 더 중요한 이유는 우리 가족 모두 음악을 진심으로 좋아하고 즐기기 때문이다.

첫째 아들이 아장아장 걸어 다닐 때쯤 남편은 전형적인 어린이 음악에 싫증을 내기 시작했다. 동요 '버스를 타고 달려요'의 후렴구가 한 번 더 나오는 것을 참지 못한 남편은 어린 아들에게 틀어주면 반응을 보이는 성인 음악을 골라(예를 들면 비틀즈, 아레사 프랭클린, 조니 캐시, 푸 파이터스의 음악으로) 재생 목록을 만들었다. 해가 갈수록 남편은 재생 목록을 점점 늘렸고, 그것은 우리 아이들의 어린 시절 사운드트랙이 되었다. 아이들이 자라면서 음악가와 장르도 함께 발전했다. 아이들은 아침 식사 시간에, 이런저런 일을 하거나 놀면서 혹은 스포츠 경기를 보러 가는 차 안에서 항상 음악을 들었다.

남편과 나는 우리가 들려주는 음악에 들어 있는 부적절한 언어나 이미지로부터 아이들을 보호하려고 부단히 애썼다. 그러나 아이들이 성인 음악을 알게 되면서부터 말썽이 끊이질 않았다. 하루는 남편이 아들을 데리고 공원에서 놀고 있었다. 미취학 아동과 부모로 구성된 '하나님과 나(God and Me)'라는 기독교 단체 사람들이 다가와 단체에 가입하라고 말했다. 사람들은 원형으로 늘어섰고, 지도자로 보이는 사람이 아이들에게 자기가 좋아하는 노래를 한 명씩 말해보라고 했다. 다른 아이들이 '예수님은 나를 사랑해' '메리의 작은 양' '버스를 타고 달려요' 같은 동요 제목을 큰 소리로 말하는 것을 아들과 남편은 가만히 듣고 있었다. 사람들의 시선이 한창 영국 록 밴드 퀸의 음악에 빠져 있던 아들에게 향하자, 아들이 불쑥 내뱉었다. "풍만한 엉덩이를 가진 여자들(Fat Bottomed Girls, 퀸의 노래 제목)이요!"

이제 아들 셋은 모두 십 대가 되었고 직접 그들만의 음악 재생 목록을 만들어 듣는다. 나는 해마다 아이들이 공들여 선곡한 음악 모음집을 최소 하나는 생일 선물로 받으리라 기대할 수 있게 되었다. 아이들이 좋아하는 음악과 내가 좋아하는 음악이 점점 달라지고 있지만, 나는 아이들이 나의 음악적 취향을 고려해서 내가 좋아할 만한 곡들로 정성껏 선곡하는 것이 정말 고맙고 기분 좋다.

음악은 아이들에게 분명 여러 면에서 도움이 될 수 있다. 삶의 작은 재미가 될 수도 있고, 아이들과 유대를 쌓을 수 있는 또 하나의 방법이 되기도 할 것이다.

'배변 소통'은
효과가 있을까?

미국의 일부 부모들 사이에서는 '배변 소통' 또는 '아기 배변 훈련'이라고 불리는 방법이 전통적인 대소변 가리기 훈련의 대안으로 사용된다. 이 용어의 기본 개념은 부모와 아기가 배변에 대한 소통 관계를 형성하는 것으로, 부모가 아기의 배변 패턴을 정확히 이해하고 대소변을 보려는 신호를 알아차리는 것을 의미한다. 배변 신호를 알아차리면 부모는 바로 아기를 화장실로 데려가 변기나 아기용 변기 의자에 앉힌다. 아기가 너무 어려서 혼자 앉을 수 없으면 잘 잡아줘야 한다.

배변 소통이 되면 결과적으로는 기저귀 사용을 많이 줄일 수 있고, 여러 가지 질환을 예방하는 데도 도움이 된다. 그런데 이것은 정말 실용적인 방법일까? '배변 소통'을 통한 대소변 가리기 훈련이 누구에게나 가능할까?

효과가 있다 VS 꼭 해야 할 필요는 없다

효과가 있다 | 아시아, 아프리카, 라틴아메리카 지역에서는 일종의 배변 소통을 일상처럼 활발하게 한다. 미국에서 해마다 대략 274억 개의 일회용 기저귀가 사용된다는 사실을 고려한다면, 일회용 기저귀나 천 기저귀에 의존하지 않으면서 더 자연스럽게 배변 훈련을 한다는 것은 환경적으로나 경제적으로 상당히 좋은 생각일 것이다.

배변 소통은 일회용 기저귀나 천 기저귀에 대한 의존을 줄이고, 변기에 앉은 아기가 방광을 더 완전하게 비우도록 유도하기 때문에 요도 감염과 피부 발진, 메티실린 내성 황색포도상구균 같은 세균 때문에 생기는 피부염을 예방하는 데 도움이 된다. 물론 처음에는 주변이 난장판이 될 수도 있다. 그러나 그 과정에서 아이는 기저귀라는 안전 장치를 차고 있으므로 몸의 신호를 무시해도 된다고 생각하는 대신, 자기 몸이 보내는 신호를 더 정확하게 인지하는 법을 배울 것이다.

꼭 해야 할 필요는 없다 | 아기의 생체 리듬을 알아차리고 잘 반응하는 것은 당연히 좋은 일이다. 그러나 배변 소통의 잠재적 이점이 아기의 '대소변 가리기'에 요구되는 것들을 참고 견딜 만큼 가치가 있을까? 잘못하면 집 안이 난장판이 된다는 사실 하나만으로 멈칫하는 부모도 있을 것이다. 그뿐 아니라 배변 소통에는 꽤 오랜 시간이 필요하다. 모든 양육자가 오랜 시간 꾸준하고 자세히 감독하고 일관성 있게 진행해야 한다. 대부분의 가정에서는 그만큼 많은 시간을 할애하기 힘

들 것이다. 게다가 배변 소통만으로는 배변 훈련이 완벽하게 되지 않는다. 영아들의 신체는 아직 이런 형태의 신체 지각과 의사 결정을 할 수 있을 만큼 발달하지 않았기 때문이다. 아이가 자신의 신체가 보내는 신호를 이해할 수 있게 돕는 것은 좋다. 그러나 여전히 어느 시점이 되면 아이는 스스로 변기까지 걸어가서 용변을 보고 휴지로 닦고 옷을 입는 것에 대해 다시 배워야 할 것이다.

 ## 과학이 말해주는 것

배변 소통을 주제로 한 연구가 많지는 않지만 그중 한 연구에 따르면 아기들이 실제로 양육자에게 대소변이 마렵다는 신호를 보내는 것으로 나타났고, 생후 6개월부터 배변 소통 전략을 쓴 아이들은 평균적으로 17개월 무렵에 대소변을 가렸다. 게다가 그렇게 어린 아기들을 대상으로 배변 소통 전략을 썼는데도 그 어떤 부정적인 결과도 발견되지 않았다.

건강과 관련된 측면에서 보면 배변 소통을 한다는 것은 아이가 방광을 완전히 비울 수 있도록 유도함과 동시에 기저귀가 더러워지는 것을 피할 수 있다는 의미이기도 하다. 이 두 가지 모두 요도 감염과 메티실린 내성 황색포도상구균 감염의 위험을 줄이는 데 도움이 될 것이다.

✏️ 꼭 기억해야 할 것

배변 소통은 아기에게 부정적인 영향을 주지 않는 것으로 보인다. 그렇지만 아기에게 또는 아기와 부모의 관계에 어떤 긍정적인 영향을 미친다는 증거 또한 없다. 그러므로 이 전략을 사용하고 말고의 결정은 인내심과 시간, 부모의 의지에 달렸을 것이다.

생후 몇 개월도 지나지 않은 아기에게 배변 소통을 시작한다고 해서 당장 대소변을 가리는 아이가 되는 것은 아님을 반드시 명심하자. 아이가 혼자 변기에 앉으려면 충분히 발달하고 성숙해야 한다. 아이가 지정된 장소로 기어가거나 걸어갈 수 있어야 하는데, 이는 아무리 빨라도 생후 12~18개월은 지나야 가능하다. 그전에는 장과 방광을 조절할 수 없고, 대부분은 생후 24~30개월이 되어야 그런 조절 능력이 생길 것이다.

전 세계의 많은 부모가 어떤 형태로든 배변 소통을 시도하지만 결국 그들 대부분에게는 그다지 실용적이거나 특별히 더 편리한 방법이 아닐 것이다. 배변 소통은 일부 감염증을 예방하는 데 도움이 될지도 모르고 비용적·환경적 이점도 있지만, 그만큼 양육자의 지속적인 헌신이 필요하므로 많은 부모에게는 유익하기보다 오히려 번거롭고 힘든 결정이 될 것이다.

배변 훈련을 시도해 보기로 했다면, 아기가 그 과정에서 진보와 퇴행을 반복하는 동안 부모로서 어쩔 수 없이 느끼게 될 좌절감을 어떻게 다스릴지 먼저 생각해 보자. 발달적 측면에서 아이가 충분히 준비되지 않았는데도 빨리 성공하려고 압박한다면 아이와 부모 어느 쪽에게도 이롭지 않을 것이다. 어린 아기들도 부모가 느끼는 좌절감, 실망감 같은 부정적인 감정을 알아차릴 수 있으며, 그것은 아이의 경험 전체를 부정적인 것으로 바꿔놓을 수 있다. 우리의 뇌는 여러 사건들을 연관 지어 생각하게끔 되어 있다. 그래서 만일 아이의 머릿속에서 화장실이 화가 난 엄마나 윽박지르는 아빠와 연결된다면, 아이는 화장실이나 변기를 사용할 때마다 두렵고 부정적인 감정을 가지게 될지도 모른다. 그럴 경우 부모는 결국 훨씬 긴 시간 동안 더 힘든 싸움을 벌여야 할지도 모른다.

배변 훈련은
언제 시작하면 좋을까?

아이에게 '배변 훈련'을 시작하는 다양한 접근 방법이 있지만(322쪽 '배변 소통은 효과가 있을까?' 참조), 여기서는 전통적인 배변 훈련이라고 할 수 있는 기저귀 단계에서 벗어나 화장실 변기를 사용하거나 이동식 아기 변기에 변을 본 후 변기를 비우는 단계로 넘어갈 수 있게 준비시키는 방법에 관해 이야기할 것이다.

　부모들이 대체로 가장 결정하기 어려워하는 것은 언제 배변 훈련을 시작하느냐이다. 이와 관련해서 아기와 가족을 위해 결정할 때 좋은 길잡이가 되어 줄 연구 결과가 꽤 많다. 미국에서는 98%에 이르는 거의 모든 유아가 만 3세가 되면 낮 동안 기저귀를 차지 않지만, 만 2세의 유아들은 기껏해야 약 4분의 1이(26%) 이른바 '낮시간 배변 조절'에 성공하는 것으로 나타났다. 부모들은 당연히 아기가 되도록 기저귀를 빨리 떼기를 바란다. 그렇다면 배변 훈련을 시작하기에 적당한 시기는 언제일까?

충분히 기다려주자 VS 일찍 시작할수록 좋다

충분히 기다려주자 | 가장 좋은 방법은 때가 될 때까지 기다리는 것이다. 아기가 생후 24개월이 지나더라도 충분히 기다려준 후에 배변 훈련을 시도해야 한다. 영아기(생후 12개월까지)에 하는 대소변 가리기 훈련은 아기와 부모 모두에게 쉽게 좌절감을 줄 수 있으며, 조금 더 기다린 후 시작했을 때보다 기간도 훨씬 오래 걸릴 수 있다. 심지어 아기에게 심리적 부작용이나 문제 행동이 일어날지도 모른다. 단기간에 성공하지 못하면 부모가 아이에게 화를 내거나 다그칠 수도 있으므로 상당한 성공이 있기 전까지는 아기에게 나쁜 경험이 될 가능성이 크다.

일찍 시작할수록 좋다 | 배변 훈련은 빨리 시작하면 할수록 성공 가능성이 커질 뿐만 아니라 여러 가지 장점도 많다. 기저귀 발진이나 다른 염증을 예방하는 데 도움이 되고, 아기가 장시간 기저귀를 차야 할 필요가 없다. 즉, 더 경제적이고 더 친환경적이라는 말이다. 게다가 기저귀를 뗀 후에 아이를 보내라고 요구하는 어린이집과 유치원이 많기 때문에 기저귀를 일찍 뗀 아이들은 그만큼 일찍 교육받을 기회가 생기는 것이다. 그뿐 아니라 아이가 자랄수록 기저귀가 무거워지고 변

이 더 지독해지고 씻기는 일이 점점 더 불쾌한 일이 되는데, 기저귀를 일찍 떼면 그런 과정을 거칠 필요가 없다.

 과학이 말해주는 것

만 2세가 되기 전에 일찍 배변 훈련을 시작하는 것에는 어느 정도의 장점이 있다. 첫째로 배변 훈련을 일찍 시작한 아이들은 기저귀를 더 빨리 뗄 가능성이 크다. 배변 훈련 과정이 전반적으로 더 길어질 수는 있지만 결국 어느 순간 완성 단계에 이르기 때문이다. 게다가 각종 세균을 포함하고 있는 소변을 깨끗하게 닦아주지 못했을 경우 종종 요로 감염증이 발생할 수 있는데, 배변 훈련을 일찍 시작한 아이들에게는 요로 감염증이 비교적 드물게 나타난다. 이것이 배변 훈련을 더 일찍 시작해야 하는 이유이다. 특히 요로 감염증에 잘 걸리는 유전적 요인을 가지고 태어난 아이라면 더욱 그렇다.

그러나 배변 훈련을 조금 더 기다렸다가 시작해야 하는 설득력 있는 이유도 있다. 한 연구에 따르면, 24개월 이전에 배변 훈련을 시작한 아이들은 그 이후에 시작한 아이들에 비해 낮에 소변을 잘 가리지 못하거나 변비가 생기는 '배뇨장애'가 발생할 확률이 세 배 더 높은 것으로 나타났다. 이 연구의 책임 연구원은 아이들이 대소변을 참으려고 할 때 주로 문제가 발생하는데, 아이들에게 대소변 가리기란 본질적으로 대소변을 참는 것이기 때문이라고 설명한다. 배설의 중요성을 이해하기에는 너무 어린 유아들은 자꾸만 변을 참게 되고, 결국 이로 인해 건강에 문제가 생길 가능성이 커진다는 말이다. 그러나 이 연구와 반대로 배변 훈련을 일찍 하는 것과 변비는 아무 관련이 없다는 연구 결과도 있다.

연구에 따르면 너무 오래 기다렸다가 배변 훈련을 시작하는 것도 좋지 않을 수 있다. 앞서 언급한 배뇨장애는 걸음마기의 유아에게만 나타나는 것이 아니다. 36개월 이후에 배변 훈련을 시작하더라도 더 일찍 시작했을 때와 같은 문제들이 발생할 수 있고, 특히 변비가 생길 가능성은 더욱 커진다. 게다가 배변 훈련을 늦게 시작할수록 감염 및 요실금 관련 문제가 발생할 위험이 커질 수 있다.

배변 훈련은 너무 일찍 시작해도, 너무 늦게 시작해도 부정적인 결과가 발생할 가능성이 있다. 그래서 한 연구팀은 배변 훈련 시작을 위한 '마법의 창(magic window)'이 생후 24개월 즈음에 열린다고 주장한다. 미국 소아과학회도 "배변 훈련을 시작하는 데 적정 나이는 따로 없다. 배변 훈련을 시작할 준비가 되었는지는 아이마다 모두 다르다. 일반적으로 24개월 이전에 시작하는 것은 권장하지 않는다. 아이에게 필요한 준비 기술과 신체 발달은 생후 18~30개월 사이에 이루어진다."라고 비슷한 견해를 내놓았다.

✏️ 꼭 기억해야 할 것

'마법의 창'이 있든 없든 부모가 할 수 있는 최선은 아이가 만 2세에 가까워지면 '배변 훈련을 할 준비'가 되었는지 잘 살피는 것이다. 아이가 부모의 지시를 따를 수 있고 일반적인 개념을 이해할 수 있는지, 한 번에 최소 2시간 동안 소변을 참을 수 있는지, 자기 몸이 보내는 신호를 스스로 읽을 수 있는지 살펴보고 만약 그렇다면 아이는 배변 훈련을 시작할 준비가 되어 있을 것이다.

배변 훈련을 시작하기 전에 꼭 생각해야 할 것이 있다. 아이가 변기를 꺼리게 되는 일이 일어나지 않도록 배변 훈련 경험이 충분히 긍정적이고 성공적이어야 하고, 그러기 위해서는 아이의 발달 상태에 맞춰 적합한 것이 무엇인지 고려해야 한다는 것이다. 아이가 이제 막 생겨난 독립심에 대해서 그리고 큰아이가 사용하는 변기를 사용하는 어린이 대열에 합류하는 것에 대해서 긍정적으로 생각하고 자신감을 느끼도록 도와주는 그런 선택 말이다.

배변 훈련을 일찍 시도했을 때 부모가 누리게 될 가장 뚜렷한 이점은 아이가 큰아이들이 입는 팬티를 더 일찍 입게 된다는 것이다. 그러나 연구에 따르면 배변 훈련을 일찍 시작할수록 성공하기까지 더 오랜 시간이 걸린다는 것도 기억해두자.

지금까지 살펴본 연구 결과를 요약해서 이런 질문을 해봐도 좋을 것이다. 기저귀 사용을 일찍 중단해서 아이에게 더 길고 더 큰 좌절감을 느끼게 하는 길을 선택하겠는가, 아니면 조금 더 기다렸다가 전체적으로 더 빨리, 더 쉽게 끝내는 길을 선택하겠는가?

어느 길을 선택하든 아이가 사고를 치거나 변기에 변을 보지 않았다고 해서 혼내거나 벌을 줘서는 절대 안 된다. 부모가 너무 엄하고 가혹하고 부정적으로 반응하면 아이가 화장실 사용을 두려워하는 부작용이 일어날 수 있다. 그렇게 되면 배변 훈련은 훨씬 더 어려워질 것이다. 배변 문제에 대해서는 늘 아이에게 긍정적으로 이야기하고, 항상 옆에 있어 주고, 격려해주자. 그러면 아기는 발달학적으로 충분히 준비되었을 때 변기 사용하는 법을 자연스레 배우게 될 것이다.

수면 훈련,
꼭 해야 할까?

아기에게 규칙적인 수면 습관을 들일 수 있다면(가장 이상적인 것은 아기가 밤새 깨지 않고 자는 것인데, 그럴 수 있다면) 아기와 부모 모두에게 더할 나위 없이 좋을 것이다. 그렇다면 바람직한 수면 습관을 만들 수 있는 좋은 방법은 무엇일까? 어떤 사람들은 수면 훈련을 시켜서라도 꼭 그렇게 만들겠다고 하고, 또 어떤 사람들은 수면 훈련이 아기에게도 그리고 아기와의 관계에도 해로울 수 있다고 우려한다. 어떻게 해야 아기와 신뢰를 쌓고 더 단단한 관계를 형성하면서 충분한 수면 시간을 보장받을 수 있을까? 수면 훈련이 그 해답이 될 수 있을까?

하는 것이 좋다 VS 하지 않는 것이 좋다

하는 것이 좋다 | 수면 훈련은 아주 많은 이점을 제공한다. 가장 주된 이점은 가족 모두의 수면 시간이 늘어난다는 것이다. 수면 훈련을 하는 동안 부모가 아이의 요구에 정서적으로 알맞게 반응한다고 가정하면, 아기가 수면 훈련 때문에 어떤 부정적인 영향을 겪게 되지는 않을 것이다.

하지 않는 것이 좋다 | 아기가 우는 것은 불편하거나 괴롭다는 신호이며 우리에게 도움이 필요하다고 알리는 행위이다. 아기가 도움을 요구하는데도 우리가 제대로 반응해주지 않는다면, 아기는 이것을 자신이 필요할 때 부모가 옆에 있어 주리라 기대할 수 없다는 메시지로 이해할 것이다.

 ## 과학이 말해주는 것

지금 이 페이지를 읽으면서 아마 여러분은 실제로 수면 훈련을 해도 괜찮은지 궁금할 것이다. 어쩌면 여러분은 과학적 연구 결과가 수면 훈련을 '허용'하기를 바랄지도 모르겠다. 반면, 과학에서 수면 훈련이 아기와 가족 모두에게 최선이라고 말할까 봐 두려워할지도 모르겠다. 수면 훈련에 관한 연구 결과를 알아보기 전에, '수면 훈련'이란 무엇을 의미하는지 살펴보자.

먼저 '수면 훈련'이라는 용어에 관해 정리해보자. 수면 훈련은 수유를 하고 기저귀를 갈아준 후에 아기를 침대에 눕히고 잘 자라고 인사하고서는 아침까지 들여다보지 않는 '울도록 내버려 두기' 방식의 가혹한 접근법을 뜻하는 것이 아니다. 수면 훈련의 기본 개념은 아기가 울더라도 일부러 내버려 둬서 스스로 다시 잠드는 훈련이 되도록 하는 것이다. 이 방법을 주장한 가장 유명한 인물은 리처드 퍼버Richard Ferber라는 의사이다. 그는 아기가 침대에 토할 정도로 울더라도, 부모는 아기를 안아주고 싶은 것을 참아야 한다고 주장하기도 했다. 아기가 토하면 조용히 난장판이 된 침대를 청소하고 훈련이 계속될 수 있도록 재빨리 아기방에서 나가야 한다는 것이다. 하지만 퍼버의 이런 엄격한 접근법이 부모와 아기에게 일으키는 고통 때문에 요즘에는 대체로 권장하지 않는다(사실 퍼버는 논란이 된 자신의 견해를 수정하고 '아기가 잠들 때까지 오랫동안 침대에 혼자 내버려 두는 것'을 지지하지 않는다고 말했다. 그뿐 아니라 아기와 부모가 한 침대에 같이 자는 것에 관해서도 더 유연한 입장으로 수정하고, 육아에 관련한 다른 문제에 대해서도 좀 더 부드러운 태도를 보였다).

전문가들 사이에서 '수면 훈련'은 아기가 혼자 잠들 수 있도록 돕는 다양한 유형의 전략을 총칭하는 용어로 자주 사용된다. 아기를 침대에 눕히기 전 기저귀를 갈아줄 때 조명을 희미하게 낮춤으로써 아기에게 밤에는 자야 한다는 것을 가르치는 것에서부터 수면 훈련을 시작할 수 있다. 다른 전략으로는 아기에게 모유나 분유를 먹인 후 잠들었을 때 다시 살짝 깨워서 혼자 잠드는 과정을 완벽히 경험하게 만드는 방법도 있다. 아기가 혼자 긴장을 풀고 잠드는 법을 배울 수 있도록 부모가 아기 침대 옆에서 한 손을 아기 배 위에 얹어놓는 방법도 있고, 아기와 가까운 곳에서 자다가 서서히 거리를 늘리는 '캠핑아웃camping out' 방법도 있다. 심지어 엄마가 아이 옆에서 잠을 자는 것도 일종의 수면 훈련이라 여기는 사람도 있다.

여기서 논의하는 수면 훈련은 아기가 졸려는 하지만 아직 깨어 있을 때 침대에 눕히고, 울더라도 어느 정도 시간을 두고 기다렸다가 반응하는 접근법이다. 부모가 시간 간격을 두고 아기에게 반응하고 달래주는 것으로, 점차 시간 간격을 늘리면서 아기가 잠이 들 때까지 반복한다. 이 방법의 목적은 며칠 동안 반복하면서 아기가 혼자 잠드는 새로운 방식에 충분히 적응해 다음부터는 혼자서도 잘 잘 수 있게 하는 것이다. 이 방법은 '퍼버 수면 훈련법(Ferberizing)'으로 알려졌는데, 얼마나 부드럽고 다정하게 훈련하느냐에 따라 비교적 '강한 버전'과 '순한 버전'이 있다. 강하고 엄격한 버전은 아기 건강 전문가들과 관련 기관에서 대부분 권장하지 않기 때문에 여기서는 순한 버전의 연구 결과들만 살펴볼 것이다. 순한 버전의 수면 훈련은 아기가 혼자 잠들 수 있는 능력이 생길 때까지 울게 내버려 두지만, 그 과정에서 정서적 유대관계는 지속하는 것이다.

다시 한번 말하지만, 이 책은 방법을 제시하는 책이 아니다. 구체적인 전략이나 자세한 설명을 찾는다면 다양한 단계별 수면 훈련 방법을 알려주는 훌륭한 책과 웹사이트가 많으니 확인하기 바란다. 나는 그저 여기서 논의한 이 특정한 수면 훈련법이 수면 연구자들 사이에서 현재 어떤 평가를 받는지에 관한 폭넓고 포괄적인 관점을 제공할 뿐이다. 나의 바람은 부모들이 아기에게 수면 훈련을 시켜야 할지 말지 판단할 능력을 키우고, 여러 관련 변수들을 살펴보고 스스로 결정할 수 있도록 돕는 것이다.

수면 훈련에 관한 연구가 이루어지긴 했지만, 그 중요성에 비하면 예상하는 것만큼 연구 결과가 많지는 않다. 수면 훈련과 그 효과에 대해 우리가 참고할 만한 연구 논문은 대략 12~15편에 불과하다. 심지어 그 논문들도 자세히 살펴보면 연구자들이 같은 연구에서 여러 전략을 다루고, 일반적으로 부모의 사례에 크게 의존하고 있어서 자칫 편향되기 쉽다는 문제점이 있다. 게다가 다양한 수면 훈련 전략을 비교한 연구도 드물다. 그러므로 우리는 너무 확신하며 결론을 도출하는 것에 주의해야 한다. 하지만 우리는 '수면 훈련이 효과가 있을까?' '아이에게 해롭지 않을까?' '부모와 자녀 사이의 관계를 해치지는 않을까?' 등 수면 훈련을 둘러싼 기본적인 질문에 대한 과학적 의견과 연구 결과를 살펴볼 수는 있다.

'수면 훈련이 효과가 있을까?'라는 첫 번째 질문에 관한 연구 결과는 긍정적인 답을 내놓았다. 수면 훈련은 아이와 부모 모두의 수면을 개선하는 것으로 보인다. 수면의 양과 질이 향상되면 부모의 육아 피로감이 줄고 기분도 좋아지므로 우울증 증세와 부부간 갈등이 줄어들 것이다. 이 모든 것이 아동 발달에 중요한 역할을 한다. 게다가 아기의 수면에도 긍정적인 영향을 미친다. 한 연구에서 순한 버전의 수면 훈련을 사용하는 양육자들을 조사했는데, 훈련을 시작한 지 5개월 후 수면 문제를 보고한 부모의 수가 30% 가까이 감소했다. 또 다른 연구 논문은 결론에서 "수면 환경에서 부모가 자녀에게 보여주는 정서적 공감(emotional availability)은 안전감을 높여 결과적으로 아기의 수면을 더 잘 조절할 수 있다."라고 설명하면서 부모의 감정 반응성을 강조한다. 그러나 좋은 점들만 있는 것은 아니다. 수면 훈련의 결과로 초기에는 긍정적 효과가 많았지만, 그 후 몇 달 동안 기복을 보였다는 연구 결과들도 있다. 다시 말해 과학은, 한 번 성공한 수면 훈련이 평생 간다고 기대하지도 말고, 우리가 아이의 남은 유년기 동안 밤의 축복을 가져오는 '완벽한 수면' 버튼을 누르고 있다고 믿지도 말라고 경고한다. 그런데도 수면 훈련은 적어도 단기적으로나마 아기들 대부분에게 수면 혜택을 제공하는 듯하다.

연구에 따르면, 잠을 잘 잔 아기일수록 새로운 환경에 잘 적응하고, 감정 조절도 잘하며 쉽게 산만해지지 않는다고 한다. 그러나 아기가 잠들 때 스트레스를 경험하도록 놔두는 것은 어떤 식으로든 아이에게 해롭지 않을까? 어떤 부모들은 '캠핑아웃' 방법이나 비교적 다정하고 부드러운 접근법으로 수면 훈련을 하더라도 아이에게 훈련 스트레스가 생길 수 있다고 걱정한다.

하지만 대부분의 아기에게 가벼운 수준의 단기 스트레스는 실제로 회복탄력성을 길러준다는 점에서 오히려 긍정적이다. 게다가 참을 수 있는 수준의 스트레스 경험은 이른바 스트레스 면역 훈련이 되기도 한다. 그러나 화가 난 아기를 너무 오래 울게 놔두면 스트레스 활성화

패턴이 형성될 수 있고, 그렇게 되면 특히 예민하고 정서 조절 장애가 있는 아기들은 시간이 지나면서 회복탄력성을 잃게 된다. 극단적인 스트레스 반응을 빈번히 지속적으로 보이는 아기들에게는 생리적, 심리적 스트레스가 매우 해로울 수 있다.

아기가 울음을 그치는 것은 스스로를 달래는 법을 배웠다는 증거가 아니라, 그저 울음을 멈춤으로써 스트레스에 적응한 것이다. 이런 경우 아기는 어쩌면 한 연구자가 말한 '수면 중 뇌 발달에 필요한 높은 에너지 공급에 문제가 될 수 있는 지속적 대사 저하 상태'를 유발하는 방어 전략을 사용했을 수도 있다. 실제로 생후 3개월 이하의 아주 어린 아기들의 경우, 수면과 관련된 시간에 엄마의 '정서적 공감' 수준이 떨어지면 스트레스 호르몬인 코르티솔cortisol이 더 많이 분비된다고 연구를 통해 입증되었다(이 연구는 엄마들을 대상으로 했지만 아빠들에 대해서도 같은 결과가 나왔을 것이다).

한 연구에서는 수면 훈련을 하는 동안 아기와 엄마의 코르티솔 수치를 측정했다. 연구진은 이틀 동안 밤에 울도록 내버려 두기를 한 후부터 아기가 울음으로 괴로움을 표현하기를 멈췄지만 코르티솔 수치는 똑같이 상승한 채로 남아 있다는 것을 알게 되었다. 아기는 같은 수준의 스트레스를 경험했지만, 아기가 울지 않자 엄마의 코르티솔 수치는 감소했다. 수면 훈련을 하는 동안, 아기는 사실 여전히 화가 난 상태에서 울음을 멈추고 잠드는 법을 배운 것인데 부모는 모든 것이 괜찮다고 믿게 된다는 것은 우려스럽다. 그런데 다른 연구에 따르면, 아이들이 고통스러운 상태에 있더라도 항상 우는 것은 아니며 아이의 기질과 환경에 따라 다른 것으로 나타났다.

이 코르티솔 연구는 방법론적 한계 때문에 비난을 받아왔는데, 특히 코르티솔 기본 수치가 명확하게 정해지지 않았다는 것이 주된 한계점으로 꼽힌다. 그러므로 이 연구 결과를 수면 훈련이 아기에게 해롭다는 증거라고 해석할 때는 신중해야 한다. 하지만 이 연구 결과가 적어도 이 문제에 대한 개선된 추가 연구를 이끌어 낼 것이라는 데는 의문의 여지가 없다. 아기가 혼자 잠드는 것이 수면 훈련에 전반적으로 성공했다는 확실한 증거는 아니라는 가능성을 제기하기 때문이다. 어쨌든 부모의 위로와 지원을 받고자 하는 욕구와 마찬가지로 밤중에 깨는 것도 전형적인 영유아 발달 과정의 일부이다. 그래서 수면 훈련의 효능에 이의를 제기하는 사람들은 밤에 울지 않게 된 아이들이 심리적으로 고통스럽고 도움이 필요할 때조차도 위로를 요구하지 않거나 기대하지 않는다는 우려를 제기한다.

수면 훈련을 하면서 아기가 얼마나 스트레스를 받는지에 대해서는 연구가 충분하지 않았다. 그러나 아기들의 요구는 매우 다양하고, 아이마다 강인함과 예민함이 달라서 스트레스의 강도 또한 다를 것이다. 다시 말해, 5분 동안 울게 내버려 뒀을 때 매우 괴로워하는 아기도 있을 것이고, 가벼운 괴로움으로 끝나는 아기도 있을 것이다.

어떤 연구자들은 수면 훈련이 아이의 전반적인 건강에 미치는 영향을 연구하기 위해 수면 훈련을 한 몇 년 뒤 다시 아동들을 조사했다. 일부 연구에서는 전반적인 행동 측면에서 수면 훈련의 부정적인 효과가 5~6세가 될 때까지도 나타나지 않았다. 지금까지 보고된 가장 타당성 있는 한 연구에서 연구진은 일종의 '영아 수면 개선을 위한 행동 수정 프로그램'을 경험한 아이들을 5년 동안 추적조사했다. 연구진은 행동, 스트레스 수준, 수면 또는 부모와의 관계를 포함해 아동의 정신 건강에 미치는 "장기적인 부정적 효과를 나타내는 증거가 없다."라고 결론 내렸다.

그런데 중요한 것은 반대로 이 연구에서 장기적인 '긍정적' 효과도 찾지 못했다는 것이다. 달리 말하자면, 연구 결과는 수면 훈련을 지지하는 것도 아니고, 수면 훈련을 불편하게 생각하는 사람들에게 모든 부모가 수면 훈련을 해야 한다고 주장하는 것도 아니라는 것이다. 그저 순한 버전의 수면 훈련법이 아이에게 지속적인 해를 끼칠 것이라 걱정할 필요는 없음을 밝혀낸 것이다.

부모와 자녀의 관계에 대해서는 어떨까? 수면 훈련을 받은 아기는 부모가 자신의 요구에 반응해줄 것이라는 믿음을 전적으로 잃게 될까? 어떤 연구는 수면 훈련이 부모와 자녀의 관계에 아무런 영향도 미치지 않거나 심지어 아기의 안정감과 애착을 향상할 수도 있다고 한다. 많은 연구자에 따르면, 가장 중요한 것은 수면 훈련 과정에서 부모가 보이는 정서적 공감이며, 이것은 아기의 수면 개선과 관련이 있을 수 있다.

현재로서는 부모와 자녀 사이의 유대를 중요하게 생각하며 수면 훈련에 접근한다면, 순한 버전의 수면 훈련법이 부모와 자녀 사이의 친밀감에 부정적인 영향을 미칠 것이라는 증거는 없는 셈이다.

✏️ 꼭 기억해야 할 것

이제 하나씩 정리해보자. 과학은 수면 훈련을 시키는 것이 괜찮다고 말하는가? 부모가 아기에 대한 정서적 공감을 잘 유지하기만 한다면 그렇다. 연구 결과들은 수면 훈련을 시켜야 한다고 말하는가? 아니다. 수면 훈련이 아기에게 해롭다는 것을 확실하게 밝힌 연구도 없지만 이롭다는 증거도 없다. 지금까지 진행된 연구 결과를 미루어 본다면 수면 훈련은 아이에게 장기적인 영향을 끼치지 않는다. 따라서 수면 훈련에 관한 결정에서도 결국 부모와 아기 그리고 가족에게 지금 당장 필요한 것이 무엇인지가 가장 중요하다.

부모 입장에서는 수면 훈련이 가족에게 최선의 선택으로 보이기 때문에 수면 훈련을 하기로 결정할지도 모른다. 부모의 근무 일정이든 다른 가족 문제이든 현재 처한 상황 때문에 선택의 폭이 좁아질 수도 있다. 만약 수면 훈련을 하기로 했다면 되도록 아기에게 스트레스를 적게 주는 방법, 유대관계를 중요시하는 방법이 무엇인지 꼭 알아봐야 한다. 전문가들은 대부분 수면 훈련을 너무 일찍 시작하면 안 된다는 데 동의하고, 수유 습관과 수면 패턴이 자리 잡는 생후 4~6개월까지는 기다릴 것을 권유한다. 또한 아기를 스트레스 받는 상태로 오래 내버려 둬서는 절대 안 된다는 점도 꼭 기억하자. 당신이 어떤 전문가의 조언을 따르고 어떤 접근방식을 취하든 아기를 3분, 아니면 5분이나 10분 또는 그 이상 울게 놔둘 것을 자신만의 '규칙'으로 정했을 것이다. 그러나 양육자가 얼마나 기다렸다가 아기에게 반응해야 하는지

342

에 관한 과학적 데이터는 없다. 어떤 아기들은 짧은 시간 안에 달래줘야 빨리 진정하고 잠들 수 있고, 또 어떤 아기들은 좀 더 오래 기다렸다가 달래줬을 때 더 빨리 진정될지도 모른다. 다시 말하지만 우리는 지금 가지고 있는 정보를 고려하고, 성장하는 동안 내내 바뀌는 아기의 요구를 파악해서 그것을 기반으로 부모로서의 직감에 따라 최선의 결정을 내려야 한다.

오랜 시간 고통 속에서 스트레스를 많이 받은 아기의 강렬한 '애착 요구 울음'과, 정말 스트레스를 받은 것이 아니라 그냥 달래주기를 바라고 꽤 빨리 잠드는 아기의 '칭얼거리는 울음'은 차이가 크다는 것도 꼭 기억하자. 스트레스가 가볍고 참을 만한 수준을 넘어 심각하고 해로운 수준으로 변한다면 아기의 회복탄력성을 형성하기보다 고통과 두려움이 일어날 수 있다. 그 결과, 아기는 자기가 고통받을 때 누군가 도와줄 것이라는 믿음을 상실할 수 있다. 아이들은 모두 다르다. 같은 아이라도 상황에 따라 요구가 달라진다. 아기에게 필요한 것은 잠들 수 있게 달래주고 안정감을 주는 부모이다. 적어도 그래야 하는 발달 단계에 있는 동안은 그렇다.

수면 훈련을 시키기로 했다면 부모로서 어떤 기대를 하는지 생각해보자. 아기들은 보통 잠을 쉽게 이루지 못한다. 아직 덜 발달한 작은 신경계와 작은 위를 가졌고, 대부분 밤중에 자주 깬다. 아기가 잠을 잘 자기 시작해도 질병이나 발육 가속 현상, 분리 불안, 이앓이, 여행 및 다른 변화가 수면에 늘 영향을 미칠 수 있고, 그렇게 되면 부모도 다시 수면 문제를 겪을 수도 있다. 수면 훈련은 절대 단기적으로 이뤄지지 않는다는 것을 기억하자. 수면 훈련에 한 번 성공했다고 해서 아기가 항상 밤새 깨지 않고 잘 것이라는 기대는 하지 않아야 한다. 그런 편안한 밤은 몇 년 동안 오지 않을 수도 있다. 심지어 건강하고 정서적으로 안정된 학령기 아동들도 주기적으로 한밤중에 자다가 깰 수 있고, 부모가 잘 안아주고 달래줘야 할 때가 있지 않은가. 어떤 길을 선택하든 우리는 앞으로 몇 년 동안 아이의 수면 문제로 씨름해야 할 것이다. 게다가 대략 20%나 되는 아기들은 수면 훈련을 아무리 많이 해도 효과가 없을 것이다. 그러므로 온 가족이 푹 자는 축복을 가져다주는 '제대로 된 프로그램'을 찾을 수 있으리라는 기대는 미리 접어두자.

당신이 어떤 수면 훈련도 하지 않기로 했다면 아기에게 필요한 모습의 부모가 될 수 있도록 자신을 잘 돌보도록 하자. 아기를 위해 우리가 자신을 얼마나 희생해야 할지, 우리의 욕구를 얼마나 포기해야 할지 결정하는 것은 정말 균형을 잡기 어려운 문제이다. 만일 아기를 울도록 내버려 두는 것이 옳지 않다고 생각한다면 그래서 수면 훈련을 포기하기로 했다면, 아기에게 필요한 다양한 방식으로 아기 옆에 있을 수 있도록 충분한 휴식을 취할 방법을 찾아내자.

수면 훈련에 관해 마지막으로 꼭 기억해야 할 점은 모든 가정이 각기 다르듯 아이들도 저마다 다르다는 사실이다. 아이는 다양한 발달 단계를 거칠 것이고, 어떤 단계에서는 효과 있는 접근법이 다른 단계에서는 효과가 없을지도 모른다. 그러므로 늘 아기의 요구에 적절히 대응하면서 매 순간 새로운 요구에 유연하게 반응할 수 있도록 준비해야 한다.

당연히 부모의 욕구와 수면도 중요하다. 따라서 아이의 요구를 기반으로 하되, 우리 자신의 요구와 다른 가족의 요구도 고려해서 수면 훈련에 대해 결정하자. 전문가의 의견에 귀를 기울이되, 부모로서의 직감을 따르자. 그리고 상황이 바뀌면 기꺼이 바뀐 상황에 맞추고, 아기와 우리 자신을 가장 잘 돌보는 것이 무엇을 의미하는지 따져 변화를 시도하자.

 ## 브라이슨 박사가 엄마들에게

나는 젊은 엄마였을 때 '울도록 내버려 두기' 방식의 수면 훈련법을 옹호하는 주장에 대해 처음 알게 되었다. 하지만 아이가 스트레스를 받았을 때의 생리적 상태와 스트레스를 조절하는 애착 시스템의 역할에 관해 연구하던 나로서는 그런 주장을 마음 편히 받아들일 수 없었다. 내 주변에는 울도록 내버려 두기 방식의 수면 훈련이 아주 큰 효과가 있다고 믿고 실제로 그렇게 하는 친구가 많았다. 어떤 친구는 강한 버전을 사용했고, 어떤 친구는 순한 버전을 사용했다. 그들은 모두 내가 존경할 정도로 아이의 요구에 잘 맞추는 다정하고 지각 있는 부모였다. 친구들이 하는 이야기에 나는 질투가 나기도 했다("우리 아기는 첫날에는 약간 보챘는데, 둘째 날부터 거의 보채지 않더니 지금은 우리 모두 잘 자고 있어! 생활 자체가 달라졌다니까."). 솔직히 어떤 이야기를 들을 때는 내가 너무 비판적인 사람처럼 느껴졌다("우리 아기는 내가 갈 때까지 한 시간 넘게 쉴 새 없이 울더라니까. 침대 위에 토하고 난리가 났어. 정말 어디가 아픈 건 아닌지, 그냥 화가 많이 난 건지 잘 모르겠더라고."). 한 친구는 "아기는 자기가 울더라도 엄마가 오지 않으리라는 것을 배울 필요가 있어."라고 말하기도 했다. 그러나 나는 우리 아기가 정반대의 메시지("우리 엄마는 내가 도움이 필요할 때면 항상 달려와.")를 배우기를 바랐다. 가장 엄격한 방법부터 가장 부드러운 방법까지 모든 버전의 수면 훈련에 관한 글들을 읽었지만, 아기가 울더라도 반응하지 않고 내버려 두는 접근 방식은 조금도 받아들일 수 없었다. 낮에 아기가 나를 원할 때 반응해주는 것이 우선이라면 밤에도 똑같이 해야 한다는 것이 나의 생각이었다. 그래서 남편과 나는 울도록 내버려 두기 식의 방법은 어떤 형태로든 사용하지 않기로 했다.

지금 돌이켜보면 나를 위해 그리고 우리 가족을 위해 옳은 결정이었다고 생각한다. 하지만 어떤 관점에서 보면 단기적으로 쉬운 길을 선택한 것이었다. 나는 젖을 물리고 아기를 재웠다. 그것이 매일 저녁 자유를 얻을 수 있는 가장 쉬운 길이고, 아기가 밤중에 깨더라도 다시 재울 수 있는 가장 빠른 방법이었기 때문이다. 게다가 첫째 아이는 쉽게 스트레스를 받는 예민한 아기였기 때문에 울게 내버려 두면 상황이 더 힘들어지리라 생각했다.

우리 집 아이들은 그렇게 잠을 잘 자는 아기들이 아니어서 나는 정말 많이 지쳐 있었다. 가끔은 절망감을 느꼈고, 새벽 3시에 수유를 하고 다시 4시 반에 수유해야 하는 내 처지가 처량하게 느껴지기도 했다. 물론 나는 그 당시 아이만 키우고 있었고, 남편이 직업의 특성상 아침에 아이들을 돌봐줄 수 있었기 때문에 잠을 조금 더 잘 수 있었다. 한때는 조금 순한 버전의 수면 훈련 방법을 써보기도 했지만 크게 도움이 되는 것 같지 않았다. 그때는 '캠핑아웃' 방법을 몰랐다. 만약 알았더라면 거부감 없이 한번 시도해봤을 것이다. 그러나 아기가 안정을 얻기 위해 엄마를 필요로 한다는 것을 느꼈다면 나는 분명 나의 본능이 시키는 대로 아기에게 바로 달려갔을 것이다.

결론적으로 말해서 나는 우리 아기들이 밤이든 낮이든 엄마를 부를 때마다 달려간 것을 후회하지 않는다. 그리고 내 성격상 아기가 울 때 도와주지 않고 울게 내버려 뒀다면 분명 후회하고 있을 것이다. 나는 아이들이 "엄마가 필요해요."라고 신호를 보내면 엄마가 늘 곁에 있어줄 것이라고 알려주고 싶었다. 그러나 그것은 큰 희생이었고, 남편과 나는 그만큼의 대가를 치러야 했다. 그러나 어쩌면 아이들도 대가를 치렀는지도 모른다. 그때 수면 훈련을 했더라면 아이들 곁에는 잠을 더 잘 자서 덜 피곤하고 더 인내심 있는 엄마가 있었을 테니 말이다. 어쨌든 아들들은 하나같이 두 살 무렵부터 잘 자기 시작했다. 그리고 십 대가 된 지금은 그때 못 잔 잠을 보충이라도 하듯 엄청나게 자고도 또 자고 싶어 한다!

울도록 내버려 두기 방법을 썼던 내 친구들도 모두 훌륭히 자란 아이들과 좋은 관계를 유지하며 산다. 그러므로 우리는 각 가정에 적합하다고 여겨지고 가족들 모두에게 가장 효과적인 방법을 선택해야 한다. 만일 나에게 아기가 한 명 더 생긴다고 해도 나는 여전히 아기가 우는데 반응하지 않는 방법을 불편하게 생각할 것이다. 그러나 아주 가끔씩은 아기가 보채더라도 혼자 잠들 기회를 줄 수 있게 잠깐 그냥 두는 것도 괜찮을 것 같긴 하다.

아기의 스크린 타임은
어느 정도가 적당할까?

TV, 태블릿, 스마트폰 같은 기기가 아기의 성장 발달에 정말 도움이 될까? 아기의 스크린 타임은 어느 정도가 적당할까? 실제로 아기가 영상 매체를 통해 무엇인가를 배울 수 있을까? 아니면 생후 몇 년 동안은 오로지 사람과의 직접적인 상호작용과 놀이 활동에 집중하는 것이 좋을까?

 최대한 멀리하자 VS 자연스러운 시대적 흐름이다

최대한 멀리하자 │ 미국 소아과학회가 만 2세 미만의 아이들에게 가족과 가끔 하는 화상 통화를 제외하고는 전적으로 스크린 기기를 멀리하라고 권고하는 데는 다 그만한 이유가 있다. 스크린 타임, 즉 스크린을 응시하는 시간은 아기의 건강에 부정적인 영향을 미칠 뿐만 아니라 인지, 신체, 언어 발달을 지연시킬 수 있고 심지어 낮은 학업 성취도와도 관련이 있다. 물론 TV나 태블릿, 스마트폰 같은 매체를 완전히 피할 수는 없다. 우리가 어디를 가든 존재하기 때문이다. 그러나 할 수만 있다면 스크린 타임이 아이들의 일상이 되어버리는 것은 막아야 한다. 대신 아이가 언어, 신체 발달, 인지 및 사회성과 관련된 기술을 기를 수 있도록 많이 이야기하고 함께 놀아주자.

자연스러운 시대적 흐름이다 | 미국 소아과학회는 아동과 아동 건강에 관련된 다양한 주제에 대해 훌륭한 조언과 의견을 제공하는 권위 있는 기관으로, 우리가 믿고 따라야 하는 곳임이 분명하다. 그러나 이 문제에 관해서만은 비현실적인 조언을 하고 있다. 최근 아이들의 나이에 맞춰 적절한 내용을 제공하는 영상 매체들이 굉장히 많이 등장했다. 그런 매체들은 오늘날 같은 첨단 세상 속에서 아이들이 첨단 기술에 더 능통할 수 있도록 도와줄 것이다. 설령 영상이 교육적으로 유익하지 않고 단순히 오락용이라 할지라도 어떻게 그것이 나쁘다고만 할 수 있을까? 부모에게도 가끔 휴식이 필요하고, 스크린 기기가 그런 기회를 제공해 줄 수 있다. 그러나 지나치게 많이 사용하지 않도록 주의해야 한다는 점에는 동의한다. 좋든 싫든 우리는 이제 디지털 시대에 살고 있다. 아이가 24개월이 될 때까지 영상 매체를 멀리하는 것은 사실상 실현 불가능한 일이다.

⬡ 과학이 말해주는 것

미국 소아과학회의 권고에도 불구하고(세계보건기구도 같은 의견을 내놓았다), 24개월 미만 아동 중 68%가 하루 평균 2시간 넘게 스크린 매체를 이용한다. 이것은 디지털 기기에 직접 노출된 경우이고, 그 밖에도 어린아이들이 하루에 몇 시간씩 '배경'으로 또는 간접적으로 스크린 매체에 노출될 때가 많다. 이를테면 다른 사람이 보고 있거나 단순히 배경 소리로서 텔레비전이나 다른 스크린이 켜져 있는 경우이다.

그러나 이것이 정말 문제가 될까? 연구에 따르면 문제가 된다. 우선 생후 12개월 미만의 아기가 스크린을 통해 언어나 개념적 기술을 배운다는 증거는 실제로 없다. 실질적인 지적, 언어적 능력은 살아 움직이는 양육자와 상호작용했을 때 그 결과로 개발된다. 이유는 간단하다. 아기가 2차원 이미지로부터 무엇인가를 배우기 위해서는 기억력, 주의집중력, 상징을 이해하는 능력이 필요한데, 아기에게는 아직 그런 능력이 발달하지 않았다. 2차원 세계를 관찰함으로써 얻어지는 가치도 있을지 모르지만, 실제로 스크린 사용은 '비디오 결손(video deficit)'을 유발한다. 비디오 결손은 한 연구에서 사용하기 시작한 용어로 '실시간 소통이 가능한 양방향 교육과 비교해 영상 매체를 통한 교육의 효과가 떨어지는 현상'을 가리킨다. 다시 말해, 아이가 혼자 스크린을 보는 것보다 양육자가 함께 놀고 웃고 움직이고 책을 읽는 것이 같은 시간을 더 잘 사용하는 방법이 될 수 있다는 것이다.

영유아에게는 실제 사람과 직접 대면하면서 실시간으로 소통하는 상호작용이 필요하다는 주장을 더욱 뒷받침하는 연구 결과도 있다. 2018년에 발표된 한 연구는 심지어 실제 사람이 화면에 나오더라도 화상 대화로는 단어 학습을 지원하기에 충분하지 않다는 것을 보여줬다. 연구진은 걸음마기의 유아들이 실제 사람이 실시간으로 피드백을 제공하는 비디오를 시청했지만, 다양한 장난감과 관련된 단어를 제대로 학습할 수 없다는 것을 밝혀냈다. 그러나 피드백을 제공하는 사람과 한 공간에서 직접 상호작용하면서 정보를 주고받았을 때는 어려움 없이 장난감의 이름을 학습할 수 있었다.

수면 방해, 인지 장애, 아동기 비만 및 체중 문제, 언어 문제, 사회성 및 정서 발달 지연 등 어린아이의 스크린 타임과 관련 있는 부정적 결과를 언급하는 연구는 많다. 그러나 어떤 연구도 분명한 인과성을 밝히고 있지 않다는 사실에 주목할 필요가 있다. 다시 말해, 지금 나열된 다양한 부정적 결과의 원인이 디지털 노출이라고 명확하게 입증되었다고는 말할 수 없다. 어쩌면 아이가 지나치게 많은 시간을 스크린 앞에서 보내다 보니 양육자나 주변 사물과 상호작용할 기회를 놓쳤을지도 모르고, 그래서 직·간접적으로 부정적인 결과가 나타나는 것일지도 모른다.

또 다른 혼란 변수도 있을 것이다. 대부분의 연구들은 대체로 스크린의 유형이 TV인지 태블릿 컴퓨터인지 스마트폰인지 구별하지 않고, 내용에 대해서도 고려하지 않는다. 아이에게 유익한 내용인지, 지나치게 자극적이지는 않는지 확인하지 않았다는 것이다. 그러나 얼마나 확신하며 인과성을 지적하고 다양한 변수를 설명할 수 있는지와는 상관없이, 부모들은 스크린 타임과 그 부정적인 결과 사이의 연관성을 꼭 알아야만 한다.

 ## 꼭 기억해야 할 것

스크린 타임 문제는 아동기와 청소년기 내내 부모에게 큰 고민거리가 될 것이다. 우리는 디지털 세계가 제공하는 막대한 혜택을 누리면서도 스크린 타임을 가장 효과적으로 제한하고 스크린 때문에 생기는 많은 위험으로부터 아이를 보호할 방법을 찾아야 할 것이다.

이 문제는 처음부터, 심지어 아이가 신생아일 때부터 신중하게 고민해야 한다. 때때로 아기의 감정 조절을 돕기 위해 스크린 타임을 이용하고 싶은 유혹이 들지도 모른다. 아기들은 종종 화면에 나타나는 이미지를 보며 진정되기도 한다. 그러나 마치 침대 위에 매달린 모빌을 볼 때처럼, 아이들이 스크린을 응시하고 있더라도 화면이 제공하는 정보를 효과적으로 처리하거나 무엇인가를 배울 수 있는 것은 아니다.

스크린은 우리가 아기의 괴로움에 적절히 대처하는 법을 배우지 못하도록 방해할 수 있다. 아기가 속상하거나 어려운 감정을 느낄 때마다 다른 것을 이용해 기분 전환을 할 수 있다는 메시지를 전달할 수도 있다. 이것은 우리가 원하는 교육이 아니다. 만약 아이를 진정시키고 달래야 하는 상황일 때마다 스크린에 의존한다면, 우리는 그런 상황에 대처하는 올바른 방법을 배우는 기회뿐만 아니라 아이에게 자기효

능감과 회복탄력성을 키워줄 기회까지 놓치게 될 것이다.

아기가 성장할수록 우리는 스크린 타임과 관련된 문제에 더 많이 직면할 것이다. 어쩌면 미국 소아과학회의 권고대로 스크린 노출을 완전히 금지하기로(가족이나 다른 중요한 사람과 화상 통화를 하는 경우를 제외하고) 결정할지도 모른다. 배우자 또는 다른 사람이 육아를 도와주고 있거나, 부모의 직업적 특성 덕분에 스크린을 전혀 사용하지 않을 수 있는 생활환경이거나, 아이에게 꾸준히 책을 읽어주고 노래를 불러주고 함께 놀고 웃으면서 시간을 보내는 방법을 잘 알고 있다면 가능한 일일 것이다. 하지만 안타깝게도 우리 대부분에게 그것은 현실적으로 불가능할 것이다. 또한 부모에게도 때때로 휴식이 필요하다. 당신이 최근 며칠 또는 몇 주 동안 먹거나 자거나 심지어 화장실 갈 시간도 없이 지내고 있고, 당장 미치기 일보 직전이라 느낀다면 '세서미 스트리트Sesame Street(미국 어린이 교육용 텔레비전 프로그램 – 옮긴이)'를 20분 정도 틀어놓는 것이 나을지도 모른다. 그러나 이럴 때는 항상 아이에게 보여주는 영상의 내용에 세심한 주의를 기울이자. 단순히 '교육용'이라고 표시되어 있다고 해서 아이에게 좋은 것은 아니다. 가능하다면 아동 발달과 두뇌 발달에 대해 잘 이해하고 있는 사람들이 제작한 프로그램을 선택하자.

마지막으로 아기와 스크린 타임에 관해서, 우리 자신의 스크린 사용에 대해서 그리고 아이와 함께 있는 시간을 어떻게 보내는지에 대해서 잠시 생각해보자. 핸드폰을 확인하고 최신 정보를 검색하는 것은 결코 잘못된 일이 아니다. 그러나 아이와 함께 있을 때는 일단 아이에게 집중하자. 그렇다고 해서 매분 매초가 아기에게 풍요로운 시간이 되도록 모든 것을 다 바치라는 의미가 아니다. 아이가 영상을 보며 만족스러워 할 때도 그저 편안히 앉아 약간의 평온을 즐길 수 없다는 의미도 아니다. 그러나 우리가 사용하는 기기에는 마치 최면에 걸린 듯 현재에서 벗어나게 하고, 사랑하는 아이들에게 집중하지 못하게 만드는 마력이 있다. 아기를 태운 유모차를 밀며 걸어가다가 트럭 소리를 듣고서 "저기 엄청나게 큰 소리 들리니? 저게 트럭이라는 거야! 저 큰 바퀴 좀 봐봐!"라고 말하는 엄마와 핸드폰을 보느라 아무 소리도 듣지 못하고, 아기에게 아무 말도 해주지 않는 엄마의 차이를 생각해보라.

우리의 관심을 끌기 위해 끊임없이 경쟁하고 있는 모바일 기기에 대해 우리는 어떤 건전한 사용 습관을 지니고 있는지도 생각해봐야 한다. 전자기기가 계속해서 가족 사이의 상호작용과 식사 시간, 차 타고 가는 시간, 놀이 등을 방해하도록 허용한다면, 그것이 아이에게는 점점 정상적이고 일반적인 모습처럼 보이게 될 것이다.

우리는 가끔 휴식을 얻기 위해 스크린을 이용할지도 모른다. 사실은 거의 모든 부모가 그러고 있을 것이다. 하지만 그런 순간에도 양육의 궁극적인 목표는 최대한 아이에게 집중하면서 옆에 있어 주고, 아이의 관심을 끌고, 아이에게 말을 해주고, 같이 놀아주고 돌보면서 신체적, 인지적으로 건강하게 발달할 수 있게 지원하는 것임을 명심하자. 그러면 아이가 보내는 신호를 읽고 아이의 마음을 이해하기 훨씬 더 쉬울 것이고, 아이가 앞으로 성장하면서 부딪힐 어려움과 고통의 순간들을 잘 이겨내도록 도와줄 수 있을 것이다.

 브라이슨 박사가 엄마들에게

생후 18개월이 된 자녀를 둔 한 전업주부가 강연이 끝나고 질문하기 위해 나를 기다리고 있었다. 그녀는 아기가 벌써 스크린에 중독된 것 같아 걱정이라고 했다. 그냥 아이에게 스크린을 보여주지 않으면 되지 않느냐고 묻자 그녀는 "하지만 그러면 아이가 울고불고 난리를 칠 거예요!"라고 말했다.

나는 이해한다고 말하며 그녀를 안심시켰다. 모든 부모는 아이가 행복하기를 원한다. 아기가 울고 소리치는 것을 좋아하는 부모는 아무도 없을 것이다. 그러나 가끔은 아이가 불행하다고 느끼게 놔두는 것이 아이에게 최선이 되기도 한다. 우리는 아장아장 걷는 아이가 아무리 원한다고 해도 날카로운 가위를 가지고 놀도록 그냥 두지 않을 것이다. 경계선을 정하고, 그런 다음에 원하는 것을 얻지 못해 화가 난 아이를 달래주려고 할 것이다. 스크린 타임에 대해서도 마찬가지라고 그녀에게 설명했다.

그녀는 내 말을 이해했다고 하면서 다시 질문했다. "저도 핸드폰을 너무 많이 사용하는 것 같아요. 어느 정도가 적당한 것일까요?" 나는 그녀에게 아기를 혼자 돌봐야 하는 낮 동안 자신이 핸드폰을 얼마나 자주 사용하는지 생각해보라고 했다. 그러고 나서 "아기를 돌볼 육아 도우미를 고용했는데 그 사람이 당신만큼 핸드폰에 시간을 쓴다면 어떨 것 같으세요?"라고 물었다. "당장 해고하겠죠." 그녀가 대답했다.

솔직히 말해 나도 핸드폰을 정말 즐겨 사용하고 의존도가 매우 높은 사람이다. 일할 때도 사용하고, 친구들과도 핸드폰으로 연락하고, 음악을 듣고, 팟캐스트도 이용한다. 요리법을 검색하기도 하고 SNS도 즐긴다. 그래서 이제 모두 십 대가 된 아들들에게 어떤 모범을 보이는지 늘 의식하면서 조심한다. 아이들이 아기였을 때는 핸드폰이 그다지 보편화되어 있지 않았다. 그래서 우리 가족은 모두 함께 기술의 진화를 겪어야 했다. 나는 가끔 스크린 타임과 관련해서는 우리 가족이 꽤 잘하고 있다고 생각한다.

우리 부부는 핸드폰 사용에 대한 몇 가지 원칙을 정해 놓았다. 첫째, 아주 예외적인 경우만 아니라면 아이들을 학교 앞에 내려주기 직전이나 직후에는 핸드폰을 사용하지 않는다. 잘 다녀오라는 인사와 잘 다녀왔냐는 인사는 아이들과 떨어져 있는 시간의 시작과 끝을 알리는 신호이며, 유대감을 강화할 중요한 기회이기 때문이다. 둘째, 항상 능숙하게 잘하지는 못하지만 나는 아이들과 함께 있을 때 핸드폰을 써야 할 일이 생기면 핸드폰을 사용하는 목적을 아이들에게 설명해주면서 그것을 대화와 유대감 형성의 기회로 삼으려고 노력한다. 핸드폰으로 달력을 확인하고 있을 때는 "내일 너희 농구 시합이 몇 시인지 확인해볼게."라고 말하고, 가끔은 아이들에게 재미있는 영상을 보여주겠다고 할 때도 있다. 그런 식으로 아이들은 내가 그저 인스타그램을 확인하려고 자기들과의 대화를 중단하고 있는 것이 아님을 알게 된다. 어린 아기에게도 같은 접근 방법을 쓸 수 있을 것이다. 예를 들어 이렇게 말이다. "아빠가 할머니에게 언제 우리 집에 오실 건지 물어보려고 전화를 할 거야. 할머니에게 인사도 하고 할머니 목소리도 들을까?"

아기가 아직 어렸을 때 화장실도 제대로 못 가고 아기 곁에 꼭 붙어 있어야 하는 날이 며칠씩 계속되던 어느 날 밤이었다. 남편은 내가 굉장히 지쳐 있다는 것을 알고 있었다. 우리에게는 그동안의 밀린 대화를 나눌 시간이 필요했다. 그날 밤 우리는 한 식당에 가서 아이를 유아용 보조 의자에 앉힌 다음, 헤드폰을 씌워주고 〈신기한 스쿨버스〉 한 편을 보여줬다(나는 이 텔레비전 만화를 수십 번 반복해서 봤고, 지금도 가끔 본다. 정말 많은 것을 배울 수 있는 좋은 프로그램이다). 그렇게 해서 우리 부부는 20분 동안 마음껏 즐거운 대화를 나눌 수 있었다. 당시에는 어린아이가 동영상을 보는 일이 흔하지 않았기 때문에 그것을 못마땅하게 보는 사람들의 시선이 느껴졌다.

식당에 있던 사람들은 엄마인 나에게 육체적 휴식을 취하고 관계 욕구를 해소할 시간이 필요하다는 것을 몰랐을 것이다. 다시 말해, 그들은 내가 아기에게 언어적으로 풍부하고, 신체적으로 활동적이고, 창의적이고, 경험을 풍요롭게 해주고, 발달학적으로 적합한(휴우!) 자극을 제공하느라 600시간 같은 하루를 보내고 왔다는 사실을 전혀 몰랐을 것이다. 그리고 그때 아이에게 필요한 것은(사실, 스크린을 멀리하는 것보다 더 필요한 것은) 가뭄에 단비 같은 부부간의 대화를 통해 삶의 균형과 자기 돌봄이라는 아주 드문 성과를 막 이뤄낸 엄마였다.

가끔 내가 비판받고 있다고 느껴지거나 내 안에서 다른 부모에 대한 비난의 마음이 자라날 때 나는 그날 밤을 떠올린다. 식당에 있던 사람들이 내 상황에 대해 전혀 몰랐던 것처럼, 나도 다른 사람들이 어떤 상황에 있는지 잘 모른다. 그래서 우리는 다른 부모들에게 그저 웃어주고 힘을 실어주는 긍정적 에너지를 보내야 한다. 어쨌든 우리는 서로 방식은 다르더라도 부모로서의 특권과 고충을 함께 경험하고 있지 않은가.

손가락 빠는 우리 아기,
그냥 둬도 될까?

아기가 손가락을 빠는 것은 자연스러운 현상이고 실제로 이것이 아이에게 심리적 진정 효과를 불러올 수도 있다. 이런 사실을 알고 있더라도 아기의 손가락 빠는 습관이 오래 지속된다면 혹시 아이에게 나쁜 영향을 주지 않을까 마음이 불편할 것이다. 문제는 손가락을 빠는 마지노선이 언제까진가이다. 몇 살까지 손가락을 빨면 아기의 영구치에 문제가 생기는 등의 부작용이 발생할까?

 스스로 그만둘 때까지 둔다 VS 되도록 빨리 고친다

스스로 그만둘 때까지 둔다 | 손가락 빨기는 아기가 스스로 심리적 안

정감을 찾는 방법이 될 수 있는 자연스러운 행동이다. 아기들은 대개 얼마 지나지 않아 손가락 빨기를 스스로 그만둔다. 그러므로 크게 걱정할 필요는 없다.

되도록 빨리 고친다 | 손가락 빨기가 세상에서 가장 나쁜 습관은 아니더라도 너무 오래 손가락을 빨면 주위의 놀림을 받을 뿐 아니라, 언어 발달과 치아 발육에도 해로울 수 있다. 아기의 손가락 빨기 습관이 언제까지 계속될지 알 수 없으므로 아예 싹을 자르는 것이 좋다.

 ## 과학이 말해주는 것

여러 연구 결과와 소아 전문기관들이 보내는 일관된 메시지는 손가락 빨기는 아기의 전형적인 행동이며 전혀 걱정할 필요가 없다는 것이다. 아기들은 빨기 본능을 가지고 태어나고, 엄마 뱃속에서부터 손가락을 빨기 시작하는 아기들이 많다. 그러므로 생후 2년 동안은 걱정할 필요가 없다. 하지만 연구에 따라 기간의 차이는 있지만, 생후 3~5년까지 계속해서 손가락을 빤다면 여러 합병증이 나타날 수 있다는 연구 결과가 있다.

손가락 빨기와 관련된 가장 우려되는 부정적 결과는 구강 발달의 문제이다. 아기의 영구치가 나오기 시작했는데도 계속 손가락을 빤다면 치아 발달에 문제가 생길 수 있다. 치아 배열이 나빠질 수 있을 뿐만 아니라 입천장에도 영향을 줄 수 있다. 그러므로 어느 시기가 되면 치과의사가 '손가락 빨기 방지 장치'를 권할 수도 있다. 한 연구에 따르면, 만 3세가 지났는데도 손가락을 계속 빨거나 노리개 젖꼭지를 사용한다면 언어 장애가 생길 위험이 더 크다고 한다.

하지만 완전히 나쁜 소식만 있는 것은 아니다. 한때는 손가락 빨기를 불안감이나 걱정의 증거로 여겼다. 그러나 최근의 연구에 따르면 대체로 손가락 빨기를 불안감이나 어떤 심리적 문제의 원인이나 증상이 아니라 단순히 학습된 행동으로 본다. 심지어 손가락 빨기에 긍정적 효과가 있다는 증거도 있다. 한 연구에서 손톱을 깨물거나 손가락을 빠는 아동들이 알레르기 질환을 겪을 가능성이 줄어들 수 있다는 결과가 나왔다. 연구진은 그렇다고 그런 습관을 권장하는 것은 아니라고 확실히 밝혔다.

 꼭 기억해야 할 것

아기가 손가락을 빠는 것은 특별히 문제가 되지 않으며 이상한 행동도 아니다. 사실 아기가 스스로 안정감을 느끼기 위한 아주 자연스러운 행동이다. 아기들은 대부분 스스로 손가락 빨기를 그만둘 것이다. 영구치가 나오기 시작하는데도 계속 손가락을 빨지 않는 이상 크게 걱정할 필요가 없다. 또한 부모가 건네는 긍정적인 격려와 따뜻한 말이 손가락 빠는 버릇을 고치는 데도 도움이 될 것이다.

터미타임이 아기의 건강에 도움이 될까?

지난 20여 년 동안 소아과 의사들은 부모가 지켜보는 가운데 아기를 몇 분 동안 엎어놓는 '터미타임tummy time'을 권장하고 있다. 터미타임은 목과 팔의 힘을 강화해줘서 아기가 뒤집기, 배밀이 그리고 마침내 기어 다니기 같은 '포복 기술(prone skills)'을 습득할 수 있게 도와준다. 그런데 어떤 사람들은 터미타임이 꼭 필요한지 의문을 제기하기도 한다. 아기의 건강한 발달을 위해 터미타임이 꼭 필요할까?

 도움이 된다 VS 도움이 되지 않는다

도움이 된다 | 터미타임은 아기의 목과 팔, 어깨 근육을 강화하고 운

동 기능을 향상해 기는 법과 걷는 법을 배울 수 있게 해준다. 아기가 등을 대고 반듯이 누워 있는 자세에서 잠시 벗어날 수 있으므로 뒤통수가 평평해지는 것을 예방하는 데도 도움이 된다. 또한 엄마나 아빠가 장난감이나 다른 재미있는 물건을 가지고 와서 아기와 놀아줄 수 있는 기회가 되기도 한다.

도움이 되지 않는다 | 아기가 스스로 뒤집기를 해서 엎드릴 수 있다면 엎드린 자세로 고개를 들어 주변을 볼 기회를 줘도 된다. 그러나 혼자 힘으로 엎드릴 수 있기 전까지는 터미타임이 아기에게 기분 나쁘고 심지어 혼란스러운 경험이 될 수 있다. 고개를 들어 편하게 주변에서 벌어지는 일을 볼 수 있는 힘이 아직 없기 때문이다. 우리는 아기의 자연스러운 발달 상태를 존중해야 하고, 아기가 충분히 준비되었을 때 새로운 중요한 단계로 넘어갈 수 있도록 기다려줘야 한다.

 과학이 말해주는 것

소아과 의사들이 영아 돌연사 위험을 줄이기 위해 아기를 반듯이 눕혀 재워야 한다고 권고하기 시작한 지 몇 년 후, 연구자들은 눕혀서 재우는 아기에게 두 가지 부정적인 결과가 생길 수 있다는 것을 알아차렸다. 하나는 뒤통수나 옆통수가 납작해지는 사두증이 생기는 것이고, 다른 하나는 근육 긴장도가 감소해 뒤집기와 기기가 지연되는 것이다. 이 문제를 해결하기 위해 터미타임이 도입되었고, 소아과 의사들은 지금까지 수년 동안 이를 권장하고 있다.

터미타임을 반대하는 사람들은 아기들이 대부분 포복 자세를 불편하게 느끼기 때문에 아기 정서에 영향을 미칠 수 있다고 지적한다. 한 연구는 터미타임에 일정 시간 노출된 적이 없는 아기들은 엎드려 놓았을 때 울음을 터트리거나 심지어 고통을 느낄 가능성이 더 크다고 보고했다. 다른 연구들은 터미타임은 꼭 필요하지 않으며, 실제로 인과성이 없는데도 인과관계에 따른 결과라고 주장하는 전문가들이 내놓은 과잉반응이라고 강조했다. 즉, 그들의 주장은 아기가 너무 많은 시간을 누워서 보낸다는 지나친 우려에서 터미타임을 권고하기 시작했다는 것이다. 또한 그들은 아기들이 하루에 많은 시간을 아기 띠 같은 아기 운반구로 안겨 있거나 유모차에 앉아 있으므로 항상 반듯이 누워 있는 것만은 아니라는 점도 지적했다.

그러나 미국 소아과학회와 미국 국립보건원은 아기가 태어나자마자 터미타임을 시작할 것과 "아기를 재울 때는 똑바로 눕히고 놀 때는 엎어두자." 라는 원칙을 여전히 권장한다.

 꼭 기억해야 할 것

아기를 어떤 자세로 재워야 하는지에 대해 과학이 말해주는 것은 아주 명확하다. 그것은 영아돌연사증후군의 위험을 줄이기 위해 아기를 똑바로 눕혀서 재워야 한다는 것이다. 그리고 나서 아기들이 깨면 부모가 지켜보는 가운데 터미타임을 갖는 것이 좋다고 전문가들은 말한다. 처음에는 2~3분이면 충분할 것이고, 차츰 시간을 늘리는 것이 좋다. 그러나 터미타임이 아기에게 괴로운 활동이 되어서는 안 된다. 사랑과 보살핌 그리고 부모와의 유대를 느끼는 한, 아기가 터미타임을 하면서 약간의 좌절 정도는 겪어도 괜찮다. 방바닥 대신 부모의 가슴 위나 아기가 좋아할 만한 다른 곳에 아기를 엎드리게 할 수도 있다. 터미타임을 하면서 부모는 바닥에 엎드려 아기와 함께 얼굴을 마주 보는 시간을 잠깐 즐길 수도 있다. 다양한 터미타임을 위해 장난감을 활용해도 좋고, 큰아이가 있다면 함께 참여시켜도 좋다.

 브라이슨 박사가 엄마들에게

첫째 아들이 태어났을 때 나는 아기에게 좋다면 무엇이든 해주기 위해 온갖 육아 관련 책에서 말하는 대로 실천하려고 했다. 그래서 산부인과 병원에서 퇴원하고 집으로 돌아온 후 바로 터미타임을 하기 위해 아기를 예쁜 담요 위에 올려놓았다. 아기는 엎드린 채 가만히 있거나 고개를 옆으로 돌려 누워 있다가 울곤 했다. 나는 잠시 아기를 달래주다가 다시 들어 올렸다. '그래, 더 잘 견딜 수 있고 즐길 수 있을 때 하면 되지!'라고 생각했고, 나중에 다시 시도해보기로 했다. 그리고 얼마 지나지 않아 아들은 터미타임을 충분히 잘 해냈다.

영유아 수영,
시키는 것이 좋을까?

영유아 대상의 수영 교실이 꾸준히 인기를 끌고 있다. 영유아 수영이
아기에게 구체적으로 어떤 도움이 될까? 우리 아기도 수영 교실에 등
록시켜야 할지 고민할 만큼 효과가 좋은 걸까?

 ## 도움이 된다 VS 나중에 하는 것이 좋다

도움이 된다 | 아기에게 꾸준히 수영을 가르치면 사고로 물에 빠졌을
때 익사를 막을 수 있을 것이다. 그뿐 아니라 수영 교습이 신체 성장
과 균형감 및 조절 능력 향상에도 도움이 된다는 증거들이 있다. 또한
아이의 나이에 맞게 구성한 수영 프로그램은 아기에게 물에서 노는

즐거움을 알려줄 수 있다. 영유아 수영은 여러 가지 면에서 아기에게 유익한 활동이다.

나중에 하는 것이 좋다 | 수영 교습이 아기의 익사 위험을 줄여주는 것은 아니다. 아직 물에서 안전을 유지할 충분한 능력이 없는 아기를 물에 익숙해지도록 하는 것은 매우 위험한 일이다. 아기가 좀 더 자라 신체 능력이 더 발달하면 그때는 반드시 수영을 가르쳐야 할 것이다. 그러나 돌도 안 된 아기는 아직 수영을 시작할 필요가 없다.

 ## 과학이 말해주는 것

영유아 수영의 긍정적인 측면을 먼저 살펴보자. 어릴 때부터 수영을 배운 아기들은 균형 잡기나 물건 움켜잡기 같은 다양한 기술 발달이 또래 아이들보다 몇 년 빠르다는 연구 결과가 있다. 수영을 배운 아기들이 그렇지 않은 아기들에 비해 인지 능력과 신체 능력 모두 앞선다는 연구도 있다. 물론 이 연구는 수영장협회가 후원했고, 직접 관찰이 아닌 부모의 사례 보고에 의존했기 때문에 방법론적 결함이 있기는 하다.

미국 소아과학회 같은 전문기관들도 만 1~4세 아이들에게 수영 교습을 장려하면서 수영을 배우면 익사 위험을 줄이는 데 도움이 된다고 인정한다. 다만 만 1세 미만의 아기들에 대해서는 아기가 물에 익숙해지고 부모와 재미있게 상호작용할 수 있는 방법으로서 '부모와 함께하는 물놀이 수업'을 권장한다.

그러나 아기가 실제로 수영하는 것에 대해서는 권장보다는 경고한다. 수영은 익사 외에 중이염, 물을 너무 많이 마셨을 경우 물 소독제에 의한 중독, 다양한 감염 등 다른 위험을 불러올 수도 있다. 특히 영아들은 아직 어리고 신체 발달이 다 이뤄지지 않았기 때문에 이런 위험에 노출되기 쉽다. 일부 의사들은 생후 6개월 미만의 아기들은 호수나 염소 처리된 수영장을 멀리하라고 권고한다.

전반적으로 만 4세 미만의 아이들은 수영할 수 있을 만큼 신체가 발달하지 않는다. 아기들 대부분은 적어도 '신경 근육 능력에 제한을 받지 않는' 5세는 되어야 제대로 된 운동 기능을 습득할 수 있다. 돌이 안 된 아기라도 반사적으로 수영 동작을 할 수는 있지만, 아직 물 밖으로 스스로 고개를 들어 호흡하면서 안전을 유지할 수는 없다.

 꼭 기억해야 할 것

부모와 아기가 함께 수영을 즐기는 시간은 모두에게 안전하고 재미있는 경험이 될 수 있다. 또한 아기 때부터 물에 익숙해진 아이는 자라서 수영 교습을 받을 때가 되었을 때 물을 덜 무서워할 것이다. 그러나 수영장은 안전하지 않을 뿐만 아니라 아기에게 수영 기술을 가르칠 수 있다는 상술은 믿지 않는 것이 좋다.

그렇다고 아기와 함께 물놀이 프로그램에 참여해서 재미있게 놀면서 아기에게 수영이 어떤 것인지 알려줄 필요가 없다는 말은 아니다. 물과 관련된 이야기를 할 때면 전문가들은 항상 매우 신중한 태도를 보일 것이다. 아이들, 특히 영아의 경우 매우 다양한 방식의 사고가 일어날 수 있다. 그러니 특히 더 조심해야 한다.

수영 교습과 물놀이 안전과 관련해 어떤 결정을 내리든 지나치게 자신하는 것은 좋지 않다. 아이가 물속으로 들어갔다가 다시 밖으로 나올 수 있는 능력이 생겼다 하더라도 아이가 물속에 있을 때는 절대로 마음 편하게 한눈팔고 있으면 안 된다. 앞으로 몇 년 후 아이가 더 성장하고, 어느 정도 안심할 수 있는 나이가 되어도 마찬가지다. 비극은 눈 깜짝할 사이에 벌어질 수 있다. 수영 교습은 영유아들에게 물에 대한 자신감을 길러주지만 절대로 익사 위험을 피할 수 있는 100% 확실한 방법이라고 생각해서는 안 된다. 이것은 욕조나 양동이, 분수대를 포함해 어떤 종류의 물에서 놀든 영아와 유아, 어린이 모두에게 해당하는 말이다. 어린아이들의 머리는 몸에 비해 무거우므로 심지어 조그만 양동이라 할지라도 머리를 물 밖으로 들어 올리지 못할 수도 있다.

 브라이슨 박사가 엄마들에게

많은 아기가 물을 좋아한다. 하지만 아기가 수영을 좋아하게 만들려다 부정적인 경험을 한 초보 부모들이 상담을 받기 위해 나를 찾아온 경우가 꽤 여러 번 있었다. 그들 대부분이 부모와 함께하는 아기 수영 교실에 등록했는데 아기가 수영장에 있는 것을 아주 싫어한다는 걸 알고 놀랐다고 했다. 머릿속에서 그렸던 평화롭고 재미있게 노는 모습이 아니라, 정반대로 수영 수업이 고문 그 자체가 되어버리고 말았다는 것이다. 강사들은 아기가 물에 익숙해지려면 계속 물을 접하게 하는 것이 중요하다고 강조했지만, 그들은 부모의 본능으로 그것이 옳지 않다고 느꼈다고 한다.

나는 종종 부모들에게 '충분한 보살핌과 지원이 밑바탕이 된다면 참을 만한 간헐적 스트레스가 아기의 회복탄력성을 기르는 데 좋을 수 있지만, 우리의 정서·생리 상태와 경험은 뇌의 신경망을 통해 서로 연결되어 있다는 사실'을 알려준다. 특정 나이가 되면 안전을 위해 수영을 배우는 것이 필수적이지만 영유아기 동안에는 굳이 그럴 필요가 없다. 수영 교습은 자칫 어린 아기에게 물속에 들어가는 것에 대한 부정적 연상을 일으켜 역효과를 낳을 수도 있고, 결과적으로 수영을 정말 배워야 하는 시기에 오히려 물속에 들어가는 것이 극복해야 할 과제로 남을 수도 있다.

아기가 수영에 대한 긍정적인 연상을 할 수 있도록 물놀이를 재밌고 안전한 활동으로 만들자. 그러나 지금 당장 서두를 필요는 없다. 아기가 물놀이를 싫어한다면 잠시 쉬었다가 몇 달 후에 다시 시도해도 된다.

최선의 결정을 할 수 있도록 돕는
'좋은 안내자' 같은 책

'처음'은 누구에게나 서툴고 어색하고 때로는 설레는 일이다. 처음으로 부모가 된다는 것은 말할 것도 없을 것이다. 나 역시 첫 아이가 태어났을 때 모든 것이 서툴렀고 실수도 많이 했고 당혹스러운 일도 많이 겪었다. 이 책을 번역하는 동안 그때의 일들이 떠올랐고 수유, 이유식, 수면 습관, 배변 훈련 등 출산 후 처음 몇 년 동안 접하는 다양한 육아 문제와 엄마의 식단과 산후 우울증 같은 건강 문제에 이르기까지 이처럼 상세하고 구체적인 지식을 그때 가지고 있었더라면 좋았으리라는 생각이 들었다.

임신 초기의 심한 입덧이 가라앉고 몸과 마음이 차츰 안정되자 나는 여느 예비 엄마처럼 출산과 육아에 관한 책을 사서 읽고 주변 선배 엄마들과 친척들의 조언을 들으며 아기를 맞이할 준비를 시작했다. 옷과 침구류, 젖병, 비누 등 아기용품을 선택할 때 아기 건강에 좋은 제품, 예쁜 제품에 중점을 두고 샀다. 정상 체중으로 건강하게 태어나준 아들을 보면서 감격하고 가족과 친구들의 축하 속에 나 자신을 대견하게 생각하는 것도 잠시였다. 엄마가 되는 길은 절대 순탄치 않았다. 가장 먼저 겪은 심각한 문제는 수유였다. 아기가 태어나면 자연스레 엄마 젖을 빨리라 기대했고 양질의 젖이 나오도록 산모에게 좋다는 음식을 분만 전후로 챙겨 먹었던 터였다. 그러나 젖을 물려도 아기는 빨기는커녕 계속 울기만 했고 나는 젖몸살로 무척 고통스러웠다. 며칠 동안 젖을 물렸다가 젖병을 물리기를 반복하다 결국 모유 수유를 포기하고 분유를 먹이기로 했다. '아기 면역력을 위해 모유를 먹여야 한다'는 출산·육아 책의 한 대목이 머릿속에 각인되어 있던 터라 모유 수유를 포기한 나 자신이 실망스러웠고 한동안 자괴감을 느꼈다.

엄마가 되고 나서 겪은 또 다른 심각한 어려움은 산후 우울증이었다. 뱃속 아기의 심장 소리를 처음 들었을 때 그리고 처음 태동을 느꼈을 때의 벅찬 감동은 말로 다 설명할 수 없을 것이다. 아마 대부분 엄마들이 대게 그렇듯이 나도 그때 좋은 엄마가 되겠다고 다짐했다. 그러나 새근새근 잠든 아기 얼굴을 들여다보면 그렇게 사랑스러울 수가 없다가도 영아 산통으로 저녁 내내 울어 젖힐 때는 정말 당혹스럽고 겁이 나고 불안했고, 밤에 수시로 깨서 보채는 탓에 수면 부족에 시달릴 수밖에 없었다. 게다가 집안 어른들의 조언에 따라 천 기저귀를 사용하던 터라 매일 처리해야 하는 빨래와 집안일까지 겹쳐 늘 피곤하고 마음도 지쳐갔다. 심한 무기력과 우울을 겪었을 뿐만 아니라 엄마로서 나의 자질과 능력에 대한 의심이 깊어졌다. 더 심각한 문제는 내가 무의식적으로 아기에게 짜증을 내는 일이 종종 벌어졌다는 것이다. 그런 나 자신을 자책하면서 하루하루가 힘들었고 삶에 대한 의욕이 떨어졌다.

2018년 한국 보건복지부 조사에 따르면 산후조리를 하는 동안 산모의 절반 이상이 우울감을 경험하며 10~20%가 산후 우울증을 겪는 것으로 추정된다고 한다. 그러나 의료적 도움을 받는 경우는 비교적 드물다. 육아를 도와주고 응원해준 가족의 도움으로 마침내 산후 우울증을 극복할 수 있었지만, 그러기까지 몇 주 동안 나는 어두운 터널을 혼자 헤매야 했다. 그때로 다시 돌아간다면 이 책에서 말하듯이 상황이 나아지기를 기다리지 말고 빨리 전문가에게 건강 상태를 확인받고 정서적 건강을 회복하기 위해 노력할 것이다. 산후 우울증은 '엄마로 살면서 겪는 인생의 일부'이며 그것을 빨리 인지하고 치료받는 것이 좋은 엄마, 좋은 양육자가 될 수 있는 현명한 길이라 생각한다.

아이가 성장하면서 소소한 문제들이 끊임없이 발생한다. 수유 방법, 어린이집 고르기, 모유 수유를 언제까지 해야 할지 등 선택의 문제뿐만 아니라 이유식과 규칙적인 수면 습관 들이기, 배변 훈련 등 오랜 시간을 두고 진행해야 하는 것도 있다. 요즘은 서양 육아 문화의 영향으로 우리나라에서도 갓난아기를 부모와 따로 재우거나 배낭식 아기 캐리어를 사용하는 부모들이 늘고 있는데, 엄마 곁에 아기를 재우고 아기 띠로 아기를 가슴에 안거나 포대기로 등에 업어서 아기와의 접촉을 최대화하던 우리나라 전통 방법과 대조된다. 또 아기가 울 때 어떤 사람은 달래주는 것이 아기의 정서 건강에 좋다고 하고, 어떤 사람은 자주 안아주면 버릇이 나빠진다고 말한다. 이처럼 선택의 순간에 놓이거나 문제를 해결해야 할 때 내가 그랬던 것처럼 초보 부모들은 육아 서적이나 주변 지인에게서 조언과 정보를 구하려 할 것이다. 육아에 관한 한 정답은 없다. 하지만 이 책은 수많은 과학적 연구 자료와 전문기관의 조언을 바탕으로 신뢰할 만한 정보를 제공한다. SNS 노출이나 스크린 타임 등 최근 디지털 문화의 영향으로 발생하는 문제와 아기 수어와 유아어 같은 기존 육아 서적에서 자주 다루지 않은 부분까지 다양하고 세세한 주제를 다루고 있다. 최종 결정과 선택은 양육자의 몫이지만 방향을 잃지 않고 아기와 가족에게 최선의 결정을 할 수 있도록 이 책이 좋은 안내자가 되리라 믿는다. 저자가 말하듯이 육아는 아기가 건강하고 행복하며, '자기 삶을 사랑하고 의미 있는 인간관계를 누리고, 세상에 꼭 필요한 인간으로 성장하도록 돕는 일'임을 기억하자.

2021년 9월, 허성심

육아 궁금증 사전

초판 1쇄 인쇄 2021년(단기 4354년) 8월 31일
초판 1쇄 발행 2021년(단기 4354년) 9월 10일

지은이 | 티나 페인 브라이슨
옮긴이 | 허성심
펴낸이 | 심남숙
펴낸곳 | ㈜한문화멀티미디어
등록 | 1990. 11. 28 제21-209호
주소 | 서울시 광진구 능동로43길 3-5 동인빌딩 3층(04915)
전화 | 영업부 2016-3500 편집부 2016-3507
홈페이지 | http://www.hanmunhwa.com

운영이사 | 이미향
편집 | 강정화 최연실
기획 홍보 | 진정근
디자인 제작 | 이정희
경영 | 강윤정 조동희
회계 | 김옥희
영업 | 이광우

만든 사람들
책임 편집 | 한지윤 표지 디자인 | 풀밭의 여치srladu.blog.me
본문 디자인 | 하현정 인쇄 | 천일문화사

ISBN 978-89-5699-419-2 03590